高等职业教育高水平专业群创新系列教材·机电类

机械制图
（含习题集）

主　编　李　慧　李太宗　刘　真
副主编　高　虎　张　瑾　钟　浩
参　编　杜永亮　郑　铮　周　鹏
　　　　蔡　强　李克志　闫　冬
　　　　许新伟　王庆民
主　审　秦　峰

北京理工大学出版社
BEIJING INSTITUTE OF TECHNOLOGY PRESS

版权专有　侵权必究

图书在版编目（CIP）数据

机械制图：含习题集 / 李慧，李太宗，刘真主编. —北京：北京理工大学出版社，2020.8（2020.9重印）

ISBN 978-7-5682-8875-0

Ⅰ. ①机…　Ⅱ. ①李…②李…③刘…　Ⅲ. ①机械制图 – 高等学校 – 教材　Ⅳ. ①TH126

中国版本图书馆 CIP 数据核字（2020）第 146005 号

出版发行 / 北京理工大学出版社有限责任公司

社　　址 / 北京市海淀区中关村南大街 5 号

邮　　编 / 100081

电　　话 / （010）68914775（总编室）

　　　　　（010）82562903（教材售后服务热线）

　　　　　（010）68948351（其他图书服务热线）

网　　址 / http://www.bitpress.com.cn

经　　销 / 全国各地新华书店

印　　刷 / 三河市天利华印刷装订有限公司

开　　本 / 787 毫米 × 1092 毫米　1/16

印　　张 / 27.25　　　　　　　　　　　　　　　责任编辑 / 多海鹏

字　　数 / 623 千字　　　　　　　　　　　　　 文案编辑 / 多海鹏

版　　次 / 2020 年 8 月第 1 版　2020 年 9 月第 2 次印刷　　责任校对 / 周瑞红

总 定 价 / 69.00 元　　　　　　　　　　　　　　责任印制 / 李志强

图书出现印装质量问题，请拨打售后服务热线，本社负责调换

  图样被称为工程界的技术语言,"机械制图"这门课程就是研究怎样用正投影法绘制和识读机械图样的一门课程,是工科类学生必须掌握的一门专业技术基础课。本书是根据教育部制定的"国教二十条",结合作者10多年的教学经验,在教改的基础上编写而成的。本书易于自学,可作为高等院校机械、机电和近机类专业专用教材,也可供其他专业技术人员参阅。

  全书针对高等院校学生的特点,按12个项目编排,全部采用国家最新标准,从简单到复杂,符合高等院校学生的认知规律。本书以培养学生空间想象能力和空间构形能力为主线,围绕企业机械产品实例,画图从简单到复杂,按项目讲述分步画图方法和步骤。每一个项目包括项目描述、知识目标、能力目标和素养目标四部分,项目描述让读者了解每个项目的概述;知识目标让读者清晰地知道要掌握的知识点;能力目标让读者了解要提升的能力技能;素养目标让读者有了对综合素养的追求。每个项目中的任务互相关联,将完成任务所涉及的新知识点一一进行罗列,详细讲述,并在每个任务的最后说明了任务的实施过程。读者完成每个任务的过程就是将知识点消化吸收的过程,最后读者将所学的知识点融会贯通,即可完成整个项目的实施。

  本书具有以下特点:

  (1)本书打破了传统的章节编写模式。采用"项目化"和"任务驱动"教学模式,以体现"学中做、做中学"的教育特色。

  (2)教材版式设计精美,书中以计算机绘图的准确图样代替文字,力求精简。

  (3)教学资源丰富,使用方便,每个项目中有大量的二维码,读者扫码即可观看教学视频、动画等,无须下载App。

  本书由枣庄科技职业学院李慧、李太宗,潍坊工商职业学院刘真担任主编;枣庄科技职业学院高虎、张瑾,山东工业技师学院钟浩担任副主编;枣庄科技职业学院杜永亮、郑铮、周鹏、蔡强、李克志、闫冬,济南技师学院许新伟、王庆民担任参编;枣庄科技职业学院秦峰为本书主审。其中李慧负责项目8~项目10的编写,李太宗负责项目2~项目4的编写,刘真负责项目1的编写,高虎负责项目6的编写,张瑾负责项目5的编写,钟浩负责项目11的编写,杜永亮、郑铮、周鹏负责项目12的编写,蔡强、李克志、闫冬、许新伟、王庆民负责项目7的编写和书中三位模型的绘制,全书由李慧统稿。

  尽管我们在探索教材特色和课程改革方面做出了很多努力,但由于编者水平有限,书中错误、缺点在所难免,诚请各教学单位和阅读本书者批评指正,以便下次修订时改进。

编 者

本书资源清单

名称	二维码	名称	二维码	名称	二维码
QR code 1 项目一 导入视频		QR code 9 圆弧连接 讲解视频		QR code 7 基本体表面 取点讲解	
QR code 2 标准和 图幅授课 视频		QR code 10 项目实施视频		QR code 8 基本体的 尺寸标注视频	
QR code 3 边框和 标题栏 授课视频		QR code 1 三面投影 体系的展开		QR code 1 四棱锥截切	
QR code 4 绘图工具的 使用方法		QR code 2 三视图的 形成授课视频		QR code 3 圆柱截切 1	
QR code 5 尺寸标注		QR code 3 点的投影 授课视频		QR code 3 圆柱截切 2	
QR code 6 手柄尺寸 分析视频		QR code 4 六棱柱 表面的点		QR code 4 圆柱体的 截交线 授课视频	
QR code 7 线段任意 等分板书 视频		QR code 5 圆柱表面的点		QR code 5 圆锥体的 截交线 授课视频	
QR code 8 圆的任意 等分板书 视频		QR code 6 基本体三视图 的绘制讲解		QR code 6 圆柱体切肩和 开槽授课视频	

续表

名称	二维码	名称	二维码	名称	二维码
QR code 7 相贯线的授课视频		QR code 4 模型 4		QR code 1 基本视图的讲授	
QR code 8 相贯线求法练习的视频		QR code 5 模型 5		QR code 2 局部视图的讲授	
QR code 9 相贯线练习模型 1		QR code 6 模型 6		QR code 3 剖视图的画法及标注	
QR code 10 柱体与球部分截切		QR code 7 组合体的组合方式		QR code 4 阶梯剖	
QR code 11 圆柱切割体		QR code 8 形体分析法绘制组合体三视图		QR code 5 旋转剖	
QR code 1 模型 1		QR code 9 轴承座拆装		QR code 1 外螺纹实物	
QR code 2 模型 2		QR code 10 组合体三视图的标注		QR code 2 螺纹的结构要素	
QR code 3 模型 3		QR code 11 组合体三视图的读图和补图		QR code 3 外螺纹的规定画法	
QR code 4 内螺纹的规定画法		QR code 12 斜齿轮		QR code 20 键	

续表

名称	二维码	名称	二维码	名称	二维码
QR code 5 如何画 螺纹连接		QR code 13 人字齿		QR code 21 键连接	
QR code 6 普车车外 螺纹加工		QR code 14 曲齿锥 齿轮		QR code 22 销授课 微视频	
QR code 7 普车车内 螺纹加工		QR code 15 内啮齿轮		QR code 23 槽形螺母 与开口销	
QR code 8 螺栓连接 的画法		QR code 16 齿轮系		QR code 24 标准件 - 滚动轴承	
QR code 9 螺柱连接 的画法		QR code 17 单个圆柱 齿轮的画法		QR code 25 弹簧	
QR code 10 螺钉连接		QR code 18 齿轮啮合 的画法		QR code 1 项目 8 导入视频	
QR code 11 直齿条		QR code 19 直齿圆柱 齿轮的测绘		QR code 2 四大类 零件图欣赏	
QR code 3 零件图概述		QR code 5 减速器安装 模拟视频			
QR code 4 普车车外 螺纹加工		QR code 6 装配图的 结合面			

3

续表

名称	二维码	名称	二维码	名称	二维码
QR code 5 表面粗糙度					
QR code 1 零件机械加工工艺和铸造工艺					
QR code 1 减速器拆卸模拟视频					
QR code 2 减速器的从动轴系					
QR code 3 装配图的作用和组成					
QR code 4 从动轮系剖开画法					

目录

项目一　手柄零件图的识读和绘制 …………………………………………………… 1
　　任务1　绘制 A3 图幅的边框和标题栏 ………………………………………… 3
　　任务2　识读手柄零件图 ………………………………………………………… 11
　　任务3　绘制手柄零件图 ………………………………………………………… 17
项目二　基本体三视图的识读和绘制 ………………………………………………… 23
　　任务1　自制三面投影体系 ……………………………………………………… 24
　　任务2　求作点线面投影 ………………………………………………………… 29
　　任务3　绘制棱柱和棱锥三视图及表面取点 …………………………………… 40
　　任务4　绘制圆柱和圆锥三视图及表面取点 …………………………………… 43
　　任务5　识读基本体三视图 ……………………………………………………… 49
项目三　车床顶尖截切后三通管的识读和绘制 ……………………………………… 51
　　任务1　绘制六棱柱和四棱锥截切后的三视图 ………………………………… 52
　　任务2　绘制车床顶尖被截切后的三视图 ……………………………………… 55
　　任务3　绘制三通管三视图 ……………………………………………………… 62
项目四　轴承座三视图的识读和绘制 ………………………………………………… 68
　　任务1　依据组合方式制作组合体模型 ………………………………………… 69
　　任务2　绘制轴承座三视图的绘制 ……………………………………………… 71
　　任务3　标注轴承座三视图 ……………………………………………………… 77
　　任务4　识读组合体三视图 ……………………………………………………… 84
项目五　轴承座轴测图的识读和绘制 ………………………………………………… 91
　　任务1　认识轴测图 ……………………………………………………………… 92
　　任务2　绘制正等轴测图 ………………………………………………………… 94
　　任务3　斜二等轴测图的绘制 …………………………………………………… 101
项目六　机件表达方法的选择 ………………………………………………………… 106
　　任务1　绘制摇杆零件的视图 …………………………………………………… 108
　　任务2　绘制四通管的剖视图 …………………………………………………… 113
　　任务3　绘制传动轴的断面图 …………………………………………………… 127
　　任务4　机件的其他表达方法 …………………………………………………… 131

项目七　标准件、常用件的识读和绘制 ······ 144
任务1　绘制螺纹紧固件的视图 ······ 145
任务2　绘制齿轮零件的视图 ······ 160
任务3　绘制键连接和销连接图 ······ 168
任务4　绘制滚动轴承的视图 ······ 173
任务5　绘制圆柱螺旋压缩弹簧的视图 ······ 181

项目八　从动轴零件图的识读和绘制 ······ 185
任务1　识读一级圆柱齿轮减速器从动轴零件图 ······ 187
任务2　绘制一级圆柱齿轮减速器从动轴零件图 ······ 201

项目九　从动轴轴承端盖零件草图的识读和绘制 ······ 212
任务1　绘制从动轴轴承端盖闷盖零件草图 ······ 213
任务2　识读手轮零件图 ······ 220

项目十　减速器箱座零件图的识读和绘制 ······ 223
任务1　识读减速器箱体类零件图 ······ 225
任务2　绘制减速器箱体类零件图 ······ 231

项目十一　叉架类零件图样的识读和绘制 ······ 234

项目十二　减速器装配图的识读和绘制 ······ 238
任务1　绘制减速器从动轴系的装配示意图 ······ 240
任务2　识读减速器装配图 ······ 252
任务3　抄绘一级圆柱直齿齿轮减速器装配图 ······ 254

附录 ······ 261

项目一　手柄零件图的识读和绘制

QR code 1
项目导入视频

　　手柄是一种机械配件，它的作用是方便人工操作机械。机械行业手柄的材质主要有两类，分别是塑料和钢件，学生在校实习时经常用硬铝，本项目中的手柄材料为硬铝。

　　本项目以 C6140 型卧式车床尾座上的手柄（见图 1.0.1）为载体，以任务为导向，围绕着手柄零件图的识读和绘制展开讲述，将项目分成 3 个任务：任务 1 绘制 A3 图幅的边框和标题栏（留装订边），任务 2 识读手柄的零件图，任务 3 绘制手柄的零件图。

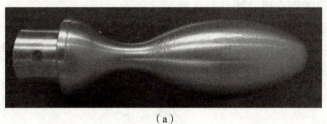

(a)

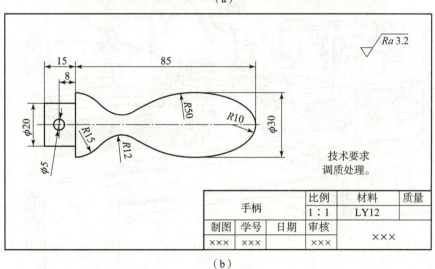

(b)

图 1.0.1　手柄
(a) 手柄实物图；(b) 手柄零件图

每个任务互相关联,对任务所涉及的新知识点——进行罗列,先后讲述了机械制图国家标准的有关规定及几何作图、圆弧连接等知识点,读者完成每个任务的过程就是将知识点消化吸收的过程,最后读者再将所学的知识点融会贯通,完成整个项目的实施。

知识目标

熟悉国家标准《机械制图》和《技术制图》中有关图纸幅面格式和边框、标题栏、字体、比例、图线、尺寸注法的相关规定,掌握尺寸标注法的内容以及常用几何图形的作图原理和方法;掌握平面图形的绘制和绘图工具及其使用方法。

能力目标

具备在实践中严格遵守《机械制图》和《技术制图》有关规定的能力;具备绘制平面图形并标注尺寸的能力。

素养目标

培养学生严谨的工作作风和团队合作精神。

如图1.0.2所示,CA6140型卧式车床是一种在原C620的基础上加以改进而来的,其中C代表车床,A代表改进型号,6代表卧式,1代表基本型,40代表最大旋转直径。它是机械设备制造企业所需的设备之一。

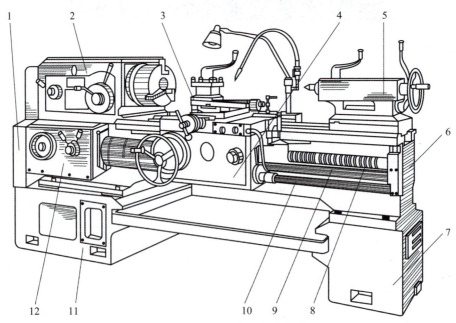

图1.0.2　CA6140型卧式车床

1—挂轮箱;2—主轴箱;3—刀架;4—溜板箱;5—尾座;6—床身导轨;
7—后床脚;8—丝杠;9—光杆;10—操纵杆;11—前床脚;12—进给箱

任务1　绘制 A3 图幅的边框和标题栏

一、标准和规定（了解）

1. 标准的含义

标准是为了在一定范围内获得最佳秩序，对活动或者结果规定共同的和重复使用的规则、导则或者特性的文件。该文件经协商一致后制定，并经一个公认的机构批准。我国的国家标准通过审查后，需由国务院标准化行政管理部门——中华人民共和国国家市场监督管理总局、中华人民共和国国家标准化管理委员会审批，如图1.1.1所示，给定标准编号并批准发布。

QR code 2 标准和图幅的讲解视频

图1.1.1　制定标注的单位

2. 标准等级

标准等级分为：企业标准、地方标准（见图1.1.2）、行业标准（见图1.1.3）、国家标准，其中国家标准简称"GB"（GB 符号为"国标"二字的汉语拼音字头）。

图1.1.2　地方标准　　　　　　　　　　图1.1.3　行业标准

3. 标准属性

T（推荐的"推"字的汉语拼音字头）表示"推荐性标准"，无 T 时表示"强制性标准"。强制性标准的书皮如图1.1.4所示。

图 1.1.4　强制标准的书皮

4. 标准标号含义

GB/T 14689—2003，GB/T 表示国家标准，"推荐性标准"；"14689"为标准顺序号；"2003"为该标准颁布的年份。制图国标规定，绘制技术图样时，默认单位是 mm。

标准标号举例见表 1.1.1。

表 1.1.1　标准标号举例

标准标号	名称
GB/T 4458.1—2002	机械制图　国样画法　视图
GB/T 4458.6—2002	机械制图　国样画法　剖视图与断面图
GB/T 4458.2—2003	机械制图　装配图中零、部件序号及其编排方法

5. 基本规定

其有两层含义：

①通用性，无论是机械图样还是建筑图样，只要是技术图样都适用。

②与投影法、画法、注法无关。

下面学习《机械制图》有关国家标准的规定。

二、图纸幅面和格式（GB/T 14689—2008）

1. 图纸幅面

图纸幅面是指由图纸宽度与长度组成的图面。标准图纸幅面共有 A0、A1、A2、A3、A4 五种，其幅面代号和尺寸见表 1.1.2；图纸也可加长（按基本幅面的短边成整数倍增加后得出）、加宽幅面，如图 1.1.5 所示。绘制图样时应优先采用基本幅面尺寸。

2. 图框格式（是否需要装订）

图框是指图纸上限定绘图区域的线框。图框线为粗实线，如图 1.1.6 所示图框（留装

表 1.1.2　基本幅面代号和尺寸（单位 mm）

幅面代号	幅面尺寸 $B \times L$	周边尺寸		
		a	c	e
A0	841×1 189	25	10	20
A1	594×841			
A2	420×594			10
A3	297×420		5	
A4	210×297			

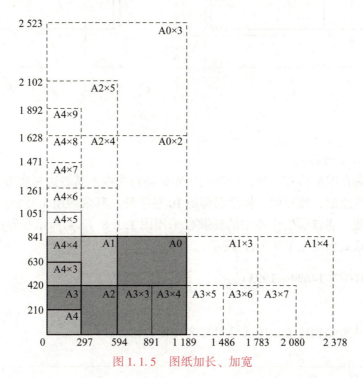

图 1.1.5　图纸加长、加宽

订边），图 1.1.6（a）所示为横装（X），图 1.1.6（b）所示为竖装（Y）。如图 1.1.7 所示图框（不留装订边），图 1.1.7（a）所示为横装（X），图 1.1.7（b）所示为竖装（Y），A4 图纸文件必须为竖装。

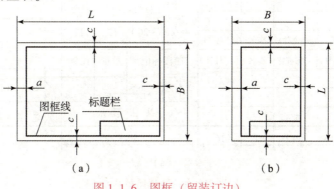

图 1.1.6　图框（留装订边）
（a）横装（X）；（b）竖装（Y）

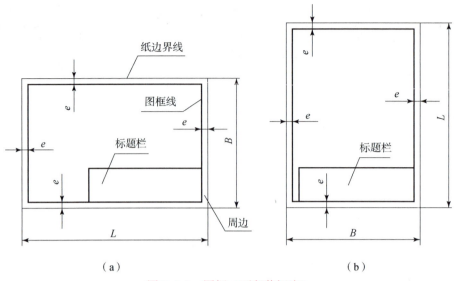

（a）　　　　　　　　　　　　　　（b）

图 1.1.7　图框（不留装订边）
(a) 横装（X）；(b) 竖装（Y）

3. 标题栏的方位与格式

标题栏一般画在图框的右下角，标题栏的外框是粗实线，其右边和底边与图框重合，内部的分栏用细实线绘制，填写的字体除名称用 10 号字外，其余均用 5 号字。

为了学习方便，建议学生作业中的标题栏采用图 1.1.8（b）所示推荐的格式，国家标准规定的标题栏格式如图 1.1.8（a）所示。

三、比例（GB/T 14690—1993）

1. 定义

图中图形与其实物相应要素的线性尺寸之比称为比例。

QR code 3 标题栏的讲解视频

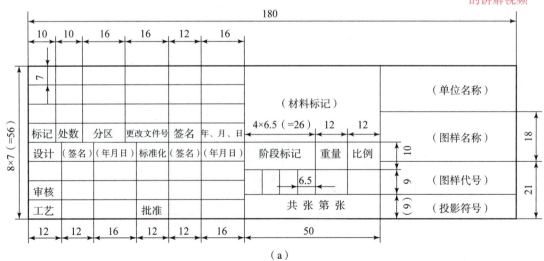

（a）

图 1.1.8　标题栏格式
(a) 国标规定的标题栏格式尺寸

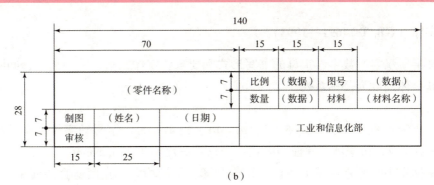

图1.1.8 标题栏格式(续)
(b)练习使用的标题栏尺寸

2. 分类

比例分原值比例、放大比例和缩小比例三种。

比值为1的比例为原值比例,比值大于1的比例为放大比例,比值小于1的比例为缩小比例,如表1.1.3所示。

表1.1.3 比例(粗体字为优先选用比例)

种类	比例
原值比例	1:1
放大比例	**2:1**　2.5:1　4:1　**5:1**　**1×10^n:1**　**2×10^n:1**　2.5×10^n:1　4×10^n:1　**5×10^n:1**
缩小比例	1:1.5　**1:2**　1:2.5　1:3　1:4　**1:5**　1:6　**1:1×10^n**　**1:2×10^n**　1:1.5×10^n　1:2.5×10^n　1:3×10^n　1:4×10^n　**1:5×10^n**　1:6×10^n

3. 注意事项

①绘制同一机件的各个图形应采用相同的比例,并把采用的比例填写在标题栏中的比例栏中。当某个图形采用了另外一种比例时,应另加标注,如局部放大图。

②为了在图样上直接获得实际机件大小的真实概念,应尽量采用1:1的比例绘图。

③如不宜采用1:1的比例,则可选择放大(书写时要写成10^n:1的形式)或缩小的比例(书写时要写成1:10^{n}的形式,),但标注尺寸时一定要注写实际尺寸。

④应选用优先选用比例,见表1.1.3。

其实例如图1.1.9所示。

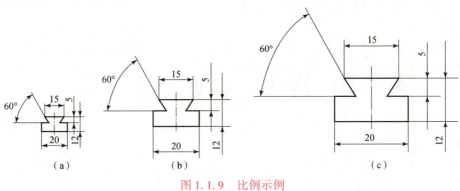

图1.1.9 比例示例
(a)1:2; (b)1:1; (c)2:1

四、字体（GB/T 14691—1993）

图中文字、汉字、数字、字母的书写形式和要求：字体工整，笔画清楚，间隔均匀，排列整齐，其字体高度为公称系列。

1. 汉字

字号大小为 1.8、2.5、3.5、5、7、10、14、20 共八种，字号即字体高度，高、宽比约为 3/2。汉字写成长仿宋体，并使用简化字，汉字高度不小于 3.5 mm。

长仿宋体字书写要领：横平竖直，起落有锋，结构均匀，宽度适宜。简单讲就是工整、瘦长、顿笔，见表 1.1.4。

表 1.1.4　字体书写

字体		示　例
长仿宋体汉字	10 号	字体工整笔画清楚间隔均匀排列整齐
	7 号	横平竖直注意起落结构均匀填满方格
	5 号	技术制图机械电子汽车航空船舶土木建筑矿山井坑港口纺织焊接设备工艺
	3.5 号	螺纹齿轮端子接线飞行指导驾驶轮位把填施工引水通风刷闸规棉麻化杆

2. 数字和字母

直体和斜体，见表 1.1.5。

数字和拉丁字母书写使用斜体，与水平线成 75°。

表 1.1.5　数字书写

字体		示　例
拉丁字母	大写斜体	*ABCDEFGHIJKLMNOPQRSTUVWXYZ*
	小写斜体	*abcdefghijklmnopqrstuvwxyz*
阿拉伯数字	斜体	*0123456789*
	正体	0123456789
罗拉数字	斜体	*I II III IV V VI VII VIII IX X*
	正体	I II III IV V VI VII VIII IX X
字体的应用		$\phi 20^{+0.010}_{-0.023}$　　$7°^{+1°}_{-2°}$　　$\dfrac{3}{5}$　　10JS5($\pm$0.003)　　M24-6h
		$\phi 25 \dfrac{H6}{m5}$　　$\dfrac{II}{2:1}$　　$\dfrac{A}{5:1}$　　$\sqrt{Ra6.3}$　　R8　　5%　　$\sqrt{3.50}$

五、图线（GB/T 4457.4—2002）

1. 图线的型式及应用

粗线和细线（其宽度比为 2∶1），图线种类见表 1.1.6。

表 1.1.6　图线及应用

序号	代码 No.	图线名称	图线型式	一般应用
1	01.1	细实线	 ———————	过渡线、尺寸线、尺寸界线、剖面线、重合断面的轮廓线、指引线、螺纹牙底线及辅助线等
2	01.1	波浪线	 ～～～～～	断裂处的边界线；视图与剖视图的分界线
3	01.1	双折线	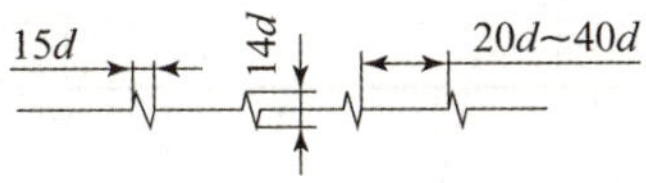 15d　14d　20d~40d	断裂处的边界线；视图与剖视图的分界线
4	01.2	粗实线	 ———————	可见轮廓线；表示剖切面起讫和转折的剖切符号
5	02.1	细虚线	 12d　3d	不可见轮廓线
6	02.2	粗虚线	 12d　3d	允许表面处理的表示线
7	04.1	细点画线	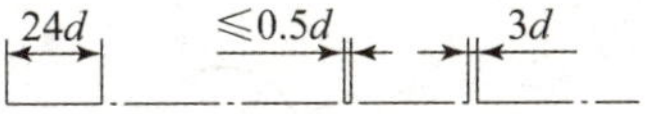 24d　≤0.5d　3d	轴线、对称中心线、剖切线等
8	04.2	粗点画线	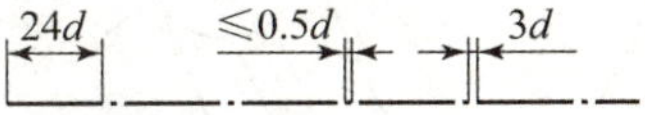 24d　≤0.5d　3d	限定范围表示线
9	05.1	细双点画线	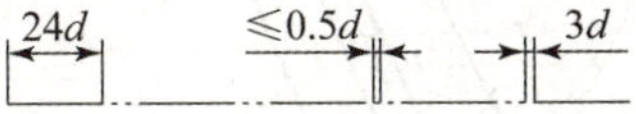 24d　≤0.5d　3d	相邻辅助零件的轮廓线、可动零件极限位置的轮廓线、轨迹线、中断线等

2. 图线画法

①在同一图样中，同类图线的宽度应基本一致。

②除另有规定，两条平行线之间的最小距离不得小于 0.7 mm。

③绘制图形的对称中心线、轴线时，其点画线应超出图形轮廓外 3~5 mm，且点画线的首末两端是长画，而不是短画，用点画线绘制圆的对称中心线时，圆心应为线段的交点。

④虚线、点画线、双点画线自身相交或与其他任何图线相交时，都应是线、线相交，而不应在空隙或点处相交，但虚线如果是实线的延长线，则在连接虚线端处留有空隙。

两图线相交画法如图 1.1.10 所示，中心线画法如图 1.1.10（a）和图 1.1.10（b）所示,虚线的画法如图 1.1.10(c) 所示。

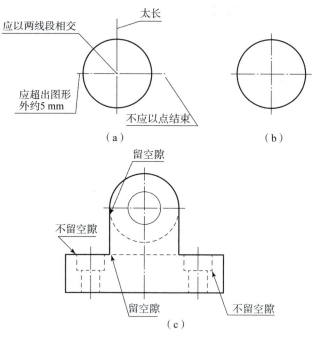

图 1.1.10 两图线相交画法的示例
(a) 错误;(b) 正确;(c) 虚线画法

3. 图线的应用(见图 1.1.11)

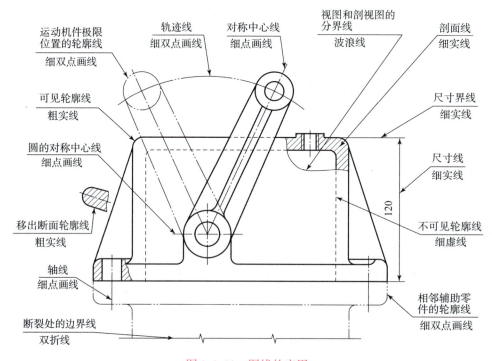

图 1.1.11 图线的应用

六、绘图工具的使用（请扫二维码观看视频）

QR code 4
绘图工具的使用

任务实施步骤

①选择 A3 图幅。
②绘制边框，查表 1.1.2，根据尺寸留装订边。
③绘制标题栏。
④书写标题栏中的文字。

任务 2　识读手柄零件图

涉及新知识点

一、尺寸注法（GB/T 4458.4—2003）

QR code 5 尺寸
标注视频

1. 基本规则

①机件的真实大小应以图样上所注的尺寸数值为依据，与图形大小及绘图的准确度无关。
②图样中的尺寸以毫米（mm）为单位，无须注出。
③图样中所标注尺寸为最后完工尺寸。
④机件的每一尺寸只注一次，标在反映该结构形状最清晰的图形上。

2. 尺寸的组成

一个完整尺寸应由下列内容组成，如图 1.2.1 所示。

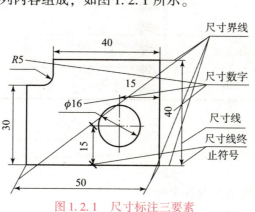

图 1.2.1　尺寸标注三要素

（1）尺寸界线

尺寸界线为细实线，表示尺寸的范围，应由轮廓线、轴线或对称中心线引出，也可用这些线代替，如图 1.2.1 所示。

（2）尺寸线

尺寸线为细实线，一端或两端带有终端（箭头或斜线）符号，一般与尺寸界线垂直，有时也可倾斜。

尺寸线终端有两种形式：箭头和斜线，一般机械制图用箭头，建筑工程图用斜线。如图1.2.1所示中两个15的尺寸，其终端分别是箭头和斜线。箭头的画法如图1.2.2所示。值得注意的是：尺寸线和尺寸界线在标注时要符合国标，其要求如图1.2.3所示。

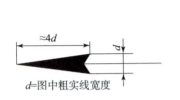

图1.2.2　尺寸线终止符号——箭头的画法

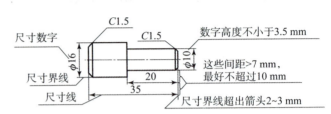

图1.2.3　尺寸线和尺寸界线的要求

（3）尺寸数字

尺寸数字一般写在尺寸线的上方、左侧或中断处（少用）；尺寸数字不得被任何图线通过，必要时应将该图线断开。新国标规定，数字书写字高应不小于3.5 mm。

尺寸标注符号见表1.2.1所示。

表1.2.1　尺寸标注符号

符号	含义	符号	含义
φ	直径	t	厚度
R	半径	∨	埋头孔
S	球	⊔	沉孔或锪平
EQS	均布	▼	深度
C	45°倒角	□	正方形
∠	斜度	▷	锥度

二、常见的尺寸标注

1. 线性尺寸

线性尺寸标注时，主要应注意数字的方向。

①水平尺寸数字写在正上方，如图1.2.4中10。

②垂直尺寸数字写在左方，字头朝左，如图1.2.4中11。

③倾斜尺寸数字字头保持朝上的趋势，如图1.2.4中12、13、14、15、17，并尽可能避免在30°范围内标注尺寸，当无法避免时应引出标注。

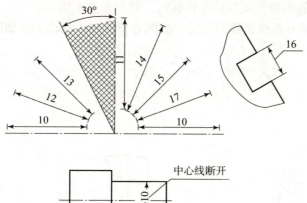

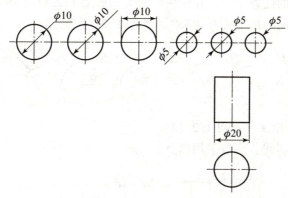

图 1.2.4　线性尺寸的标注

2. 角度尺寸

尺寸界线沿径向引出。

尺寸线为以该角的顶点为圆心、任意长为半径画成的圆弧，并标上箭头。

尺寸数字：角度数字一律水平书写，如图 1.2.5 所示 60°。

注意：通常写在尺寸线的中断处，如图 1.2.5 所示 90°；必要时允许写在尺寸线的外面（见图 1.2.5 所示 25°）或引出标注（见图 1.2.5 所示 5°）。

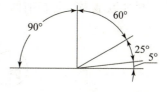

图 1.2.5　角度的标注

3. 直径尺寸

尺寸界线是圆周。

尺寸线是通过圆心的任意直径，并标上箭头，避开中心线。

尺寸数字书写时在前面加上符号"ϕ"，如图 1.2.6 所示。

图 1.2.6　圆的标注

注：直径尺寸可以标注在非圆视图上

4. 半径尺寸

尺寸界线是圆周。

尺寸线是通过圆心的任意半径，并标一个箭头，如图 1.2.7 所示。

尺寸数字书写时在前面加上符号"R"。

大于或等于180°的圆弧都要按照半径标注，如图1.2.8所示。
当圆弧半径过大或在图纸范围内无法注出圆心位置时，标注方法如图1.2.9所示。

图1.2.7　半径的标注

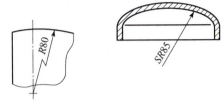

图1.2.8　半圆的标注　　　　　　　　图1.2.9　半圆的标注

5. 球直径尺寸

尺寸界线是圆周。

尺寸线是通过圆心的任意直径，并标上箭头，如图1.2.10所示，标注时需避开中心线。

尺寸数字书写时在前面加符号"$S\phi$"，如图1.2.10所示

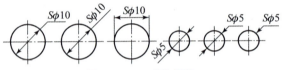

图1.2.10　球的标注

6. 球的半径尺寸

尺寸界线是圆周。

尺寸线是通过圆心的任意半径，并标一个箭头，如图1.2.11所示。

尺寸数字书写时在前面加上符号"SR"，如图1.2.11所示。

图1.2.11　半球的标注

7. 狭小部位尺寸的标注（见图1.2.12）

将箭头换成黑点或斜线，一般采用黑点。

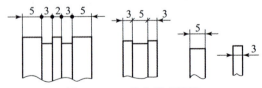

图1.2.12　狭小尺寸标注

8. 均匀分布的孔的标注

①沿直线均匀分布，如5×ϕ8，如图1.2.13所示。

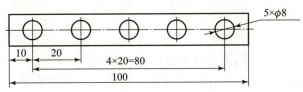

图 1.2.13　直线均匀分布

②沿圆周均匀分布，如 $8×\phi6$　EQS，如图 1.2.14 所示。

9. 断面为正方形结构的标注（见图 1.2.15）

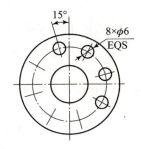

图 1.2.14　圆周均匀分布孔

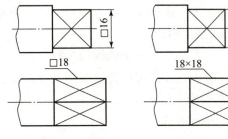

图 1.2.15　断面为正方形结构的标注

10. 均匀厚度板状零件的标注（见图 1.2.16）

图 1.2.16　厚度的标注

三、尺寸分析

1. 平面图形的尺寸分析

尺寸分为定形尺寸和定位尺寸。

（1）定形尺寸

定形尺寸是指确定平面图形上几何元素形状大小的尺寸，如图 1.2.17 所示中的 $\phi15$、$R30$、$R50$、$\phi30$ 和 80、10。一般情况下确定几何图形所需定形尺寸的个数是一定的，如直线的定形尺寸是长度、圆的定形尺寸是直径、圆弧的定形尺寸是半径、正多边形的定形尺寸是边长、矩形的定形尺寸是长和宽等。

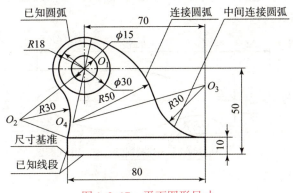

图 1.2.17　平面图形尺寸

（2）定位尺寸

定位尺寸是指确定各几何元素相对位置的尺寸，如图 1.2.17 中的 70、50。确定平面图形位置需要两个方向的定位尺寸，即水平方向和垂直方向，也可以以极坐标的形式定位，即半径加角度。

(3) 尺寸基准

任意两个平面图形之间必然存在着相对位置，也就是说必有一个是参照的。

标注尺寸的起点称为尺寸基准，简称基准。平面图形尺寸有水平和垂直两个方向（相当于坐标轴 x 方向和 y 方向），因此基准也必须从水平和垂直两个方向考虑。平面图形中尺寸基准是点或线。常用的点基准有圆心、球心、多边形中心点、角点等，线基准往往是图形的对称中心线或图形中的边线。

2. 线段分析

根据定形、定位尺寸是否齐全，可以将平面图形中的图线分为以下三大类：

(1) 已知线段

定形、定位尺寸齐全的线段。

作图时该类线段可以直接根据尺寸作图，如图 1.2.17 中 $\phi15$ 的圆、$R18$ 的圆弧及 70 和 50 的直线段均属已知线段。

(2) 中间线段

只有定形尺寸和一个定位尺寸的线段。

作图时必须根据该线段与相邻已知线段的几何关系，通过几何作图的方法求出，如图 1.2.17 中的 $R30$ 圆弧。

(3) 连接线段

只有定形尺寸没有定位尺寸的线段，其定位尺寸需根据与线段相邻的两线段的几何关系，通过几何作图的方法求出，如图 1.2.17 中的 $R50$ 圆弧段。

在两条已知线段之间可以有多条中间线段，但必须而且只能有一条连接线段，否则尺寸将出现缺少或多余。

 任务实施步骤

QR code 6
手柄尺寸分析

如图 1.2.18 所示，尺寸分析：圆弧连接由已知圆弧 $R20$、$R5$ 及中间圆弧 $R80$ 和连接圆弧 $R20$ 组成，其中 $R80$ 与 $R5$ 内连接，已知圆弧 $R20$、中间圆弧 $R80$ 与连接圆弧 $R20$ 均为外连接。

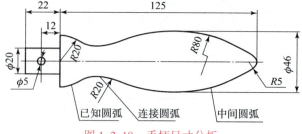

图 1.2.18　手柄尺寸分析

① 找定形尺寸 $\phi20$、$\phi5$、22、$R5$。

② 找定位尺寸 12、125、$\phi46$。

③ 找中间圆弧 $R80$。

④ 找连接圆弧 $R20$。

任务3　绘制手柄零件图

涉及新知识点

一、等分线段

等分线段的画法如下：

① 过已知线段的一个端点，画任意角度的直线，并用分规自线段的起点量取 n 个线段，如图 1.3.1（a）所示。
② 将等分的最末点与已知线段的另一端点相连。
③ 过各等分点作该线的平行线与已知线段相交即得到等分点，如图 1.3.1（b）所示。

QR code 7
等分线段板书视频

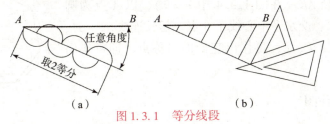

图 1.3.1　等分线段

二、等分圆周

等分圆周的画法有以下几种：

1. 正五边形画法

方法：
① 作 OA 的中点 M，如图 1.3.2（a）所示。
② 以 M 点为圆心，$M1$ 为半径作圆弧，交水平中心线于 K 点，如图 1.3.2（b）所示。
③ 以 $1K$ 为边长，将圆周五等分，即可作出圆内接正五边形，如图 1.3.2（c）所示。

QR code 8
等分圆板书视频

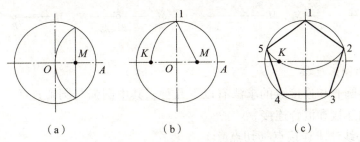

图 1.3.2　正五边形画法

2. 正六边形画法

方法一：用圆规作图。

分别以已知圆与水平中心线上的两处交点 A、B 为圆心，以 $R = D/2$ 作圆弧，与圆交于 C、

D、E、F点,依次连接A、B、C、D、E、F点即得圆内接正六边形,如图1.3.3(a)所示。

方法二:用三角板作图。

以60°三角板配合丁字尺作平行线,画出四条斜边,再以丁字尺作上、下水平边,即得圆内接正六边形,如图1.3.3(b)所示。

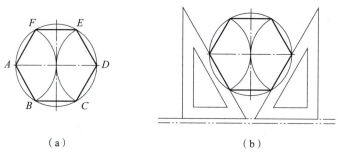

图1.3.3 正六边形画法

3. 正n边形画法(以正七边形为例)(见图1.3.4)

n等分铅垂直径AK(在图1.3.4中$n=7$),以A点为圆心、AK为半径作弧,交水平中心线于S点,延长连线$S2$、$S4$、$S6$与圆周交于点G、F、E,再作出它们的对称点,即可作出圆内接正n边形。

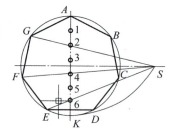

图1.3.4 正n边形画法

三、圆弧连接作图

1. 圆弧与直线连接(见图1.3.5)

①定距。作与两已知直线分别相距为R(连接圆弧的半径)的平行线,两平行线的交点O即为圆心。

②定连接点(切点)。从圆心O向两已知直线作垂线,垂足A、B即为连接点(切点)。

③以O为圆心,以R为半径,在两连接点(切点)之间画弧。

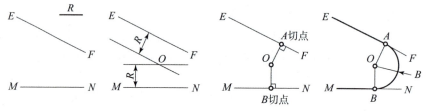

图1.3.5 圆弧与直线连接

2. 圆弧间的圆弧连接

连接圆弧的圆心和连接点的求法有以下几种,其中圆弧与圆弧连接分为外连接、内连接和混合连接。

(1)用连心线法求连接点(切点)

根据已知圆弧的半径R_1或R_2和连接圆弧的半径R计算出连接圆弧的圆心O轨迹线圆弧的半径R':

外连接时,用圆规求半径和:

$$R' = R + R_1$$

QR code 9
圆弧连接板书视频

内连接时，用圆规求半径差：
$$R' = R - R_2$$
外切时：连接点在已知圆弧和圆心轨迹线圆弧的圆心连线上。
内切时：连接点在已知圆弧和圆心轨迹线圆弧的圆心连线的延长线上。
以 O 为圆心，以 R 为半径，在两连接点（切点）之间画圆弧。

（2）外连接：连接圆弧和已知圆弧的弧向相反（外切）（见图1.3.6）
第一步找圆心 O：求半径和（$R'_1 = R + R_1$、$R'_2 = R + R_2$）画圆弧，相交点即连接圆弧圆心 O；
第二步找切点：分别连接 O_1O、O_2O 画直线，与原圆弧交点即切点；
第三步画圆弧：以 O 为圆心，以 R 为半径，在两连接点（切点）之间画圆弧。

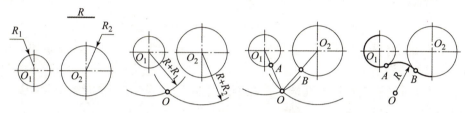

图1.3.6　圆弧与圆弧外连接

（3）内连接：连接圆弧和已知圆弧的弧向相同（内切）（见图1.3.7）
第一步找圆心 O：分别以 $R - R_1$、$R - R_2$ 为半径画圆弧，交点即圆心 O；
第二步找切点：分别连接 O_1O、O_2O 画直线，与原圆弧交点即切点；
第三步画圆弧：以 O 为圆心，以 R 为半径，在两连接点（切点）之间画圆弧。

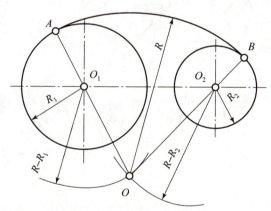

图1.3.7　圆弧与圆弧内连接

3. 作与已知圆相切的直线
作直线与两圆相切，方法如图1.3.8所示。

四、徒手绘图

1. 画草图的要求

草图是表达和交流设计思想的一种手段，如果作图不准确，将影响草图的效果。草图是徒手绘制的图，而不是潦草的图。因此，作草图时可以不求图形的几何精度，但要做到线型分明、自成比例。

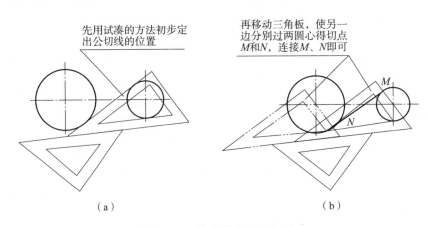

图1.3.8 作直线与两圆相切

2. 草图的绘制方法

（1）直线的画法

画直线时，可先标出直线的两端点，在两点之间先画一些点或短线，再连成一条直线。运笔时手腕要灵活，目光应注视线的端点，不能只盯着笔尖。

画水平线应自左至右画出，垂直线自上而下画出，斜线斜度较大时可自左向右下或自右向左下画出，如图1.3.9所示。

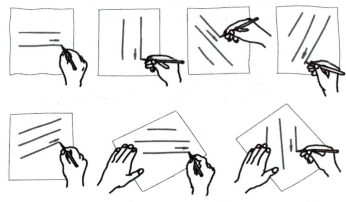

图1.3.9 手绘水平线

（2）圆的画法

画圆时，应先画中心线。较小的圆可在中心线上先定出半径的四个端点，然后过这四个端点画圆。稍大的圆可以过圆心再作两条斜线，再在各线上定半径长度，然后过这八个点画圆。当圆的直径很大时，可以用手作圆规，以小指支撑于圆心，使铅笔与小指的距离等于圆的半径，笔尖接触纸面不动，转动图纸，即可得到所需的大圆。另外，可在一纸条上作出半径长度的记号，使其一端置于圆心，另一端置于铅笔，旋转纸条，便可以画出所需圆，也可用纸片作半径画圆，如图1.3.10所示。

3. 徒手绘制平面图形

徒手绘制平面图形时，也和使用尺、规作图时一样，要进行图形的尺寸分析和线段分析，先画已知线段，再画中间线段，最后画连接线段。在方格纸上画平面图形时，主要轮廓线和定位中心线应尽可能利用方格纸上的线条，图形各部分之间的比例可按方格纸上的格数来确定。图 1.3.11 所示为徒手在方格纸上画平面图形的示例。

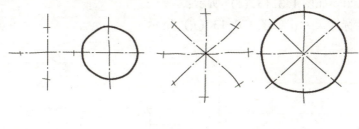

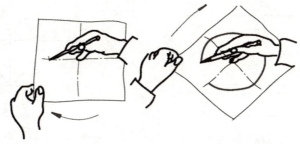

图 1.3.10　手绘圆

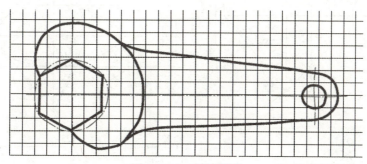

图 1.3.11　手绘扳手

 任务实施步骤

手柄样例如图 1.3.12 所示。

①尺寸分析，选定 A3 图幅。

②绘制边框标题栏。

③分析圆弧连接。

如图 1.3.12 所示，圆弧连接由已知圆弧 $R20$ 和 $R5$、中间圆弧 $R80$ 及连接圆弧 $R20$ 组成，其中 $R80$ 与 $R5$ 为内连接，$R20$ 与 $R80$ 和 $R20$ 为外连接。

布局，如图 1.3.13（a）所示。

画已知线段，如图 1.3.13（b）所示；

根据尺寸找中间圆弧圆心，如图 1.3.13（c）所示；

画中间圆弧 $R80$，如图 1.3.13（d）所示；

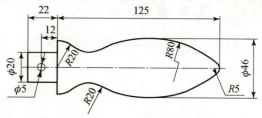

图 1.3.12　手柄样例

根据尺寸找连接圆弧圆心，如图1.3.13（e）所示；
画连接圆弧R20，如图1.3.13（f）所示；
检查、加深并标注尺寸，如图1.3.13（g）所示。

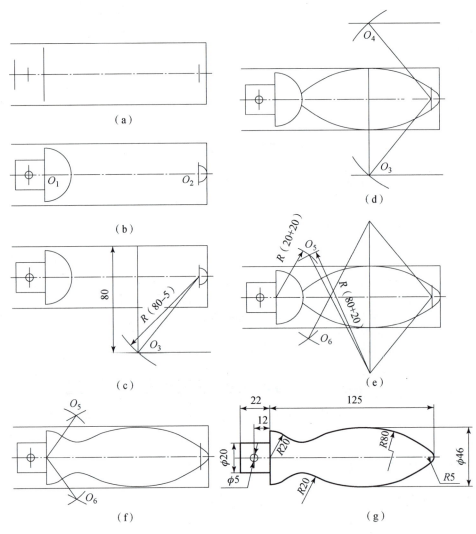

图1.3.13　手柄画法与步骤

（a）布局；（b）画已知线段；（c）根据尺寸找中间圆弧圆心；（d）画中间圆弧；
（e）根据尺寸找连接圆弧圆心；（f）画连接圆弧；（g）加深，标注尺寸

项目实施

请同学们独立完成，老师巡回指导。

QR code 10 项目实施视频

项目二　基本体三视图的识读和绘制

 项目描述

单一的集合体是构成形体的基本单元,在几何造型中又称为基本体。常见的基本体有棱柱(正方体、长方体)、棱锥、圆柱、圆锥、球、环等。任何复杂的机件,都可以认为是由一些基本体按一定的方式组合而成的。C6140型卧式车床上很多零部件都是由基本体组合而成的,可在项目一图1.0.2中寻找。

本项目以常用基本体为载体,以任务为导向,围绕着常用基本体三视图(如图2.0.1所示)的识读和绘制展开讲述,将项目分成5个任务:任务1　自制三面投影体系;任务2　求作点线面的投影;任务3　绘制棱柱和棱锥三视图及表面取点;任务4　绘制圆柱和圆锥三视图及表面取点;任务5　识读基本体三视图。

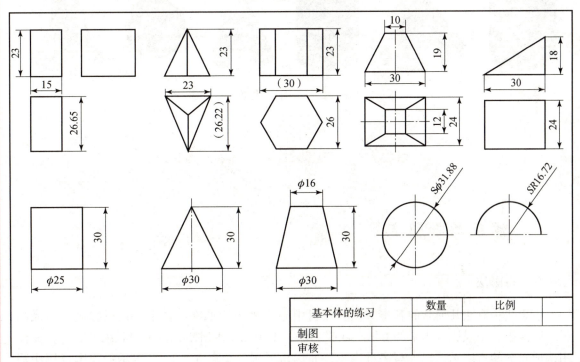

图2.0.1　基本体三视图的练习图

每个任务互相关联,对任务所涉及的新知识点一一进行罗列,先后讲述了投影法和正投影法的特性、三视图的形成、点线面的投影、基本体三视图和表面取点等知识点,读者完成每个任务的过程就是将知识点消化吸收的过程。最后读者将所学的知识点融会贯通,完成整个项目的实施。

 知识目标

正确理解投影法的基本理论以及投影的特性;理解并掌握三视图的形成过程及投影规律;掌握各种位置的点、直线、平面的投影特性和作图方法;掌握基本体三视图及表面取点和基本体标注方法。

 能力目标

建立基本体空间思维概念,具备完整地画出基本体三视图并标注尺寸,以及用水萝卜、地瓜和蜡烛等材料加工基本体模型的能力。

 素养目标

培养学生的空间想象能力及其绘图布局和美感。图 2.0.2 所示为基本体立体模型。

图 2.0.2 基本体立体模型

任务 1　自制三面投影体系

 涉及新知识点

一、投影法

投影法是画法几何学的基本方法。投射中心(光源)照在物体上,在投影面上所成的影,叫投影;把投影画出来的方法,叫投影法。如图 2.1.1 所示,投影中心用 S 表示;物体用构成轮廓的点表示,以大写字母表示,如三角形用三个点 A、B、C 表示;投影点用小写字母表示,如 a、b、c;投影面用 P 表示。光源和物体之间的连线叫投射线,用细实线绘制,如 SA。图 2.1.1 所示为投影示意图,与尺寸无关。

项目二 基本体三视图的识读和绘制

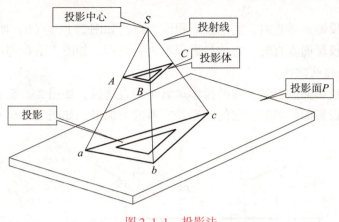

图2.1.1 投影法

二、投影法的分类

1. 中心投影法

所有的投射线均由投影中心射出，这种投影法称为中心投影法，如图2.1.2所示。

2. 平行投影法

投射线互相平行，此时，空间几何原形在投影面上也同样得到一个投影，这种投影法称为平行投影法。它又分为两种：

①当所有的投射线互相平行且倾斜时，这种投影法称为斜投影法，如图2.1.3所示。

②当所有的投射线互相平行且垂直时，这种投影法称为正投影法，如图2.1.4所示。

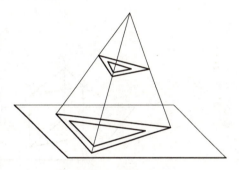

图2.1.2 中心投影法

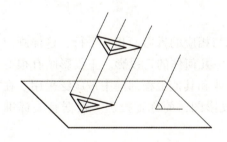

图2.1.3 平行投影法——斜投影法

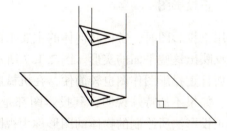

图2.1.4 平行投影法—正投影法

正投影法的投影反映物体的真实形状和大小。真实是机械制图所期望的，所以机械制图中的投影如不加特殊说明，都是指正投影。那么正投影法具备哪些特性呢？

三、正投影法的特性

1. 真实性

当一条线段与投影面平行时，它的投影是等长的直线段，如图2.1.5（a）所示。

当一个平面与投影面平行时，它的投影是实形，如图2.1.6（a）所示。

2. 积聚性

当一条线段与投影面垂直时，它的投影积聚为点，如图 2.1.5（b）所示。

当一个平面与投影面垂直时，它的投影积聚为直线段，如图 2.1.6（b）所示。

3. 类似性（或称收缩性）

当一条线段与投影面倾斜时，它的投影是缩小的直线段，如图 2.1.5（c）所示。

当一个平面与投影面倾斜时，它的投影是实形的类似形，如图 2.1.6（c）所示。

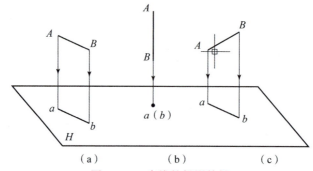

图 2.1.5 直线的投影特性

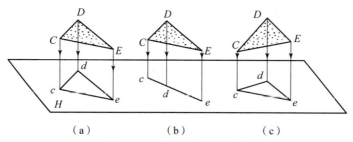

图 2.1.6 平面的投影特性

四、正投影图

采用正投影图时，常将几何体的主要平面放成与相应的投影面相互平行，这样画出的投影图能反映出这些平面的实形。图 2.1.7 所示为某一几何体的正投影。正投影图有很好的度量性，而且正投影图作图也较简便，在机械制造行业和其他工程部门中被广泛采用。在机械制图中，如果不加特殊说明，其投影图都是指正投影图，简称正投影。根据有关标准和规定，用正投影法所绘制的物体的图形称为视图。

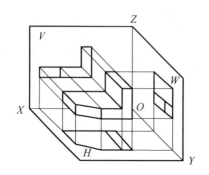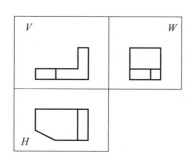

图 2.1.7 几何体的正投影

五、三视图

1. 三面投影体系

要想学习三视图,必须先了解三视图的形成;要了解三视图的形成,就必须了解三面投影体系。

三面投影体系由三个互相垂直的投影面组成,如图2.1.8(a)所示。取出一个象限,三个投影面分别是正立投影面(简称正面或 V 面)、水平投影面(简称水平面或 H 面)和侧立投影面(简称侧平面或 W 面),如图2.1.8(b)所示。

QR code 1 三面投影体系的展开

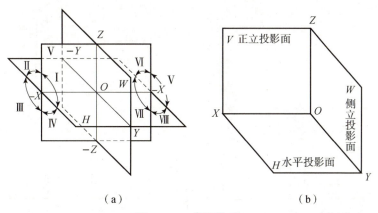

图2.1.8 投影体系

面面相交成线,三个投影面之间的交线称为投影轴,如图2.1.8(b)所示,三个投影轴互相垂直,分别是 X 轴(左右,表示长度方向)、Y 轴(前后,表示宽度方向)、Z 轴(上下,表示高度方向)。

线线相交成点,X 轴、Y 轴、Z 轴相交成原点 O,如图2.1.8(b)所示。

QR code 2 三视图的形成授课视频

2. 三视图的形成

(1)三视图的名称

将机件放在三面投影体系中分别投影,所得视图即三视图,如图2.1.9所示:

从前向后投影,在 V 面成图形,称为主视图;

从上向下投影,在 H 面成图形,称为俯视图;

从左向右投影,在 W 面成图形,称为左视图。

(2)三视图的平面展开

在三面投影体系中画图非常不方便,需要转化成平面图。转化过程如下:沿着 Y 轴剪开,以 V 面主视图为基准,将 H 面向下旋转90°、W 面向右旋转90°,展开到同一个平面;再将投影面、坐标轴去除后,只留下三个视图,如图2.1.10所示。

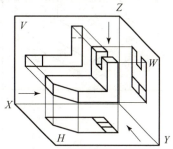

图2.1.9 机件在三面投影体系中

3. 三视图的配置(位置)关系

以主视图为主,俯视图在主视图的正下方,左视图在主视图的正右方,如图2.1.11

(b)所示。

4. 三视图的投影关系

（1）六个方位

机件上有六个方位，分别是上、下、左、右、前、后，如图2.1.11所示。

X 轴表示左、右方位，是机件的长度尺寸；

Y 轴表示前、后方位，是机件的宽度尺寸；

Z 轴表示上、下方位，是机件的高度尺寸。

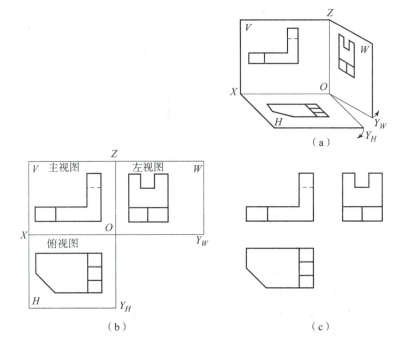

图2.1.10 三视图的形成

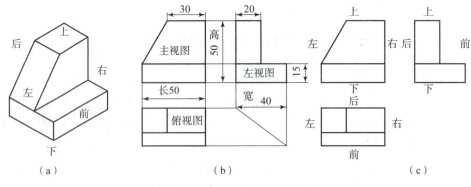

图2.1.11 三视图三种关系

（2）投影的三等关系（见图2.1.11（b））

主、俯视图长度相等——长对正（即等长）；

主、左视图高度相等——高平齐（即等高）；

俯、左视图宽度相等——宽相等（即等宽）。

任务实施步骤

①准备废弃的箱子。
②按照视频或者教师指导做。
③标注好名称，三面展开。
④将物体放置于三面投影体系中体会三视图。

任务2　求作点线面投影

 涉及新知识点

一、点的投影

1. 点的投影命名

点是组成物体的最基本的几何要素。点的投影不能称其为三视图，那么如何命名呢？在空间三面投影体系中，有一空间点（用大写字母表示）A：

将它向水平面 H 面投影后，投影是点，称点的水平投影，用小写字母表示，记为 a。
将它向正面 V 面投影后，投影是点，称点的正面投影，用小写字母加撇表示，记为 a'。
将它向侧面 W 面投影后，投影是点，称点的侧面投影，用小写字母加两撇表示，记为 a''。
点在三面投影体系中的投影如图 2.2.1 所示。

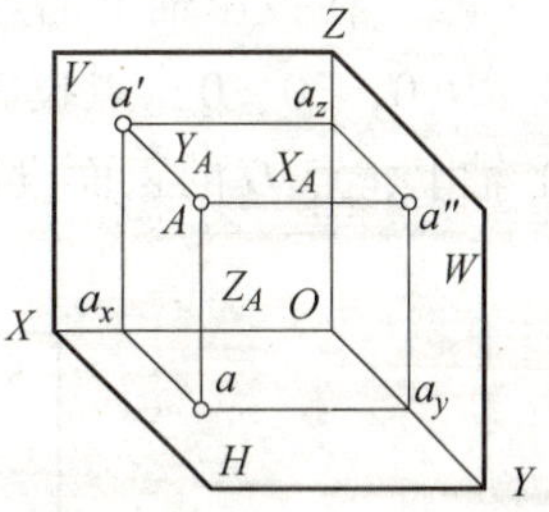

2. 点的投影展开

将三投影面展平得到点的三面投影图，如图 2.2.2（a）所示，两投射线 aa'、$a'a''$ 称为投影连线，分别垂直于 OX 轴和 OZ 轴，只要知道 $A(x,y,z)$ 的坐标值，沿轴量取坐标，过该点画该坐标轴的垂线即投影连线，两投影连线的相交点即投影点 a'、a'、a''。

QR code 3 点的投影讲解视频

图 2.2.1　点在三面投影体系中

3. 点的投影图规律

①a 和 a' 的连线垂直于 OX 轴，$aa' \perp OX$（亦体现了三视图中的"长对正"）。

②a' 和 a'' 的连线垂直于 OZ 轴，$a'a'' \perp OZ$（亦体现了三视图中的"高平齐"）。

③点的水平投影与侧面投影具有相同的 y 坐标，或者这样说：过点 a 的水平线和过点 a'' 的垂直线相交于 45°线。

为作图方便，也可自点 O 作 45°辅助线（利用了"角平分线上的点到角两个边的距离相等"这条几何公理，体现了"宽相等"），如图 2.2.2（b）所示。

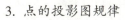作 $A(30,20,18)$ 的三面投影。

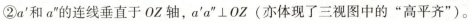沿 OX 轴量 30，作 OX 轴的投影连线（$\perp OX$），沿 OY 轴量 20，作 OY 轴的投影连线

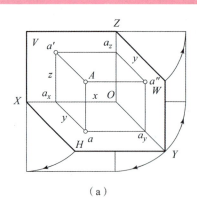 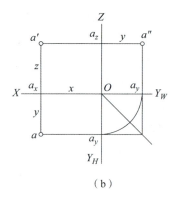

图 2.2.2 三面投影图性质和画法

（⊥OY）。两投影连线交于点 a；沿 OZ 轴量 18，作 OZ 轴的投影连线（⊥OZ），与 OX 轴的投影连线交于 a'，与 OY_H 轴投影连线交于 a''，如图 2.2.3 所示。

4. 特殊位置点的投影

特殊情况下，点的某一坐标值为零就处于投影面上，两个坐标值为零就处于投影轴上，三个坐标值等于零则处于坐标原点 O。

（1）在投影面上的点

如图 2.2.4（a）所示，$A(50, 0, 35)$、$B(30, 12, 0)$、$C(0, 20, 20)$ 三点分别处于 V 面、H 面、W 面上，由此得出处于投影面上的点的投影性质：

①点的一个投影与空间点本身重合。

②点的另外两个投影分别处于不同的投影轴上。

（2）在投影轴上的点

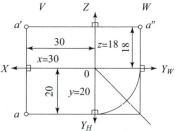

图 2.2.3 A 点的三面投影图

$D(0, 30, 0)$ 点投影如图 2.2.4（b）所示，点 D 和它的水平投影、侧面投影重合于 OY 轴上，点 D 的正面投影 d' 位于原点。

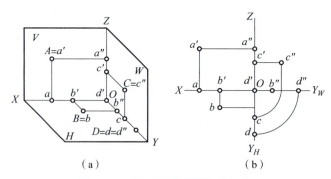

图 2.2.4 投影面及投影轴上的点

5. 两点的相对位置

立体上两点间的相对位置是指在三面投影体系中，一个点处于另一个点的上、下、左、右、前、后的方位。两点相对位置可用坐标值的大小来判断，z 坐标大者在上，反之在下；y 坐标大者在前，反之在后；x 坐标大者在左，反之在右。

在图 2.2.5 中，A、C 两点的相对位置：$z_A > z_C$，因此点 A 在点 C 之上；$y_A > y_C$，点 A 在点

C 之前；$x_A < x_C$，点 A 在点 C 之右。结果是点 A 在点 C 的右、前、上方，如图 2.2.5 所示。

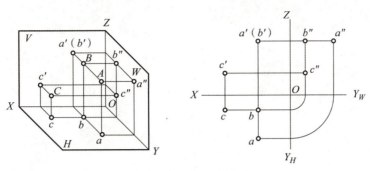

图 2.2.5　两点的相对位置

6. 重影点

当空间两点的某两个坐标相同，即位于同一条投射线上时，它们在该投射线垂直的投影面上的投影重合于一点，此空间两点称为该投影面的重影点。

如图 2.2.6 所示，C、D 两点位于垂直于 H 面的同一条投射线上（$x_C = x_D$，$y_C = y_D$），水平面投影 c 和 d 重合于一点。由正面投影（或侧面投影）可知 $z_C > z_D$，即点 C 在点 D 的上方。因此，点 D 的水平面投影 d 被点 C 的水平面投影 c 遮挡，是不可见的，规定标记时在 d 上加圆括号以示区别。

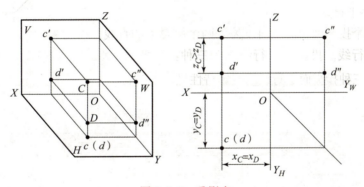

图 2.2.6　重影点

总之，某投影面上出现重影点，判别哪个点可见，应根据它们相应的第三个坐标的大小来确定，坐标大的点即重影点中的可见点。

【例 2-2】　已知点 B 的正面投影 b' 及侧面投影 b''，如图 2.2.7（a）所示，试求其水平投影 b。

作图：由于 b 与 b' 的连线垂直于 OX 轴，所以 b 一定在过 b' 而垂直于 OX 轴的直线上。又由于 b 至 OX 轴的距离必等于 b'' 至 OZ 轴的距离，故使 bb_x 等于 $b''b_z$，便定出了 b 的位置，如图 2.2.7（b）所示。

二、直线的投影

1. 直线的投影特性

两点一线，掌握了点的投影，同一个投影面上点的投影相连，就构成了线的投影。

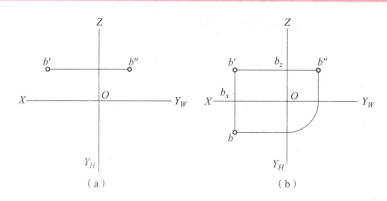

图 2.2.7　由两投影点求第三投影点

2. 直线的种类

空间直线相对于一个投影面有平行、垂直、倾斜三种位置状态，三种位置状态各有不同的投影特性，共有三类七种：投影面的平行线（3 种）、投影面的垂直线（3 种）、一般位置直线。

直线对 H、V、W 三投影面的倾角分别用 α、β、γ 表示，如图 2.2.8 所示。

3. 投影面的平行线

只平行于一个投影面，而倾斜于另外两个投影面的直线，称为投影面的平行线。投影面平行线分为三种：正平线、水平线和侧平线。三种投影面平行线的投影特性见表 2.2.1。

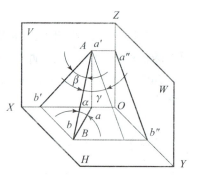

图 2.2.8　空间直线对投影面的倾角

表 2.2.1　投影面平行线的投影特性

名称	水平线	正平线	侧平线
立体图			
投影图			

(1) 正平线（平行于 V 面，倾斜于 W、H 面，见图 2.2.9）

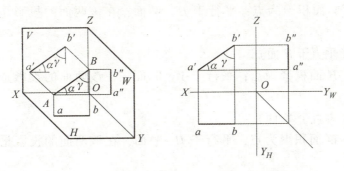

图 2.2.9　正平线的投影

正平线平行于 V 面，在 V 面上的投影是实长斜线，与 H 面的夹角为 α，与 W 面的夹角为 γ（β = 0°、α + γ = 90°），其他两面投影是两缩短的线（水平或垂直）。

(2) 水平线（平行于 W 面，倾斜于 V、H 面）

水平线平行于 H 面，在 H 面上的投影是实长斜线，与 V 面夹角为 β，与 W 面的夹角为 γ（β + γ = 90°，α = 0°），其他两面投影是两缩短线（水平）。

(3) 侧平线（平行于 H，倾斜于 V、W 面）

侧平线平行于 W 面，在 W 面上的投影是实长斜线，与 H 面的夹角为 α，与 V 面的夹角为 β（α + β = 90°，γ = 0°），其他两面投影是两缩短线（垂直）。

(4) 投影面平行线投影特性

在其平行的那个投影面上的投影反映实长，另两个投影面上的投影平行于相应的投影轴。

【例 2 - 3】　如图 2.2.10 所示，已知空间点 A，试作线段 AB，长度为 15 mm，并使其平行于 V 面，与 H 面倾角 α = 30°，如图 2.2.10（a）所示。

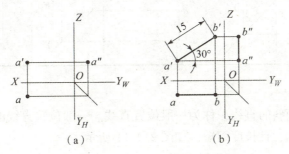

图 2.2.10　作正平线 AB
(a) 已知条件；(b) 解答

正平线在 V 面反映实长，由 a'a"作 30°斜线，沿斜线量取 15 即 b'，下引投影连线与过 a 与 OX 轴的平行线交点即 b，再作 b"。

4. 投影面的垂直线

与一个投影面垂直而与另外两个投影面平行的直线称为投影面的垂直线，如表 2.2.2 所示。与投影面垂直的垂直线分为三种：正垂线、铅垂线、侧垂线。

投影特性为一积聚点、两实长线。

（1）正垂线（垂直于 V 面）

垂直于 V 面，V 面积聚为点；平行于 H、W 面，在该两面的投影是等长直线段，如表 2.2.2 所示。

（2）铅垂线（垂直于 H 面）

垂直于 H 面，H 面积聚为点；平行于 V、W 面，在该两面的投影是等长直线段，如表 2.2.2 所示。

（3）侧垂线（垂直于 W 面）

垂直于 W 面，W 面积聚为点；平行于 H、V 面，在该两面的投影是等长直线段，如表 2.2.2 所示。

表 2.2.2　投影面平行线的投影

名称	铅垂线	正垂线	侧垂线
立体图			
投影图			

5. 一般位置直线

与三个投影面均倾斜的直线，称为一般位置直线。一般位置直线的投影特性是：三个投影都倾斜于相应投影轴，且长度缩短，如图 2.2.11 所示。

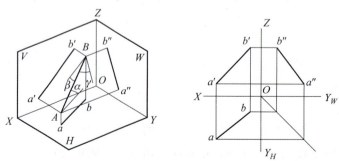

图 2.2.11　一般位置直线的投影

三、两直线相对位置及投影特性

两直线在空间的相对位置有平行、相交和交叉（异面）三种情况。

1. 两直线平行

投影规律：空间两直线相互平行，它们的同面投影一定平行；反之，两直线的各同面投影平行，则两直线在空间必然平行。如图 2.2.12（a）所示，由于 $AB/\!/CD$，则必定 $ab/\!/cd$、$a'b'/\!/c'd'$、$a''b''/\!/c''d''$。反之，若两直线的各同面投影互相平行，则此两直线在空间也必定互相平行，即因为 $a'b'/\!/c'd'$，$ab/\!/cd$，所以推出 $AB/\!/CD$，如图 2.2.12（b）所示。

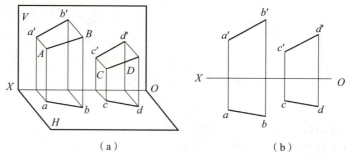

图 2.2.12　两直线平行

注意：如果已知两条直线平行，则画投影图时，首先应确定一条投影线，另一条只要知道一个投影点，作它们的平行线即可；如果依据投影来判断空间两直线是否平行，则要看三个投影面的平行线是否都平行，如图 2.2.13 所示，尽管 V 面、H 面两投影线平行，但 W 面不平行，所以空间两条直线不平行。

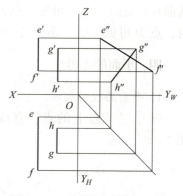

图 2.2.13　判断两直线是否平行

2. 二直线相交

投影规律：空间相交两直线，其同面投影均相交，且交点符合点的投影规律。若两直线的同面投影均相交，其交点同属于两直线，则它们在空间也一定是相交的；反之，若交点不符合点的投影规律，则两直线不相交，如图 2.2.14 所示。

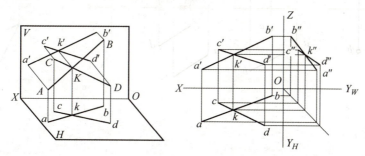

图 2.2.14　两直线相交

3. 二直线空间交叉

两直线既不平行又不相交，则称为两直线空间交叉。

（1）特性

若空间两直线交叉，则它们的各组同面投影必不同时平行于平面，或者它们的各同面投影虽然相交，但其交点不符合点的投影规律。反之亦然。如图2.2.15（a）所示。

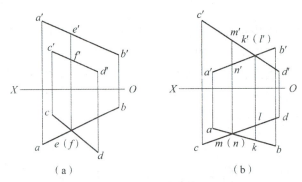

图2.2.15 两直线交叉

（2）判定空间交叉两直线的相对位置

空间交叉两直线的投影交点不是真交点，实际上是空间两点的投影重合点。利用重影点和可见性，可以很方便地判别两直线在空间的位置。在图2.2.15（b）中，判断 AB 和 CD 的正面重影点 k′（l′）的可见性时，由于 K、L 两点的水平投影 k 比 l 的 y 坐标值大，所以当从前往后看时，点 K 可见，点 L 不可见，由此可判定 AB 在 CD 的前方。同理，从上往下看时，点 M 可见，点 N 不可见，可判定 CD 在 AB 的上方。

四、平面的投影

1. 平面的投影表示法

通常用平面上的点、直线或平面图形等几何元素的投影来表示平面的投影，如图2.2.16所示。

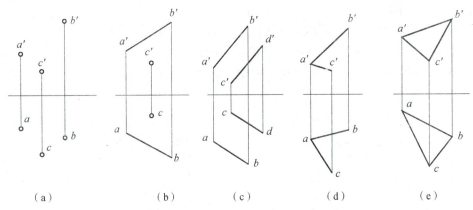

图2.2.16 用几何元素表示平面

(a) 不在同一直线上的三点；(b) 直线与线外一点；(c) 相平行两直线；(d) 相交两直线；(e) 平面图形

①不属于一直线的三点的投影，如图2.2.16（a）所示；

②一直线和不属于此直线一点的投影，如图2.2.16（b）所示；

③两平行线的投影，如图2.2.16（c）所示；

④两相交直线的投影,如图 2.2.16(d)所示;
⑤用平面图形的投影来表示平面的投影,如图 2.2.16(e)所示。

2. 各种位置平面及其投影特性

平面按与投影面的相对关系分为三类:投影面平行面、投影面垂直面、一般位置平面。

3. 投影面垂直面

(1) 投影面垂直面的类型

①正垂面(垂直于 V 面,倾斜于 H、W 面)。

垂直于 V 面,V 面积聚为一条斜线;倾斜于 H、W 面,在该两面的投影是缩小的类似形,如表 2.2.3 所示。

②铅垂面(垂直于 H 面,倾斜于 V、W 面)。

垂直于 H 面,H 面积聚为一条斜线;倾斜于 V、W 面,在该两面的投影是缩小的类似形,如表 2.2.3 所示。

表 2.2.3 投影面垂直面的投影

正垂面	铅垂面	侧垂面

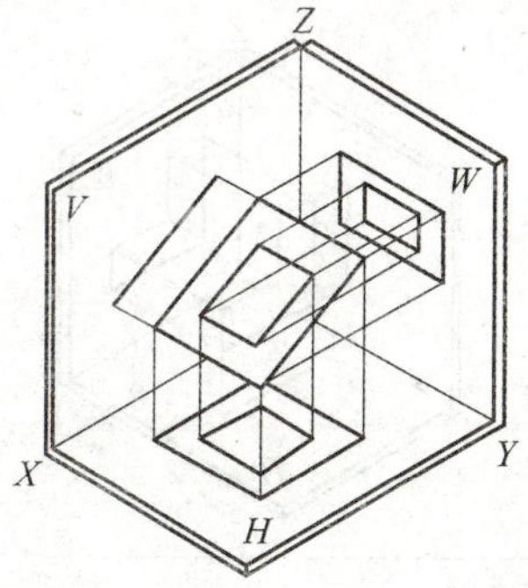

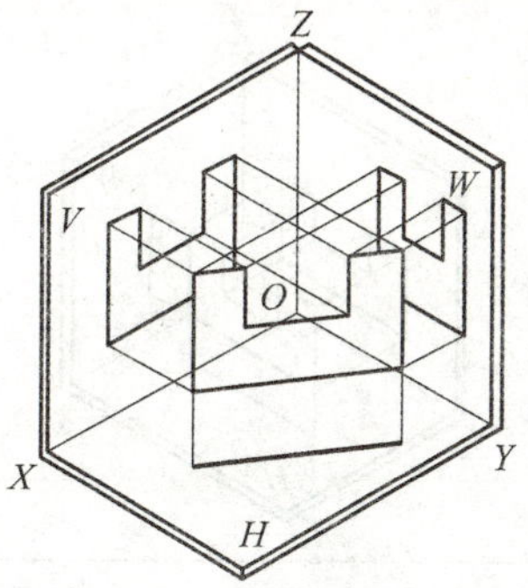

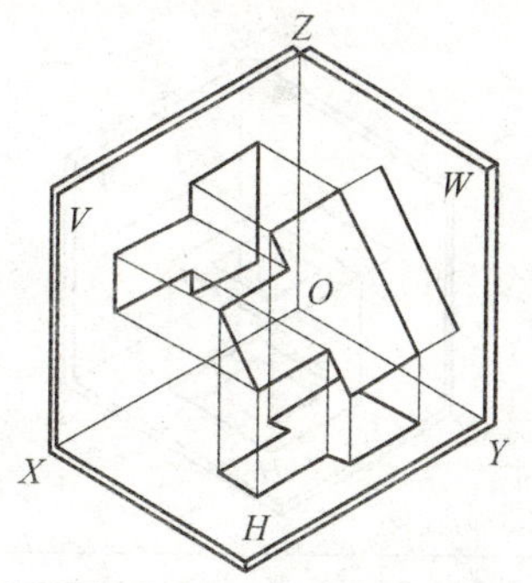

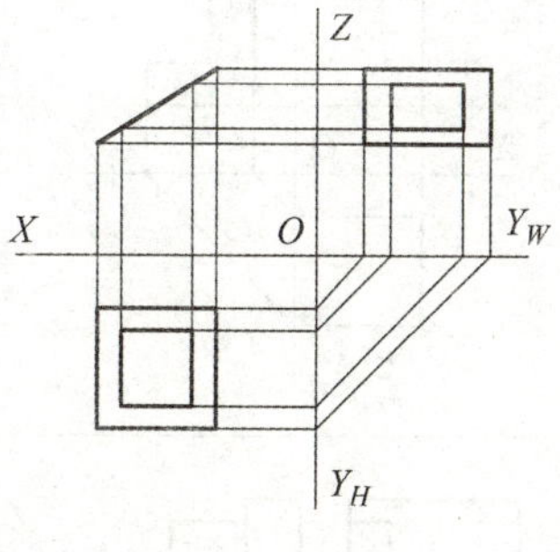

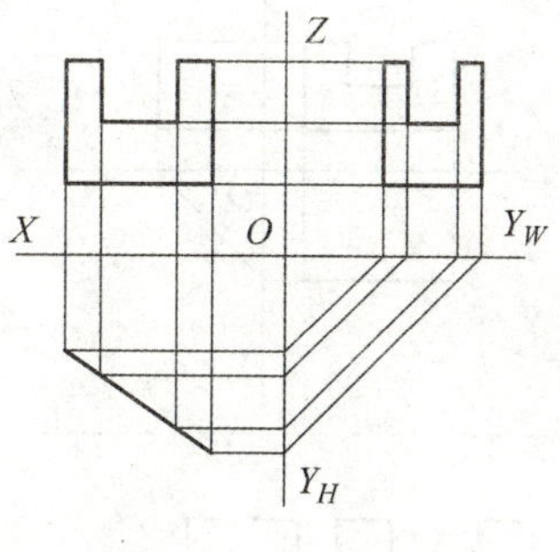

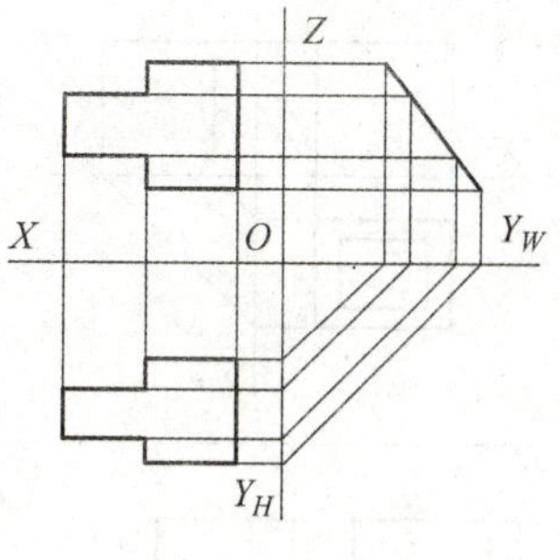

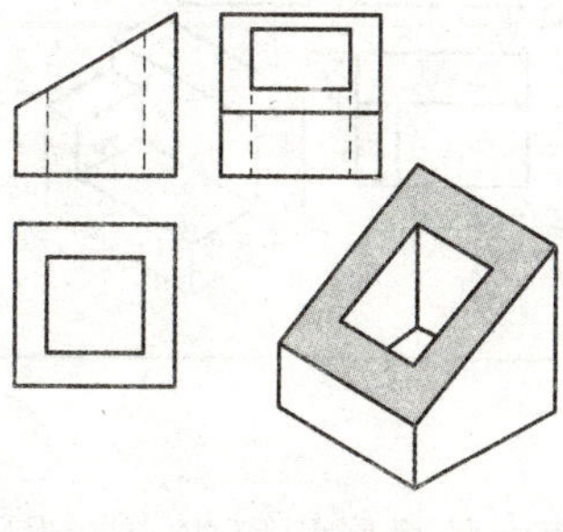

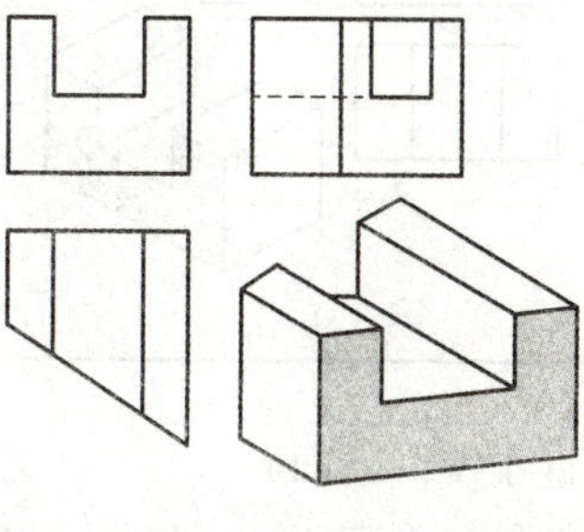

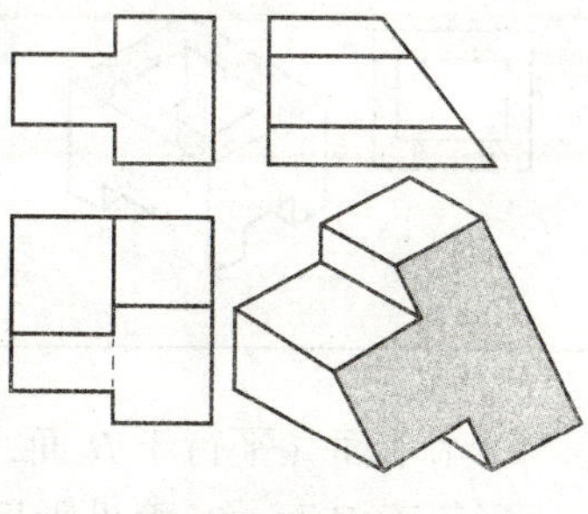

③侧垂面（垂直于 W 面，倾斜于 H、V 面）。

垂直于 W 面，W 面积聚为一条斜线；倾斜于 H、V 面，在该两面的投影是缩小的类似形，如表 2.2.3 所示。

（2）投影面垂直面的投影特性：

①在所垂直的投影面上的投影，积聚成斜线段，它与相应投影轴的夹角分别反映该平面对另两投影面的真实倾角。

②在另外两个投影面上的投影为面积缩小的原形的类似形。

4. 投影面平行面

（1）投影面平行面的类型

①正平面（平行于 V 面，垂直于 H、W 面）。

平行于 V 面，V 面的投影是实形；垂直于 H、W 面，在该两面的投影积聚成一条线段，如表 2.2.4 所示。

表 2.2.4　投影面平行面的投影

水平面	正平面	侧平面

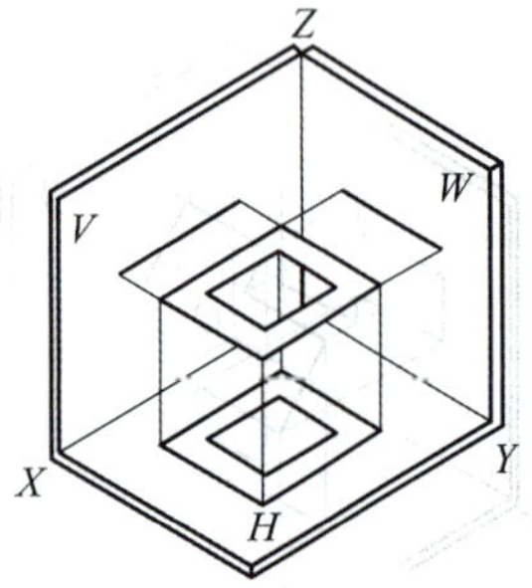

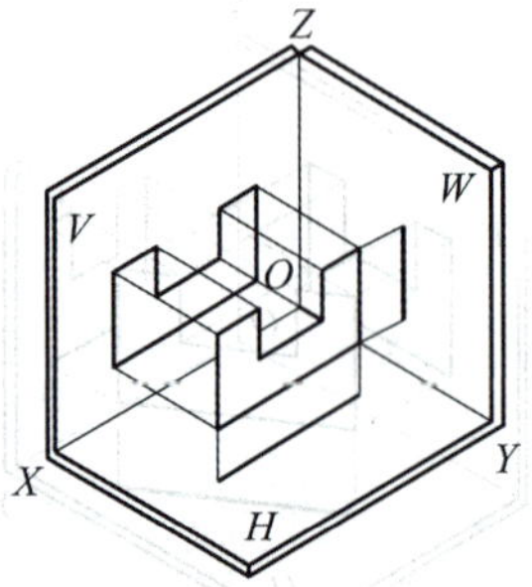

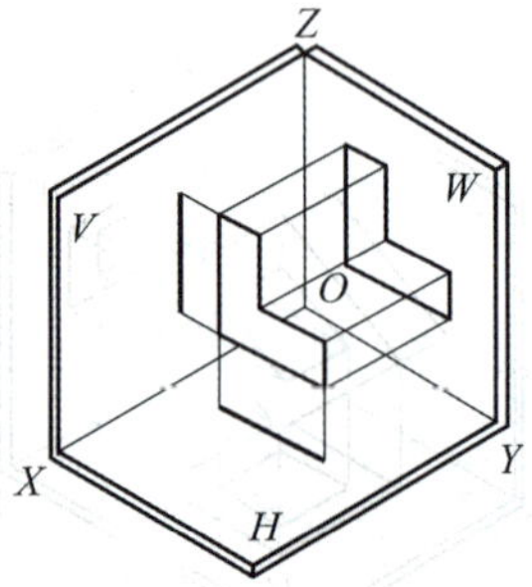

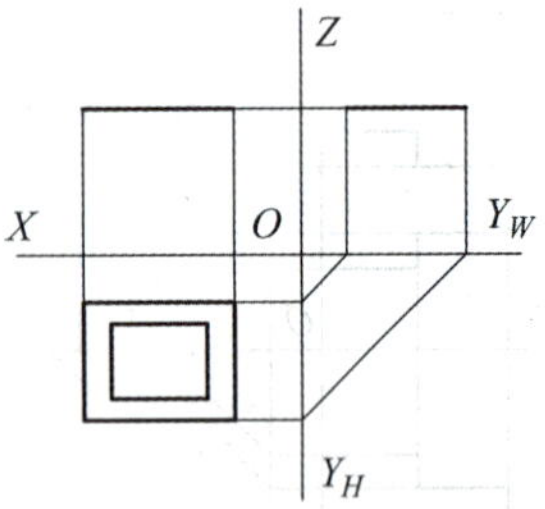

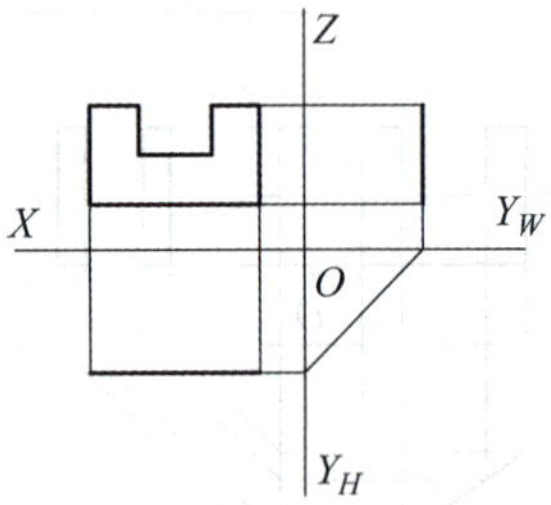

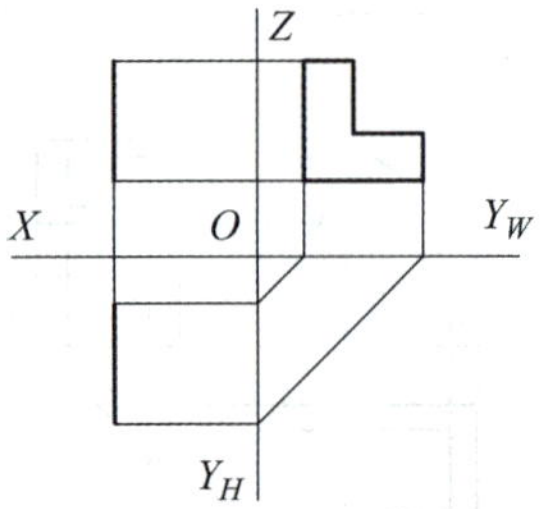

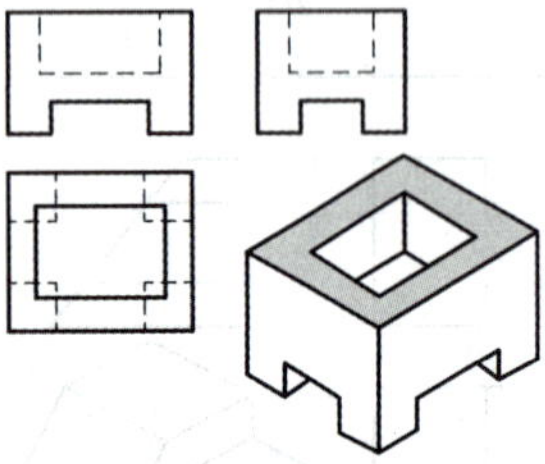

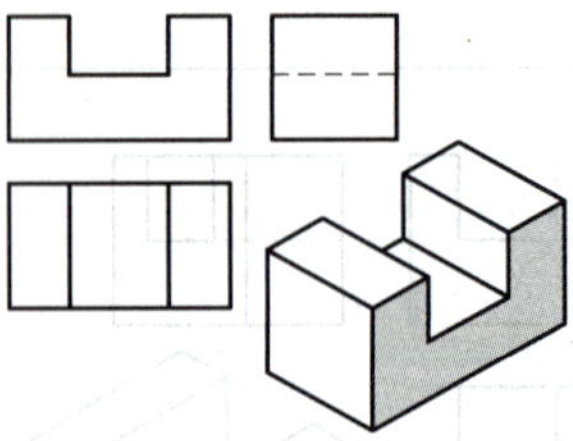

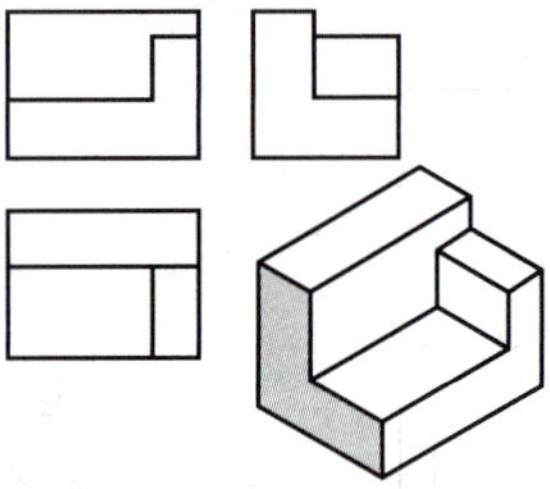

②水平面（平行于 H 面，垂直于 V、W 面）。

平行于 H 面，H 面投影反映实形；垂直于 V、W 面，在该两面的投影积聚成一条线段，如表 2.2.4 所示。

③侧平面（平行于 W 面，垂直于 H、V 面）。

平行于 W 面，W 面的投影反映实形；垂直于 H、V 面，在该两面的投影集聚成一条线段，如表 2.2.4 所示。

（2）投影面平行面的投影特性：

①在所平行的投影面上的投影反映实形。

②在另外两个投影面上的投影分别积聚为直线，且平行（或垂直）于相应的投影轴。

5. 一般位置平面

与三个投影面都倾斜的平面，称为一般位置平面，如图 2.2.17 所示。

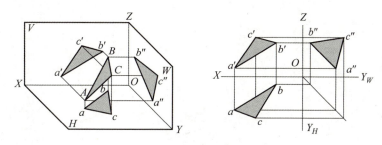

图 2.2.17　一般位置平面

一般位置平面的投影特性：三个投影面投影均为缩小的类似形，不反映实形，也不会积聚为直线，如图 2.2.17 所示。

五、属于平面的点和直线投影

1. 点和直线属于平面的几何条件

（1）若点属于某平面的一条直线，则点必属于该平面，如图 2.2.18（a）所示。

（2）若直线通过属于平面的两个点，则直线必属于该平面，如图 2.2.18（b）所示。

（3）若直线通过属于平面的一个点，且平行于属于平面的一条直线，则直线必属于该平面，如图 2.2.18（c）所示。

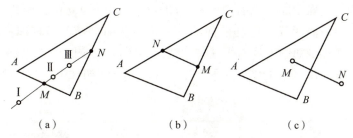

图 2.2.18　点与平面的投影

2. 属于平面的点、直线的作图

【例 2-4】 已知平面在 V 面上的投影和 H 面上的部分投影，如图 2.2.19（a）所示，求作平面在 H 面上的完整投影。

由图 2.2.19 可知：ABCD 为矩形，对边互相平行，过 c 点作 ba 的平行线，由 d′ 下引投影连线相交得到 d 点，点 h′、e′ 在直线 a′d′ 上，投影后仍在直线上，由 h′ e′ 下引投影线交直

线 ad 于 h、e，如图 2.2.19（b）所示。

直线 GF 在平面上，延长 $g'f'$ 作辅助线交 $a'b'$ 于 $1'$，交 $c'd'$ 于 $2'$，作辅助线 $1'2'$ 的投影 12，连线，g、f 必在 12 连线上，由 g'、f' 下引投影线交 12 于 g、f，分别连接 gh、fe，完成 H 面投影，如图 2.2.19（c）所示。

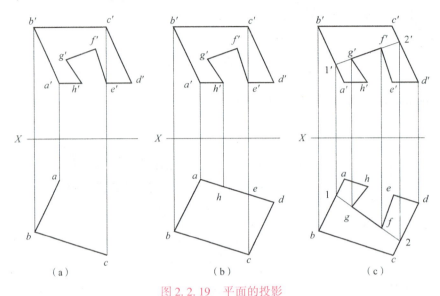

图 2.2.19　平面的投影

任务 3　绘制棱柱和棱锥三视图及表面取点

 涉及新知识点

一、基本体

立体表面由若干表面围成。表面均为平面的立体称为平面立体，简称平面体，如棱柱、棱锥、棱台等；表面为曲面或平面与曲面的立体称为曲面立体，简称曲面体，如圆柱、圆锥、圆环、球等。工程制图中，通常把棱柱、棱锥、圆柱、圆锥、球、圆环等简单立体称为基本几何体，简称基本体。基本体分为平面立体和曲面立体两大类，如图 2.3.1 所示。

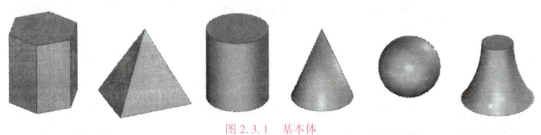

图 2.3.1　基本体

对于机械零件，不管其形状多么复杂，都可看成由棱柱、棱锥、圆柱、圆锥、球、圆环等基本体按一定方式组合而成，这是我们以后学习组合体的基础。

二、平面立体的三视图

平面立体的各表面是由棱线（平面立体各表面的交线称为棱线）所围成的，而每条棱线可由两个端点确定。因此，绘制平面立体的三视图又可归结为绘制各棱线及各个顶点的投影。作图时，要判别其可见性，看得见的棱线画成粗实线，看不见的棱线画成虚线。我们学习的都是正棱柱（以正六棱柱为例）和正棱锥（以正三棱锥为例）。

三、棱柱的三视图及其表面取点

1. 正六棱柱的三视图分析

（1）顶和底

图 2.3.2（a）所示为一正六棱柱在三面投影体系中的三视图，其顶面和底面均为水平面，它们的水平投影反映实形，所以俯视图是正六边形；正面及侧面投影积聚为一条直线，所以主视图和左视图是一条直线段。

QR code 4 正六棱柱表面的点

（2）六个侧棱面

前后两个为正平面，它们的正面投影反映实形，所以主视图是等大的长方形；水平投影及侧面投影积聚为一条直线，所以俯视图和左视图是一条直线段。

其他四个侧棱面均为铅垂面，其俯视图是一条斜的直线段，主视图和左视图是缩小的长方形。

（3）棱线

棱线 AB 为铅垂线，水平投影积聚为一点 $a(b)$，正面投影 $a'b'$ 和侧面投影 $a''b''$ 均反映实长。顶面的边 DE 为侧垂线，侧面投影积聚为一点 $d''(e'')$，水平投影 de 和正面投影 $d'e'$ 均反映实长。底面的边 BC 为水平线，水平投影 bc 反映实长，正面投影 $b'c'$ 和侧面投影 $b''c''$ 均小于实长，其余棱线可作类似分析。

2. 作图步骤

（1）先画反映顶面和底面实形（正六边形）的俯视图。

（2）根据"长对正、高平齐、宽相等"的投影规律分别画出主视图和左视图，如图 2.3.2（b）所示。

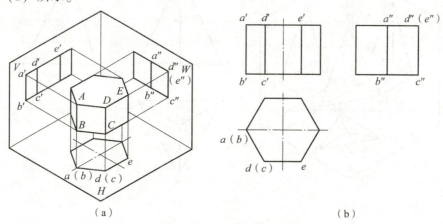

图 2.3.2 正六棱柱的三视图
(a) 正六棱柱在三面投影体系中；(b) 正六棱柱的三视图

3. 棱柱表面取点

由于棱柱体的表面都是平面，所以在棱柱体表面上取点的方法与在平面上取点的方法相同。首先确定点所在的平面，并分析该平面的投影特性，若该平面垂直于某一投影面，则点在该投影面上的投影必定落在这个平面的积聚性投影上。依旧以正六棱柱为例，如图2.3.3所示。

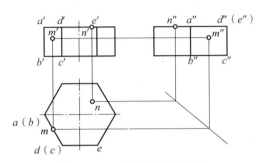

图2.3.3　正六棱柱表面取点

【例2-5】　如图2.3.3所示，已知棱柱表面上点 M 的正面投影 m'，求作点 M 的其他投影 m 和 m''。

先判断 m' 可见，由此可知点 M 必定在棱面 $ABCD$ 上。此棱面是铅垂面，其水平投影积聚成线，点 M 的水平投影 m 必在该直线上。由 m' 和 m 即可求得侧面投影 m'' 也是可见的。

【例2-6】　如图2.3.3所示，已知点 N 的水平投影，求其他两个投影。

先判断点 N 可见，由此可知点 N 必定在六棱柱顶面，$n'n''$ 分别在顶面的积聚直线上。

四、棱锥的三视图及其表面取点

1. 棱锥的三视图

以正三棱锥为例，如图2.3.4所示。

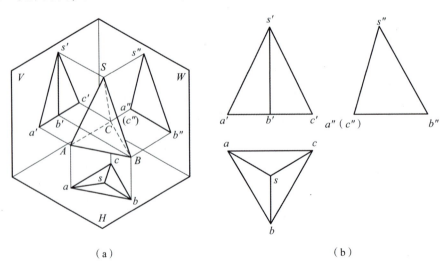

(a)　　　　　　　　　　　(b)

图2.3.4　正三棱锥的投影
(a) 正三棱锥在三面投影体系中的投影；(b) 正三棱锥的三视图

①图 2.3.4 所示为正三棱锥的投影,其底面△ABC 为水平面,因此它的水平投影反映底面的实际形状,俯视图是正三角形,其左视图和主视图为一条直线段。

②棱面△SAC 为侧垂面,它的侧面投影积聚为一条直线,故左视图为一条斜线。俯视图和主视图为缩小的类似形。

③棱面△SAB、△SBC 为一般位置平面,其三面投影均为缩小的类似形。

2. 作图步骤

①先画出反映锥底△ABC 实形的俯视图;

②画出主视图和左视图中反映△ABC 的直线;

③确定锥顶 S 的三面投影;

④分别连接锥顶 S 与锥底各顶点的同名投影,从而画出各侧棱线的投影;完成俯视图、左视图和主视图,如图 2.3.4 所示。

3. 棱锥表面取点

首先确定点所在的平面。如果点所在的平面是特殊平面,则直接求点的投影;如果点所在的平面为一般位置平面,则可采用辅助直线法求出点的投影。

【例 2-7】 如图 2.3.5 所示,已知正三棱锥表面上的点 N 的投影 n',求出点的其他两个投影。

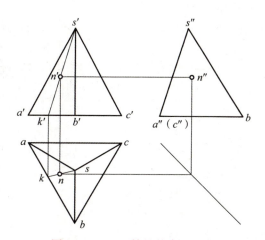

图 2.3.5　正三棱锥的表面取点

因为 n' 可见,因此点 N 必定在棱面△SAB 上。△SAB 是一般位置平面。

①过点 N 及 S 作出一条辅助线 SK,与底边 AB 交于点 K,作出直线 SK 的投影。

②根据点的从属关系,求出点 N 的其他两个投影。

任务 4　绘制圆柱和圆锥三视图及表面取点

 涉及新知识点

工程中常见的曲面立体是回转体。最常见的回转体有圆柱、圆锥、球和圆环等,如

图2.4.1所示。在投影图上表示回转体就是把组成立体的回转面或平面与回转面表示出来，并表明可见性。

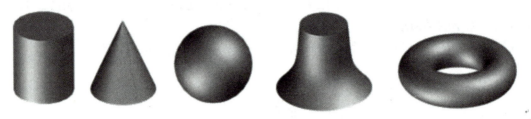

图2.4.1 常见曲面体

一、圆柱的三视图及其表面取点

1. 圆柱的形成

圆柱表面由圆柱面和上、下底面组成。其中圆柱面是由一条直线（母线）绕与之平行的轴线回转而成的，如图2.4.2所示。

QR code 5
圆柱表面的点

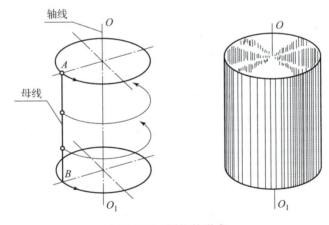

图2.4.2 圆柱的形成

2. 圆柱的三视图

如图2.4.3所示，圆柱轴线为铅垂线，其上下底面为水平面，在水平投影上反映实形，所以俯视图是等大的圆，主视图和左视图是一条直线段。圆柱面上所有素线在回转面上任意位置都是铅垂线，因此圆柱面的水平投影积聚为一个圆。最左、最右两条素线的投影是主视图矩形的最左边界和最右边界线，体现在左视图中是中间的轴线；最前、最后两条素线的投影是左视图矩形的最前、最后边界线，体现在主视图中是中间的轴线。

3. 作图步骤方法

①作出俯视图的中心线、主视图的轴线、左视图的轴线作为基准线；
②选好半径作俯视图的圆；
③选好圆柱的高度，依据"长对正、高平齐、宽相等"，绘制出主视图和左视图等大的矩形，如图2.4.3所示。

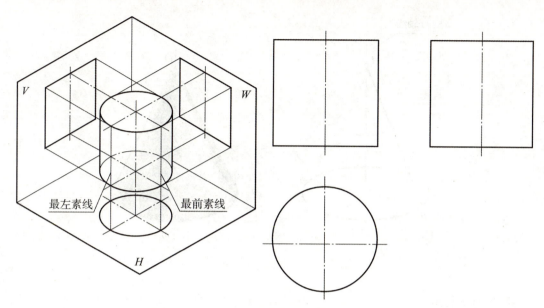

图 2.4.3 圆柱的三视图

4. 圆柱表面取点

【例 2-8】 如图 2.4.4 所示,已知圆柱表面上点 M 的正面投影 m',求作点 M 其他两个投影 m、m''。

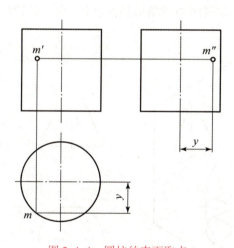

图 2.4.4 圆柱的表面取点

先判断 m' 可见,所以在圆柱的前半部分;求出 m,判断出在圆柱的前左方部分。所以判断 m'' 可见,进一步求出 m''。

二、圆锥的投影及其表面取点

1. 圆锥的形成

圆锥表面由圆锥面和底圆所组成。圆锥面是一条母线绕与它相交的轴线回转而成的,如图 2.4.5 所示。

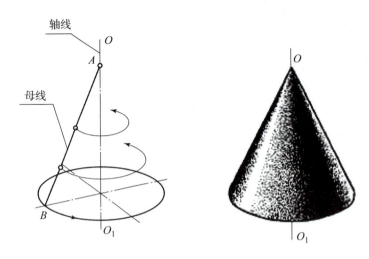

图 2.4.5 圆锥的形成

2. 圆锥的三视图

圆锥底面为水平面,它的水平投影反映实形,所以主视图是等大的圆,其主视图和左视图为一条直线。

圆锥面上所有素线均与轴线相交于锥顶。形体上最左（SA）、最右（SC）两条素线的投影是主视图三角形最左和最右的两条线,体现在左视图中是轴线；形体上最前（SB）、最后（SD）两条素线的投影是左视图中三角形最前和最后的两条线,体现在主视图中是轴线,如图 2.4.6 所示。

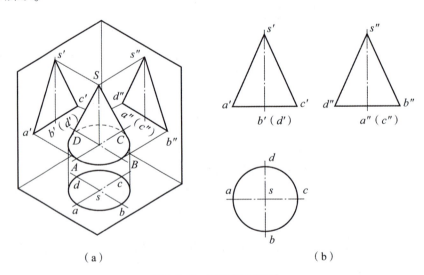

图 2.4.6 圆锥的三视图
(a) 圆锥在三面投影体系中的投影；(b) 圆锥的投影

【例 2-9】 已知圆锥表面上点 M 的正面投影 m',求作点 M 的其他两投影 m、m''。因为 m' 可见,所以 M 点必在前半个圆锥面上,具体作图可采用以下两种方法：

方法一：辅助素线法,如图 2.4.7 所示。

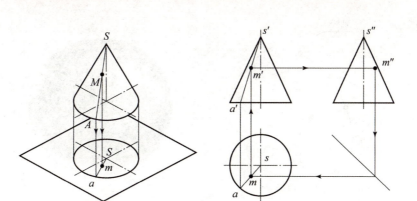

图 2.4.7　圆锥的表面取点（辅助素线法）

过锥顶 S 和 M 作一条直线 SA，与底面交于点 A。点 M 的各个投影必在此 SA 的相应投影上。在图 2.4.7 中，过 m' 作 $s'a'$，然后求出其水平投影 sa。由于点 M 属于直线 SA，根据点在直线上的从属性质可知 m 必在 sa 上，求出水平投影 m，再根据 m、m' 可求出 m''。

方法二：辅助圆法，如图 2.4.8 所示。

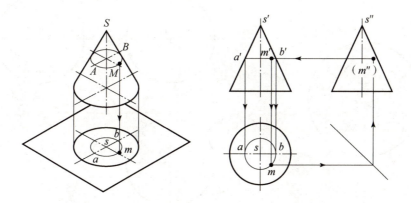

图 2.4.8　圆锥的投影及表面取点（辅助圆法）

过点 M 作一垂直于回转轴线的水平辅助圆，该圆的正面投影过 m'，且平行于底面圆的正面投影，它的水平投影为一直径等于 $a'b'$ 的圆，m 必在此圆周上，由 m' 和 m 可求出 m''。

三、圆球的投影及其表面取点

1. 圆球的形成

如图 2.4.9 所示，圆球可看成是半圆形的母线绕其直径旋转而成。

2. 圆球的投影

①如图 2.4.10 所示，圆球的三个视图均为大小相等的圆，圆的直径和球的直径相等。这时必须明确，这三个圆是球面上不同方向的三个圆（即球面向 V、H、W 面投射时的三条轮廓素线）的投影，不能认为是球面上某一个圆的三个投影。

②俯视图中的圆 a 是球面上平行于 H 面的最大圆 A（即球面俯视方向投射时的轮廓素

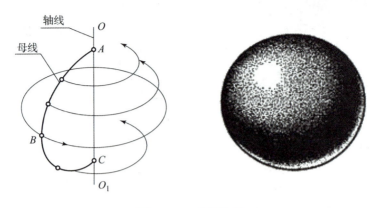

图 2.4.9 球的形成

线）的投影。圆 A 将球面分成上下、两等份，上半部分球面的水平投影可见，下半部分不可见。最大圆 A 是过球心的水平面，它的正面投影 a' 和侧面投影 a'' 不必画出，其位置与相应中心线重合。

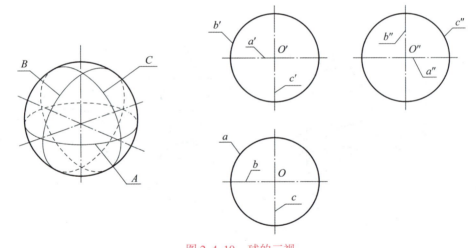

图 2.4.10 球的三视

③主视图中的圆 b' 是球面上平行于 V 面的最大圆 B（即球面主视方向投射时的轮廓素线）的投影。圆 B 将球面分成前、后两等份，前半部分球面的正面投影可见，后半部分不可见。最大圆 B 是过球心的正平面，它的水平投影 b 与侧面投影 b'' 都不必画出，其位置与相应的中心线重合。

④同样，左视图中的圆 c'' 是球面上平行于 W 面的最大圆 C 的投影。其三个投影之间的关系及其可见性与圆 A 及圆 B 相似。

3. 球三视图的作图步骤

画球的视图时，应首先画出圆的中心线，再画出三个与球体直径相等的圆，如图 2.4.10 所示。

4. 在球面上取点及可见性判断

球面的三个投影均没有积聚性，且在球面上不能作出直线，因此在球面上取点应采用辅助圆法。

【例2-10】 已知球面上 M 点的水平投影 m，求其余两投影并判断可见性。

分析：根据 M 点的位置及其可见性，判定 M 点在球面的前、左、上部，可过 M 点取平行于 V 面的辅助圆求解，如图 2.4.11 所示。

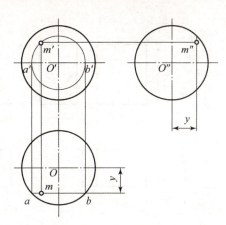

①过 M 点的已知投影 m 作辅助圆的水平投影。过点 m 作水平线 ab，ab 为辅助圆的水平投影。（因辅助圆平行于 V 面，所以水平投影积聚为一条水平方向的直线。）

②求辅助圆的其余两投影。以 O' 为圆心，以 ab 为直径画圆，即得辅助圆的正面投影。辅助圆的侧面投影为长度等于 ab 的铅垂线。

图 2.4.11 球的表面取点

③在辅助圆上定点。按投影关系由 m 作垂线，与辅助圆的正面投影相交得 m'，由 m' 作水平线，在辅助圆的侧面投影上求得 m''。

判断可见性：由于 M 点在球面的前、左、上部，所以正面投影 m' 及侧面投影 m'' 均可见。

 任务实施步骤

QR code 6 基本体三视图的绘制讲解　　　QR code 7 基本体表面取点讲解

任务5　识读基本体三视图

 涉及新知识点

一、平面立体的尺寸标注

平面立体一般标注长、宽、高三个方向的尺寸，如图 2.5.1 所示。其中正方形的尺寸可采用如图 2.5.1（f）所示的形式注出，即在边长尺寸数字前加注"□"符号。在图 2.5.1（d）和图 2.5.1（g）中，加"（ ）"的尺寸称为参考尺寸（尺寸标注要求不多标）。

二、回转体的尺寸标注

圆柱与圆锥应注径向和高度尺寸。直径尺寸一般注在非圆视图上，并在其数字前加注符号"ϕ"。这种标注形式用一个视图就能确定其形状和大小，其他视图即可省略，如图 2.5.2 所示。

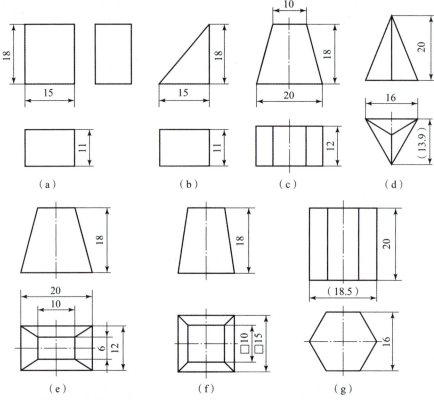

图 2.5.1 平面立体的尺寸注法

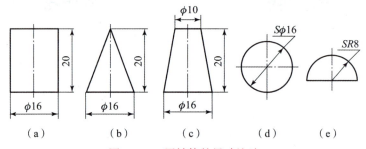

图 2.5.2 回转体的尺寸注法

 任务实施步骤

请同学们依据任务 1～任务 5 所学的知识，分组绘制并识读基本体三视图的图样吧。

 项目实施

请同学们独立完成，老师巡回指导。

QR code 8 基本体尺寸
标注讲解视频

项目三　车床顶尖截切后三通管的识读和绘制

项目描述

车床顶尖有前顶尖和后顶尖两种，主要用于定心并承受工件的重力和切削力，是车床重要的附件，其实物如图 3.0.1 所示，其几何形状为圆柱体和圆锥体。

前顶尖可直接安装在车床主轴锥孔中，前顶尖和工件一起旋转，无相对运动，所以可不必淬火，车床有时也可用三爪自定心卡盘夹住有 60°锥角的钢制前顶尖；后顶尖有固定顶尖和回转顶尖两种，使用时可将后顶尖插入车床尾座套筒的锥孔内。

图 3.0.1　CA6140 车床顶尖

如图 3.0.2 所示，车床顶尖被一个正垂面和一个水平面截切，圆柱体和圆锥体被平面切割后产生了截交线，本项目以此为载体，以任务为导向，围绕着车床顶尖被切割后产生线的绘制讲述，将项目分成 3 个任务：任务 1　绘制六棱柱和四棱锥截切后的三视图，任务 2　绘制车床顶尖被平面截切后的三视图，任务 3　绘制三通管三视图。三通管的模型如图 3.0.3 所示。

图 3.0.2　CA6140 车床顶尖截切的顶针

图 3.0.3　三通管的模型

该项目中每个任务互相关联，对任务所涉及的新知识点一一进行罗列，先后讲述了截交线的定义、特性和求法，相贯线的定义、特性和求法，截交线和相贯线的标注方法。读者完成每个任务的过程就是将知识点消化吸收的过程，最后读者将所学的知识点融会贯通，完成整个项目的实施。

知识目标

掌握特殊位置平面截切平面立体和曲面立体的截交线；掌握两圆柱正交所产生交线的画法。

能力目标

建立基本体空间思维概念，具备完整地识读和绘制基本体被截切后的三视图的能力。

素养目标

培养学生的空间想象能力。

任务1　绘制六棱柱和四棱锥截切后的三视图

涉及新知识点

QR code 1　四棱锥截切

一、截交线

平面与立体表面相交，可以认为是立体被平面截切，此平面通常称为截平面，截平面与立体表面的交线称为截交线，截交线围成的平面图形称为截断面，如图3.1.1所示。

二、截交线的性质

1. 封闭性

由于立体表面是封闭的，因此截交线一定是一个封闭的平面图形。

2. 共有性

截交线既在截平面上，又在立体表面上，因此截交线是截平面与立体表面的共有线，截交线上的点是截平面与立体表面的共有点。

3. 截交线的形状

截交线的形状取决于立体表面的形状和截平面与立体的相对位置。

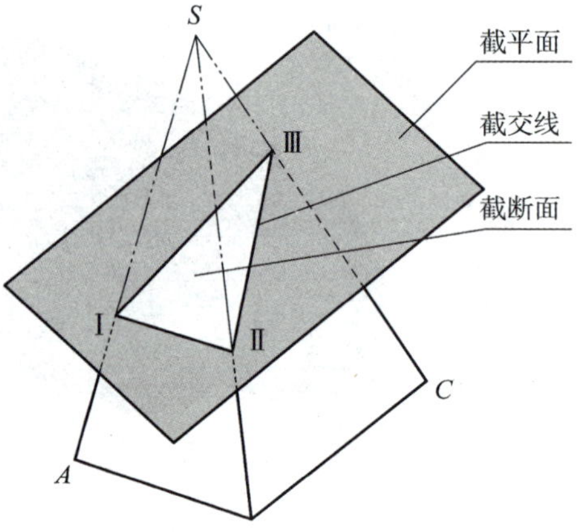

图3.1.1　截交线定义

三、平面体的截交线画法

描点法。平面立体的表面是平面图形，因此平面与平面立体的截交线为封闭的平面多边形。多边形的各个顶点是截平面与立体的棱线或底边的交点，求出这些点，也就求出了截交线，这种方法叫描点法。

【例3－1】 如图3.1.2所示，求作正垂面 P 斜切正四棱锥的截交线。

分析：截平面与棱锥的四条棱线相交，可判定截交线是四边形，其四个顶点分别是四条棱线与截平面的交点。因此，只要求出截交线的四个顶点在各投影面上的投影，然后依次连接各顶点的同名投影，即得截交线的投影。

画图：

①先画没截切之前的三视图。

②找到截平面，并找棱线上的点 a'、b'、c'、d'。

③依据点的投影关系，求出 a、b、c、d，据主、左视图高平齐，由主视图向右引水平线，交侧垂面并积聚斜线上于 a''、b''、c''、d''。

④顺序连接点的同名投影，首尾相连。

⑤查缺补漏，最后将三视图加深。

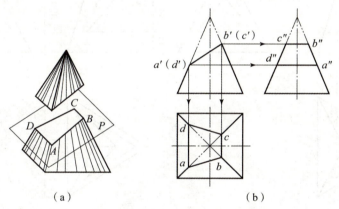

图3.1.2 四棱锥的截交线

【例3－2】 如图3.1.3（a）所示，正三棱锥被正垂面和水平面截切，已知它的正面投影，求其另两面投影。

分析：该正三棱锥的切口是由两个相交的截平面切割而成的。两个截平面一个是水平面，一个是正垂面，它们都垂直于正面，因此切口的正面投影具有积聚性。水平截面与三棱锥的底面平行，它与棱面△SAB 和△SAC 的交线 DE、DF 必分别平行于底边 AB 和 AC，水平截面的侧面投影积聚成一条直线。正垂截面分别与棱面△SAB 和△SAC 交于直线 GE、GF。由于两个截平面都垂直于正面，所以两截平面的交线一定是正垂线，作出以上交线的投影即可得出所求投影。

画图：

①如图3.1.3（b）所示，先画水平面△DEF 在俯视图和左视图上的投影。据长对正，由点 d' 下引交棱线 ad 于 d，由 d 画底边 ab、ac 的平行线，再由 $e'(f')$ 下引交两平行线于 e、f 两点，虚线连接 e、f；据宽相等、高平齐分别画出 e''、f'' 两点及连线。

②如图3.1.3（a）所示，G 点在 SA 棱线上，由 g' 画出 g、g'' 两点，分别连接 ge、gf 和 $g''e''$、$g''f''$，即画出正垂面△GEF 的投影。

③上述中点的代号只是作为例题说明，实施画图时不需要，如需要，画后应清除再加

深,如图 3.1.3 所示。

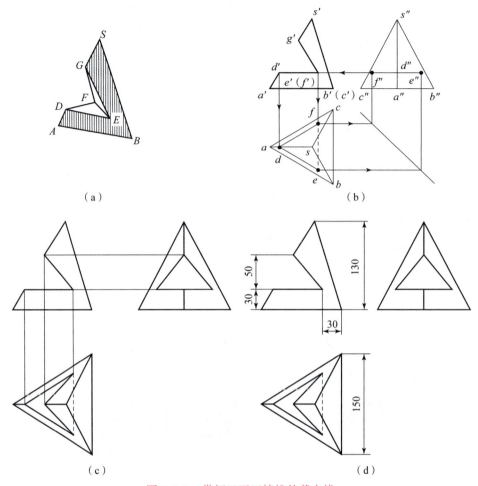

图 3.1.3　带切口正三棱锥的截交线

(a) 三棱锥截切立体图；(b) 画截交线点的投影；(c) 画截交线描线；(d) 三棱锥截切三视图

【例 3-3】 如图 3.1.4（a）和图 3.1.4（b）所示，正三棱锥被正垂面和水平面截切，已知它的正面投影，求其另两面投影。

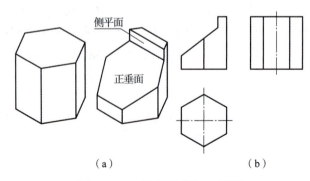

图 3.1.4　正六棱柱截切三视图

(a) 六棱柱截切立体图；(b) 主视图截切，补画其他图

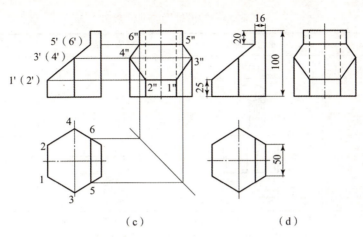

图 3.1.4 正六棱柱截切三视图（续）
(c) 画截交线；(d) 六棱柱截切三视图

如图 3.1.4（c）所示，1′、2′、3′、4′点均在棱上，主俯视图长对正，由上向下引，得到 1、2、3、4，水平面积聚成一条线 56；由高平齐得到 1″、2″、3″、4″，由宽相等得到 5″、6″；侧平面在左视图上真实，左视图右侧面上两棱线看不见需画成虚线。

三视图标注尺寸后如图 3.1.4（d）所示。

任务实施步骤

请读者依据[例 3-1]和[例 3-3]实施。

任务2 绘制车床顶尖被截切后的三视图

涉及新知识点

一、回转体的截交线画法

回转体的表面有曲面及曲面和平面图形，因此平面与回转体的截交线为封闭的平面多边形或曲线形。曲线上各个点是截平面与立体表面的交点，多边形的各条边或曲线是截平面与回转体表面的交线。

1. 圆柱截切
① 垂直于圆柱轴线—截交线—圆；
② 平行于圆柱轴线—截交线—矩形；
③ 倾斜于圆柱轴线—截交线—椭圆。
常见位置的圆柱截切见表 3.2.1。

QR code 2 圆柱截切1   QR code 3 圆柱截切2

【例 3-4】 如图 3.2.1（a）所示，完成被截切圆柱的正面投影和水平投影。

表 3.2.1　常见位置的圆柱截切

截平面的位置	平行于轴线	垂直于轴线	倾斜于轴线
截交线	直线	圆	椭圆
轴测图			
投影图			

分析：该圆柱左端的开槽是由两个平行于圆柱轴线且对称的正平面和一个垂直于轴线的侧平面切割而成的。圆柱右端的切口是由两个平行于圆柱轴线的水平面和两个侧平面切割而成的。

①左端切槽后交侧面于 A、B、C、D 四点，利用圆柱侧面具有积聚性特点，在左视图得到各相应点 a″、b″、c″、d″，再由此求出主视图上的 a′、b′、c′、d′，又由于侧平面看不见，故连接 a′（d′）b′（c′）为虚线，如图 3.2.1（b）所示。

②右端切表面后交侧面于 E、F、G、H 四点，利用圆柱侧面具有积聚性特点，由 e′、f′、g′、h′高平齐，在左视图得到各相应点 e″、f″、g″、h″，再由此求出俯视图上 e、f、g、h，如图 3.2.1（c）所示。

③整理后如图 3.2.1（d）所示。

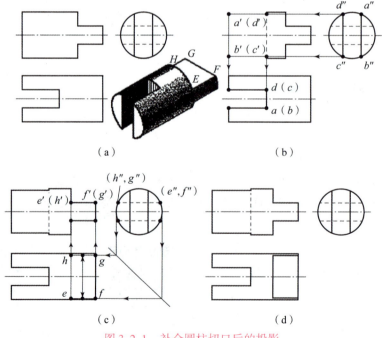

图 3.2.1　补全圆柱切口后的投影

【例 3-5】 如图 3.2.2（a）所示，求圆柱被正垂面截切后的截交线。

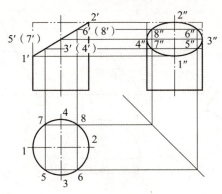

图 3.2.2　圆柱的截交线

2. 圆锥的截交线

平面截切圆锥时，根据截平面与圆锥轴线的相对位置不同，其截交线有五种不同的情况：两相交直线、圆、椭圆、抛物线及双曲线，如图 3.2.3 所示。

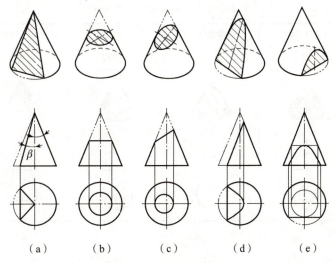

图 3.2.3　圆柱的截交线

(a) 过锥顶斜切（三角形）；(b) 垂直轴线切（圆）；(c) 倾斜轴线切（椭圆）；
(d) 平行于素线切（抛物线）；(e) 平行轴线切（双曲线）

【例 3-6】 如图 3.2.4（a）所示，求作被正平面截切的圆锥的截交线。

分析：因截平面为正平面，与轴线平行，故截交线为双曲线。截交线的水平投影和侧面投影都积聚为直线，只需求出正面投影。

辅助圆法：如图 3.2.4（b）所示。

①先作特殊点 1、2、3，由 3、3″两点作 3′。

②在左视图截平面上任取两点 4″(5″)，过 4″(5″) 左引水平投影线交主视图于圆锥素线两点，沿此线用水平面切开产生一辅助圆，此水平圆在俯视图真实，画圆交截平面于 4、5 两点，再由 4、5 和 4″(5″) 画主视图上 4′、5′。同理可在主视图上画若干个点。

③将各点光滑地连接起来,即得到双曲线截交线。

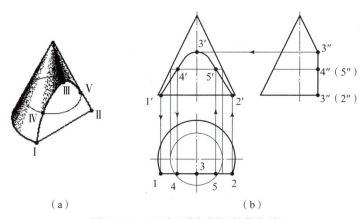

（a）　　　　　　　　　　　　（b）

图 3.2.4　正平面截切圆锥的截交线

(a) 立体图；(b) 画截交线过程

常见位置的圆柱截切见表 3.2.2。

表 3.2.2　常见位置的圆柱截切

截平面的位置	垂直于轴线	与轴线倾斜	平行一条素线	平行于轴线	过锥顶
截交线	圆	椭圆	抛物线	双曲线	两相交直线
轴测图					
投影图					

3. 圆球的截交线

平面在任何位置截切圆球的截交线都是圆。当截平面平行于某一投影面时，截交线在该投影面上的投影为圆的实形，在其他两面上的投影都积聚为直线，如图 3.2.5 所示。

QR code 4 圆柱体的　　QR code 5 圆锥体的　　QR code 6 圆柱体的切肩
截切授课视频　　　　　截切授课视频　　　　　和开槽授课视频

【例 3-7】　如图 3.2.6（a）所示，完成开槽半圆球的截交线。

分析：球表面的凹槽由两个侧平面和一个水平面切割而成，两个侧平面和球的交线为两段平行于侧面的圆弧，水平面与球的交线为前后两段水平圆弧，截平面之间的交线为正垂线。

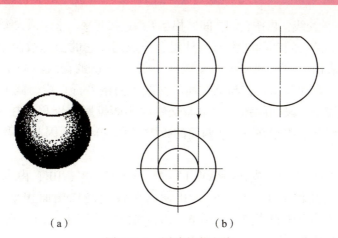

图 3.2.5 圆球的截交线
（a）立体图；（b）水平面截切圆球

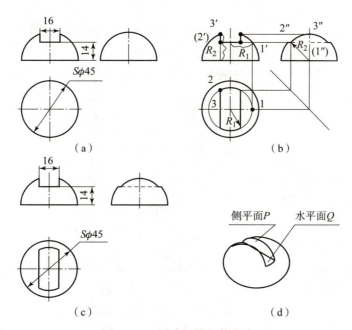

图 3.2.6 圆球切槽的截交线
（a）已知图；（b）补画截交线；（c）标注尺寸；（d）形体想象（立体图）

辅助圆法：如图 3.2.6（b）所示。

① 先作特殊点 1、2、3，由 1′定水平辅助圆半径 R_1，在俯视图上以 R_1 画圆，再由主视图向下引线与辅助圆相交，得到侧平面的积聚投影线，封闭线框为真实水平面，由主视图水平圆积聚线向左视图引线交于球圆。

② 由主视图上 3′向左视图引投影连线得 3″，以 R_2 画侧平圆交水平面积聚线于 2″。

③ 注意，在左视图上水平面积聚线中间看不见为虚线，两端为实线。

4．综合题例

【例 3-8】 如图 3.2.7（a）所示，实际机件常由几个回转体组合而成。求组合回转体的截交线时，首先要分析构成机件的各基本体与截平面的相对位置、截交线的形状、投影特性，然后逐个画出各基本体的截交线,再按它们之间的相互关系连接起来。求作顶尖头部的截交线。

分析：顶尖头部是由同轴的圆锥与圆柱组合而成的。它的上部被两个截平面 P 和 Q 切去一部分，在它的表面上共出现三组截交线和一条 P 与 Q 的交线。截平面 P 平行于轴线，所以它与圆锥面的交线为双曲线，与圆柱面的交线为两条平行直线。截平面 Q 与圆柱斜交，它截切圆柱的截交线是一段椭圆弧。三组截交线的侧面投影分别积聚在截平面 P 和圆柱面的投影上，正面投影分别积聚在 P、Q 两面的投影（直线）上，因此只需求作三组截交线的水平投影。

① 如图 3.2.7（b）所示，先作特殊点 $1'$、$3'$、$5'$、$6'$、$8'$、$10'$，由水平面上 $3'$ 向下引线定双曲线顶点 3；由圆柱上 $1'$、$5'$、$6'$、$10'$ 向右引线交圆柱侧面积聚圆于 $1''$（$10''$）、$5''$（$6''$），并由此在俯视图上画投影点 1、5、6、10；再由主视图正垂面与圆柱交点 $8'$ 向下引线得 8，向左视图引线得 $8''$。

② 如图 3.2.7（c）所示，由主视图上圆锥作辅助圆交水平面于 $2'$、$4'$ 两点，向左视图画真实辅助圆得 $2''$、$4''$，由二点投影得到 2、4 两点。

③ 如图 3.2.7（c）所示，由主视图上圆柱与正垂面交于 $7'$、$9'$ 两点，据圆侧面的积聚性向左视图引线得 $7''$、$9''$，由二点投影得到 7、9 两点。

④ 由俯视图上 1、5、6、10 四点画矩形，1、2、3、4、5 五点画双曲线，6、7、8、9、10 五点画椭圆线，如图 3.2.7 所示。

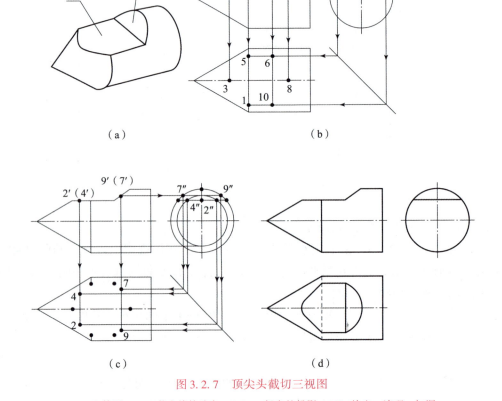

图 3.2.7　顶尖头截切三视图
(a) 立体图；(b) 截交线特殊点；(c) 一般点的投影；(d) 检查、清理、加深

任务实施步骤

作图方法与步骤。

1. 分析原始形体

①如图 3.0.2 所示,立体是由圆锥以及大、小两圆柱同轴线组合成的组合回转体,且轴线垂直于 W 面,其中大、小圆柱面的侧面投影有积聚性,而圆锥的侧投影无积聚性。

②顶尖被水平面截切:截切圆锥表面交线为双曲线,截切小圆柱、大圆柱表面交线分别为平行于轴线的直素线。该截平面的正面投影和侧面投影积聚成一条直线,水平面投影反映实形。

③顶尖被正垂面截切:截切大圆柱面的交线为椭圆的一部分,同时水平面与正垂面之间的交线为正垂线。

2. 绘制截切体的三视图

①没有截切前形体的三视图如图 3.2.8(a)所示。

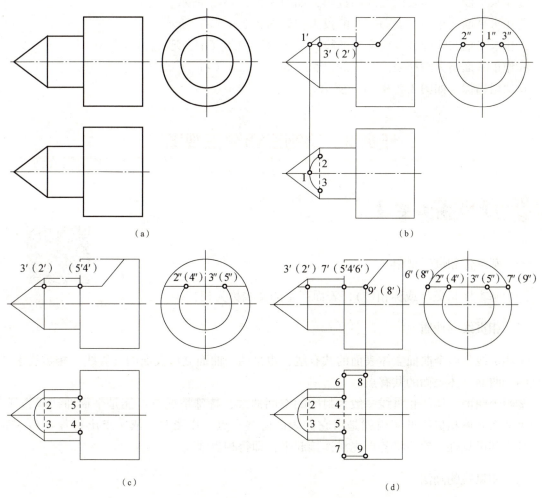

图 3.2.8 截切体三视图的绘制

(a) 绘制没有被截切前形体的三视图;(b) 绘制水平面与圆锥的投影;(c) 绘制水平面与小圆柱面的投影;
(d) 绘制水平面与大圆柱面的投影

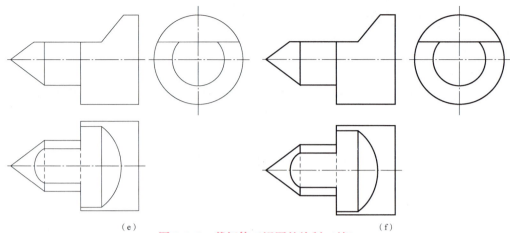

图 3.2.8 截切体三视图的绘制（续）
(e) 绘制正垂面与大圆柱面的投影；(f) 加粗

②作水平面与圆锥表面交线的投影，如图 3.2.8（b）所示。
③作水平面与小圆柱表面交线的投影，如图 3.2.8（c）所示。
④作水平面与大圆柱表面交线的投影，如图 3.2.8（d）所示。
⑤作正垂面与大圆柱表面交线的投影，如图 3.2.8（e）所示。
⑥加粗描深，如图 3.2.8（f）所示。

任务3　绘制三通管三视图

涉及新知识点

QR code 7 相贯线的
授课视频

一、基本体相贯三视图

两个基本体相交（或称相贯），表面产生的交线称为相贯线。

二、相贯线的性质

①相贯线是两个曲面立体表面的共有线，也是两个曲面立体表面的分界线。相贯线上的点是两个曲面立体表面的共有点。

②两个曲面立体的相贯线一般为封闭的空间曲线，特殊情况下可能是平面曲线或直线。求两个曲面立体相贯线的实质就是求它们表面的共有点，作图时，依次求出特殊点和一般点，判别其可见性，然后将各点光滑连接起来，即得相贯线。

三、相贯线的画法

1. 积聚法

两个相交的曲面立体中，如果其中一个是柱面立体（常见的是圆柱面），且其轴线垂直于某投影面,则相贯线在该投影面上的投影一定积聚在柱面投影上,相贯线的其余投影可用表面取点顺序连接。

【例3-9】 如图3.3.1(a)所示,求正交两圆柱体的相贯线。

分析:两圆柱体的轴线正交,且分别垂直于水平面和侧面。相贯线在水平面上的投影积聚在小圆柱水平投影的圆周线上,在侧面上的投影积聚在大圆柱侧面投影的圆周线上,故只需作相贯线的正面投影即可。

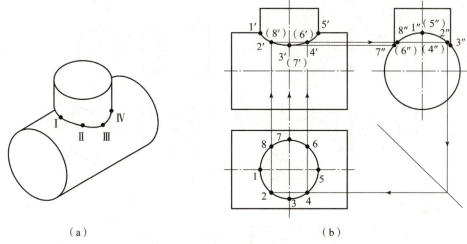

图3.3.1 正交两圆柱的相贯线
(a)立体图;(b)点的投影

作法:

①找特殊点(即最高、最低、最前、最后、最左、最右点),该图先作特殊点最左1、最右5、最前3、最后7四个点。

②两个特殊点之间加一个一般点。作一般点2、4、6、8的投影。

③由1 2 3 4 5 6 7 8作出另两个面投影1′ 2′ 3′ 4′ 5′ 6′ 7′ 8′和1″ 2″ 3″ 4″ 5″ 6″ 7″ 8″。

④顺序连接即为主视图与左视图的相贯线。

2. 相贯线的简化画法

相贯线的作图步骤较多,当两圆柱垂直正交且直径不相等时,可采用圆弧代替相贯线的近似画法。如图3.3.2所示,垂直正交两圆柱的相贯线可用大圆柱的 $D/2$ 为半径作圆弧来代替。

作图方法:圆心在小圆柱轴线上,以大圆柱半径画弧,弧弯曲方向向着大圆柱。

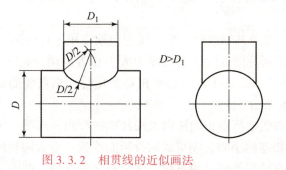

图3.3.2 相贯线的近似画法

QR code 8 相贯线求法练习的视频

3. 两圆柱正交的相贯线画法

①两外圆柱相交，如图3.3.3（a）所示。

②外圆柱面与内圆柱孔相交，如图3.3.3（b）所示。

③两内圆柱孔相交，如图3.3.3（c）所示。

这三种情况的相交形式虽然不同，但相贯线的性质和形状一样，求法也是一样的，如图3.3.3所示。

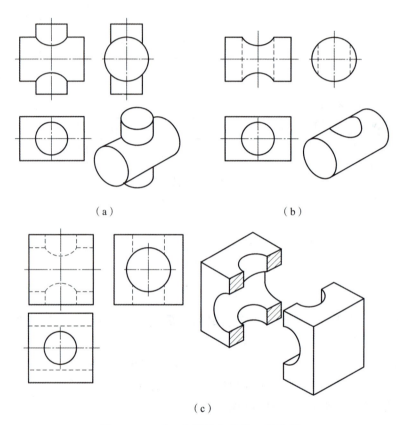

图3.3.3　两正交圆柱相交的三种情况
(a) 两外圆柱相交；(b) 外圆柱面与内圆柱孔相交；(c) 两内圆柱孔相交

四、相贯线的特殊画法

两曲面立体相交，其相贯线一般为空间曲线，但在特殊情况下也可能是平面曲线或直线。

①两个曲面立体具有公共轴线时，相贯线为与轴线相垂直的圆，如图3.3.4所示。

②当正交的两圆柱直径相等时，相贯线为大小相等的两个椭圆（投影为通过两轴线交点的斜直线），当两圆柱（或圆孔）的直径相对变化时，相贯线的形状和位置也随之变化，其变化规律如图3.3.6所示。

　　a. 相贯线的投影曲线始终由小圆柱向大圆柱轴线弯曲，如图3.3.5所示。

　　b. 当两圆柱直径相差越小时，相贯线的投影曲线越弯近大圆柱的轴线。

　　c. 当两个圆柱的直径相等时，相贯线简化成相交两直线，如图3.3.5所示。

64

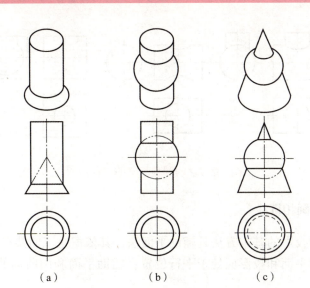

图 3.3.4 两个同轴曲面立体的相贯线
（a）圆柱与圆锥；（b）圆柱与圆球；（c）圆锥与圆球

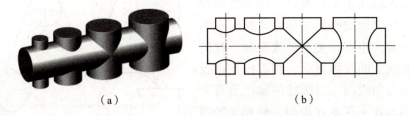

图 3.3.5 两圆柱正交时的相贯线画法
（a）相贯线的简化画法；（b）两圆柱直径相等时相贯线的简化画法

③当相交的两圆柱轴线平行时，相贯线为两条平行于轴线的直线，如图 3.3.6 所示。

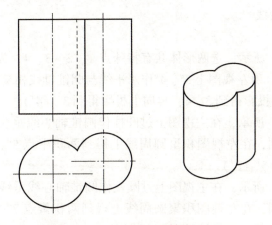

图 3.3.6 相交两圆柱轴线平行

④两圆柱相交的三种形式，如图 3.3.7 所示。

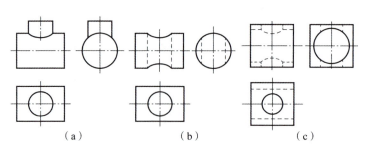

图 3.3.7 两圆柱相交的三种形式

五、辅助平面法画相贯线

求相贯线上点的投影的基本方法是辅助平面法，其依据是三面共点原理，辅助平面的选择应满足三条：辅助平面和投影面处于平行位置；辅助平面和两曲面的截交线为圆或直线；两截交线有交点。

【例 3 – 10】 圆柱和圆锥正交相贯，如图 3.3.8 所示。

圆柱和圆锥轴线正交相贯时，相贯线的空间形状关于两相交轴线平面对称，当轴线平面平行于投影面时，相贯线关于轴线平面对称的两点在该投影面上的投影重合，相贯线在该投影面上的投影为曲线段。当圆柱的轴线垂直于 W 面、圆锥的轴线垂直于 H 面时，两相交轴线平面平行于 V 面，所以相贯线的 V 面投影为曲线段。圆柱面的 W 面投影积聚为圆，相贯线的 W 面投影和圆柱面的投影重合，也为圆；相贯线的 H 面投影为闭合曲线。

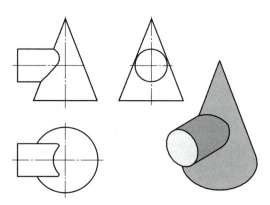

图 3.3.8 圆柱与圆锥正交

画法步骤：

①如图 3.3.9（a）所示，选两形体共有特殊点 1、2、3、4，先在左视图圆柱积聚圆周线上画 1″、2″、3″、4″，由左视图上 3″、4″作水平线与圆锥母线相交得 R_1，并由 R_1 在俯视图上画水平圆，利用点的投影得到 3、4，再向上投影得到 3′（4′）。

②如图 3.3.9（b）所示，在主视图上过圆柱作圆锥轴心线垂线交圆锥母线得 R_2，并由 R_2 在俯视图上画水平圆，在左视图积聚圆周线上得到两积聚点 5″、6″，利用点的投影得到 5、6，再向上投影得到 5′（6′）。

③如图 3.3.9（c）所示，在主视图上过圆柱作圆锥轴心线垂线交圆锥母线得 R_3，并由 R_3 在俯视图上画水平圆，在左视图积聚圆周线上得到两积聚点 7″、8″，利用点的投影得到 7、8，再向上投影得到 7′（8′）。

④如图 3.3.9（d）所示，在俯视图上分别连接 3、5、1、6、4 得到封闭曲线，在主视图上连接 1′、5′（6′）、3′（4′）、7′（8′）、2′得到曲线。

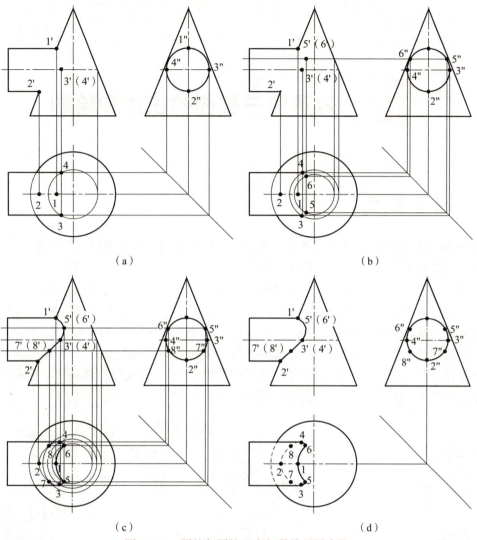

图 3.3.9 圆柱与圆锥正交相贯线画图步骤

(a) 选特殊点 1、2、3、4；(b) 作一般点 5、6；(c) 作一般点 7、8；(d) 连接各点的相贯线

项目实施

请同学们独立完成，老师巡回指导。如果教师依据学情而判断项目中的三通管绘制难度大，则扫码让初学者选择简单的图形绘制。

QR code 9 相贯线
练习模型 1

QR code 10 相贯线
练习模型 2

QR code 11 相贯线
练习模型 3

项目四　轴承座三视图的识读和绘制

 项目描述

　　CA6140 车床上的组合体太过复杂，不适合初学者绘制，故本项目以轴承座为载体讲述。轴承座是用来支承轴承的，其作用是固定轴承的外圈，仅仅让内圈转动，外圈保持不动，始终与传动的方向保持一致（比如电机运转方向），并且保持平衡。轴承座的概念就是轴承和箱体的集合体，可以有更好的配合、方便的使用，降低使用厂家的成本，其形状多种多样。本项目轴承座立体图如图 4.0.1（a）所示，它是由两个以上的基本体组合而成的整体，即组合体。本项目以此为载体，以任务为导向，围绕着轴承座的识读和绘制讲述，将项目分成4个任务：任务1　依据组合方式制作组合体模型，任务2　轴承座三视图的绘制，任务3　轴承座三视图的标注，任务4　识读组合体三视图。

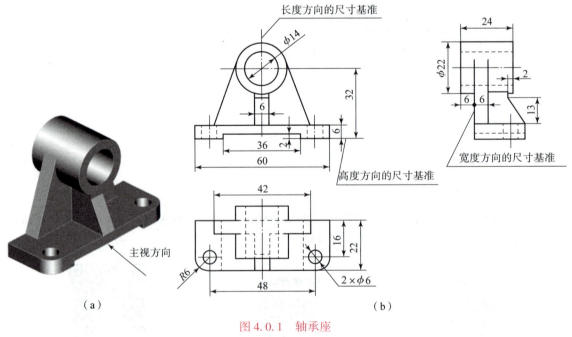

图 4.0.1　轴承座
(a) 轴承座立体图；(b) 轴承座三视图

　　每个任务互相关联，对任务所涉及的新知识点一一进行罗列，先后讲述了组合体的定义和分类、习题分析法、绘图方法、识读方法、线面分析法和标注方法。读者完成每个任务的过程就是将知识点消化吸收的过程，最后读者将所学的知识点融会贯通，完成整个项目的实施。

知识目标

掌握特殊组合体的形体分析法和组合体的组合形式；学会组合体三视图的画法和尺寸标注；熟练掌握识读组合体三视图的方法和步骤。

能力目标

建立基本体空间思维概念，具备完整识读和绘制组合体三视图的能力。

素养目标

培养学生的空间想象能力和分析能力。

任务1　依据组合方式制作组合体模型

涉及新知识点

一、组合体的概念

由基本体组成的复杂形体称为组合体。复杂形体都可以看成是由一些基本的形体按照一定的连接方式组合而成的。

二、组合体的组成方式

1. 切割型

从基本形体上切割掉一些基本形体所得到的形体称为切割体，如图 4.1.1 所示。

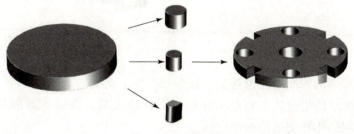

图 4.1.1　切割体

2. 叠加型

按照形体表面结合的方式不同，叠加型又可分为堆积、相切和相交等类型。

（1）堆积

两形体之间以平面相接触称为堆积，如图4.1.2所示。

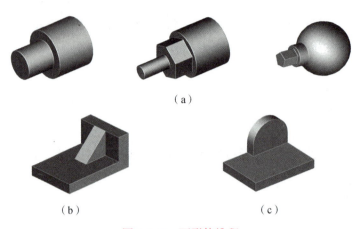

图4.1.2　两形体堆积
（a）同轴堆积；（b）对称堆积；（c）非对称堆积

（2）相切

相切是指两个形体的表面（平面与曲面或曲面与曲面）光滑连接。因相切处为光滑过渡，不存在轮廓线，因此主视图和左视图中相切处不应画线，如图4.1.3所示。

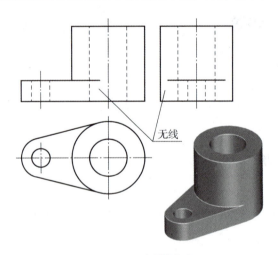

图4.1.3　两形体相切

（3）相交

相交是指两形体的表面非光滑连接，接触处产生了交线。

如图4.1.4所示的组合体，它是由底板和圆柱组成的，底板的侧面与圆柱面是相交关系，故在主、左视图中相交处应画出交线。

3. 综合型

由基本形体既叠加又切割或穿孔而形成的形体称为综合体，如图4.1.5所示。

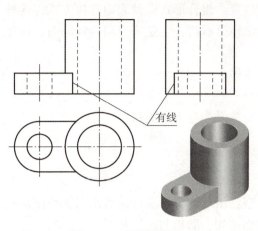

图 4.1.4　两形体相交

图 4.1.5　综合型

任务实施步骤

扫二维码，用废旧的纸盒或材质硬些的卡纸选几个模型做，以便体验各部分之间的位置关系，为下一步形体分析法打下基础。

QR code 1 模型 1　　QR code 2 模型 2　　QR code 3 模型 3　　QR code 4 模型 4

QR code 5 模型 5　　QR code 6 模型 6　　QR code 7 组合体的组合方式讲授视频

任务 2　绘制轴承座三视图的绘制

一、形体分析法

1. 形体分析

为了正确而迅速地绘制和读懂组合体的三视图，通常在画图、标注尺寸和读组合体三视图的过程中，假想把组合体分解成若干个

QR code 8 形体分析法绘制组合体三视图

组成部分，分析清楚各组成部分的结构形状、相对位置、组合形式以及表面连接方式，这种把复杂形体分解成若干个简单形体的分析方法称为形体分析法，它是研究组合体画图、标注尺寸和读图的基本方法。具体步骤如下：

①分析组合体由几部分组成，各部分是什么基本体。
②确定组合方式，是叠加型、切割型还是综合型。
③看各部分之间的位置关系，是左后关系、前后关系还是上下关系。
④看是否整体对称。
⑤逐一画出各部分的三视图。

画图遵循顺序：先大后小、先外后里。

如图 4.2.1 所示，该轴承座的组合形式为综合型，用形体分析法可以看出，轴承座由底板、支承板、肋板和圆筒组成。支承板与圆筒外表面相切，肋板与圆筒相贯。

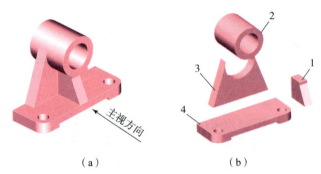

图 4.2.1　综合型
（a）支座；（b）分解图
1—肋板；2—圆筒；3—支承板；4—底板

形体分析法是假想将组合体分解为若干基本体或基本体的变形体，分析各基本体的形状、组合形式和相对位置，弄清组合体的形体特征，然后按分体分别画图或读图。这是将复杂图转变为简单图进行作图的有效方法。

二、绘制轴承座三视图的步骤

1. 形体分析

如图 4.2.1（a）所示的支座可分解成图 4.2.1（b）所示的底板、圆筒、支承板和肋板四个分体。

2. 选择图纸幅面和比例

根据组合体的复杂程度和尺寸大小，应选择国家标准规定的图幅和比例，在选择时，应充分考虑视图、尺寸、技术要求及标题栏的大小和位置等。

3. 布置三视图位置，画作图基准线

根据组合体的总体尺寸，通过简单计算，将各视图均匀地布置在图框内，视图间应预留尺寸标注位置。各视图位置确定后，用细点画线或细实线画出作图基准线。作图基准线一般为底面、对称面、主要端面和主要轴线等，如图 4.2.2 所示。

4. 逐一绘制出三视图的底稿

①画底板三视图。先画底板三面投影，再画底板下的槽和底板上两个小孔的三面投影，

不可见的轮廓线画成细虚线，如图4.2.3（a）和图4.2.3（b）所示。

②画圆筒三视图。先画主视图上的两个圆，再画左视图和俯视图上的投影，如图4.2.3（b）所示。

③画支承板和肋板三视图。圆筒外表面与支承板的侧面相切，在俯、左视图上相切处不画线。圆筒与肋板相交时，在左视图上绘制截交线，如图4.2.3（c）所示。

5. 检查、描深

按照要求画粗实线、细虚线和细点画线，完成全图，如图4.2.3（d）所示。

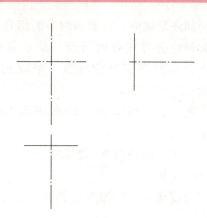

图4.2.2　作图基准线

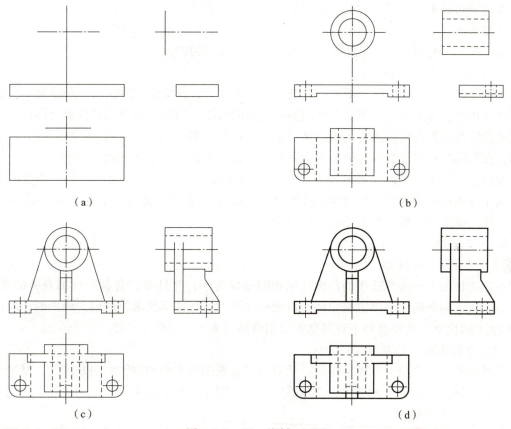

图4.2.3　逐一绘制三视图

三、组合体画法的案例

【例4-1】 如图4.2.4所示的组合体，将其三视图画出。

1. 形体分析

画组合体的图形时，要仔细观察它的形体特征，并弄清楚以下几个问题：由哪些立体组成；每个立体是否完整；有无空腔、切槽；腔体的表面

QR code 9 轴承座拆装

是平面还是曲面，或者是两者的组合；有无截交线；是截单体还是多体；相邻两体的相对位置如何，分界线有何特点，是不是相贯线。分析了这些情况，就可以针对各部分的特点，采取相应的画图方法。读图也是如此。

图 4.2.4 所示为一轴承座组合体，对其形体分析的要点如下：

①零件由凸台 5、轴承圆筒 4、支承板 2、加强肋板 3、底板 1 叠加而成。

②支承板 2、加强肋板 3、底板 1 两两之间的组合形式为相贯。

③支承板 2 的左、右侧面和轴承圆筒 4 外表面相切。

④加强肋板 3 与圆筒 4 相贯，其相贯线为圆弧和直线。

⑤轴承圆筒 4 和凸台 5 的中间都有圆柱形通孔，它们的组合形式为相贯。

⑥底板 1 上有两个圆柱形通孔，其底面还有一矩形通槽。

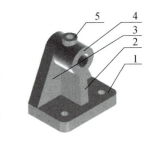

图 4.2.4　轴承座组合体
1—底板；2—支承板；
3—加强肋板；4—轴承圆筒；
5—凸台

2. 组合体视图的画法

画组合体三视图时，除了要掌握之前所学的知识外，还应学习画图的一般步骤和方法。在表达组合体的一组视图中主视图是最主要的视图，因此，应合理选择组合体在画图时的安放位置及投射方向。通常将组合体放正，例如叠加型和切割型这两种不同组合方式的组合体，在形体分析与三视图的画法上有些是不同的。下面举两个例子加以说明。

使组合体的主要平面（或轴线）平行或垂直于投影面，并选取能反映其主要特征的方向作为主视图的投射方向。如图 4.2.4 所示的轴承座，根据上述分析，选择 A 向作为主视图。主视图确定后，俯、左视图也就随之确定了。

3. 画其三视图

（1）选比例，定图幅

根据物体的大小选择适当的作图比例和图幅的大小，并且要符合制图标准有关的规定。要注意：所选幅面的大小要留有余地，以便标注尺寸、写技术要求等内容。画图时，应尽量采用 1∶1 的比例，这样有利于直接估算出组合体的大小，以便于画图。

（2）布置图面，画基准线

布置视图位置之前，先固定图纸，然后根据各视图的大小和位置画出基准线。基准线画出后，每个视图在图纸上的具体位置就确定了，如图 4.2.5（a）所示。

（3）画三视图底稿

根据形体分析的结果，遵循组合体的投影规律，逐个画出基本形体的三视图，如图 4.2.5（b）~图 4.2.5（e）所示。画底稿时，一般用 H 型铅笔以细线画出，画的时候应遵守轻、淡、准的原则，以便于修改及擦除多余线条。

画组合体底稿的顺序：

首先，一般先实（实形体）后虚（挖去的形体）；先大（大形体）后小（小形体）；先画轮廓，后画细节。

其次，画组合体的每个形体时，应三个视图同时画，并从反映形体特征的视图画起，再按投影规律画出其他两个视图。

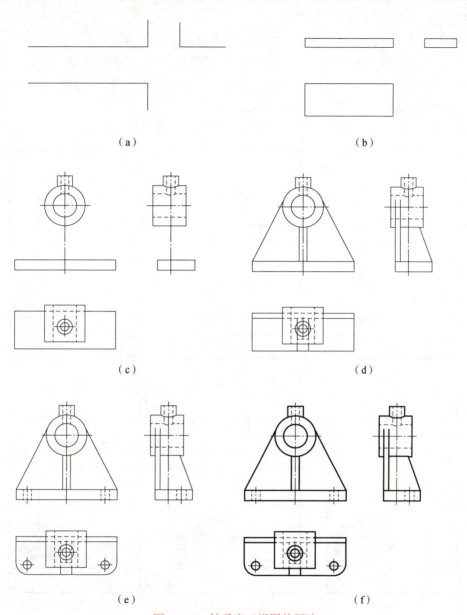

图 4.2.5 轴承座三视图的画法
(a) 布置视图，画基准线；(b) 画底板；(c) 画轴承套筒和凸台；(d) 画支承板和加强肋板；
(e) 画底板上的圆孔；(f) 描深

（4）检查、描深，完成作图

底稿画完后，按基本形体逐个仔细检查，纠正错误，补充遗漏。检查无误后，擦除多余的作图线，用标准图线描深图形，完成组合体的三视图。

4. 绘制组合体三视图的步骤及有关注意事项

①选定比例后画出各视图的对称线、回转体的轴线、圆的中心线及主要形体的端面线，并把它们作为基准线来布置图幅。

②运用形体分析法逐个画出各组成部分。

一般先绘制较大的、主要的组成部分（如轴承架的长方形底板），再绘制其他部分；先绘制主要轮廓，再绘制细节。

③绘制每一基本几何体时，要先从反映实形或有特征的视图（圆、三角形、六边形）开始，再按投影关系绘制其他视图。对于回转体，先绘制出轴线、圆的中心线，再绘制出轮廓。

④作图时，要按照"长对正、高平齐、宽相等"的投影关系投影。为保持正确的投影关系，几个图形可以对应着绘制。

【例4-2】 如图4.2.6（a）所示的切割型组合体，将其三视图画出。

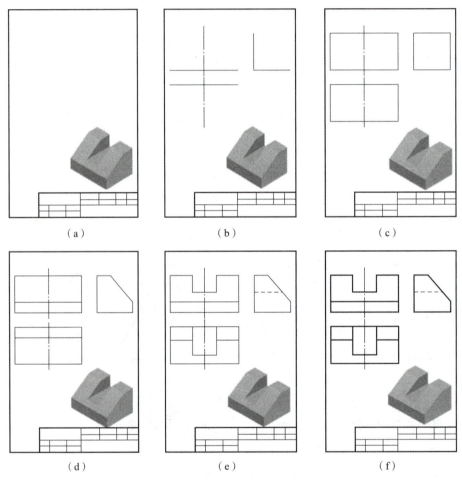

图4.2.6 切割型组合体

(a) 选图纸；(b) 画基准线；(c) 画出原型四棱柱；(d) 切斜角；(e) 切方槽；(f) 检查、描深

切割型组合体的画图顺序如下：在画出组合体原型（未切割前的三视图）的基础上，按切去部分的位置和形状依次画出切割后的图形。

画图步骤和方法如4.2.6所示。

任务实施步骤

①形体分析。

②选择图纸幅面和比例，绘制边框、标题栏。

③布置三视图位置，画作图基准线，如图4.2.2所示。

④逐一绘制出三视图的底稿。

a. 画底板三视图。先画底板三面投影,再画底板下的槽和底板上两个小孔的三面投影,不可见的轮廓线画成细虚线,如图 4.2.3 (a) 和 4.2.3 (b) 所示。

b. 画圆筒三视图。先画主视图上的两个圆,再画左视图和俯视图上的投影,如图 4.2.3 (b) 所示。

c. 画支承板和肋板三视图。圆筒外表面与支承板的侧面相切,在俯、左视图上相切处不画线。圆筒与肋板相交时,在左视图上绘制截交线,如图 4.2.3 (c) 所示。

d. 检查、描深(按照要求画粗实线、细虚线和细点画线),完成全图,如图 4.2.3 (d) 所示。

任务 3　标注轴承座三视图

涉及新知识点

一、尺寸标注的有关知识

1. 尺寸标注的要求

①标注正确。

尺寸的注法应符合国家标准的有关规定(项目一任务 2 中讲过,这里不再赘述)。

②标注齐全。

各部分的尺寸应齐全,既不遗漏,也不重复。

在形体上需要标注的尺寸有定形尺寸、定位尺寸和总体尺寸。要达到完整的要求,就需要分析物体的结构形状,明确各组成部分之间的相对位置,然后一部分一部分地注出定形尺寸和定位尺寸。

③标注清晰。

尺寸布置要整齐清晰,便于查找和阅读。

a. 各基本形体的定形、定位尺寸不要分散,尽量集中标注在一个或两个视图上。如图 4.0.1 (b) 中底板上两圆孔的定形尺寸 $2×\phi 6$ 和定位尺寸 48、16 集中标注在俯视图上,这样便于看图。

b. 尺寸应注在表达形体特征最明显的视图上,并尽量避免标注在细虚线上。如图 4.3.1 所示,肋板宽度尺寸 14 标注在左视图上是为了表达它的形体特征。后板槽长 36、深 2 标注在主视图上是为了避免在细虚线上标注尺寸。

④标注合理。

尺寸标注要符合设计及工艺上的要求。

本任务只介绍如何做到标注正确、完整、清晰等内容,至于尺寸标注的合理性问题,由于和生产条件、工艺及设备等情况密切相关,并非本课程所能解决,故只在后续项目的零件图中作初步介绍。

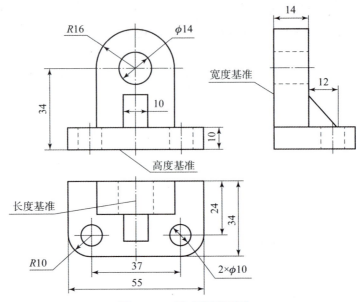

图 4.3.1 尺寸分析示例

2. 组合体尺寸的分类

①定形尺寸：确定组合体各组成部分形状大小的尺寸。

如图 4.3.1 所示的机件由底板、支承板和肋板三部分组成。如图 4.3.1 所示机件的尺寸 55、34、10 是确定底板长度、宽度和高度的定形尺寸；尺寸 10、12 是确定肋板大小的定形尺寸。

②定位尺寸：确定组合体组成部分之间相对位置的尺寸。

如图 4.3.1 中的尺寸 37 是确定底板上直径为 10 的两个小圆孔之间中心距的定位尺寸；24 是确定支承板上直径为 10 的圆孔的中心到底板底面距离的定位尺寸。

标注定位尺寸时，首先应选择好尺寸基准。尺寸基准前面已作过介绍，即作为起始位置的点或线称为尺寸基准。

组合体具有长、宽、高三个方向尺寸的空间形体，因此，每个方向至少应有一个尺寸基准。通常以形体上较大的平面、对称面、回转体的轴线等作为尺寸基准。如图 4.3.1 所示的轴承座，选择底板的底面为高度方向的基准；底板和支承板靠齐的后面为宽度方向的基准；而长度方向的基准则是轴承座左右方向的对称面。应该注意：以对称面为基准时，应注出对称部分的全长而不是一半的尺寸，如图 4.3.1 中的尺寸 37。

③总体尺寸：表示组合体总长、总宽、总高的尺寸。

当总体尺寸与已经标注的定形尺寸一致时，无须另行标注。如图 4.3.1 所示，轴承座的总宽尺寸就是底板的长 55 和宽 34。

另外，当组合体的一端为回转体时，为考虑制作方便，该方向的总体尺寸不直接注出，而是由回转面轴线的定位尺寸加上回转体的半径间接确定。如图 4.3.1 所示轴承座的总高为尺寸 34 与圆柱半径 R16 之和。

请自行分析图 4.3.2。

二、标注尺寸的方法与步骤

（1）以图 4.3.3 所示为例，说明标注尺寸的方法与步骤。

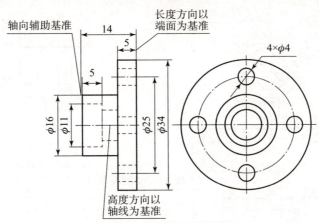

图 4.3.2 尺寸基准的选择

①形体分析。将支座分为底板、圆筒、支承板和加强肋板四个部分，如图 4.3.3（a）所示。
②选择尺寸基准。选择长、宽、高三个方向的尺寸基准，如图 4.3.3（b）所示。
③逐个注出各简单部分的定形尺寸和定位尺寸，如图 4.3.3（c）所示。
④注出各简单部分之间的定位尺寸。
⑤进行调整，注出所需的总体尺寸。从三视图可以看出支座的总体尺寸，长、宽、高都不必直接标出总体尺寸。

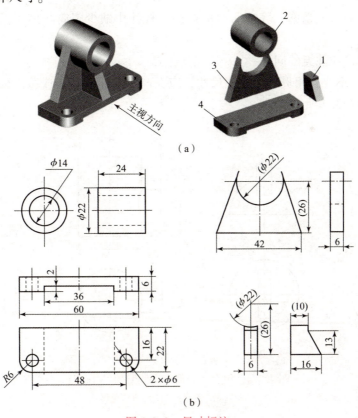

图 4.3.3 尺寸标注
（a）支座的形体分析；（b）选择基准
1—肋板；2—圆筒；3—支撑板；4—底板

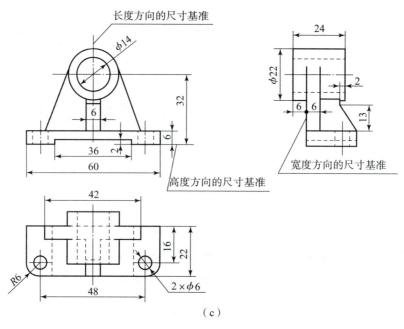

图 4.3.3 尺寸标注（续）
(c) 标注底板的定形与定位尺寸

⑥检查有无多余或遗漏，完成所有的标注。标注中缺少圆筒凸出肋板的尺寸，请读者自行添补。

（2）尺寸标注应注意的问题

①"一不"。不要在相贯线上标注尺寸，应在产生交线的形体或截平面的定形及定位尺寸上标注，如图 4.3.4 所示。

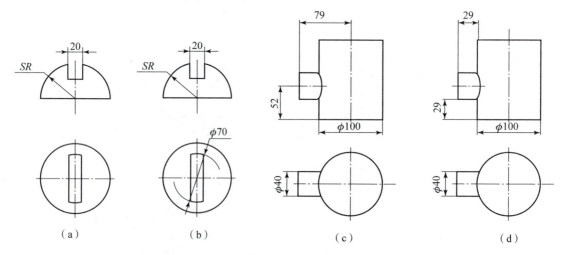

图 4.3.4 组合体表面有交线时的尺寸标注
(a),(c) 正确；(b),(d) 错误

②"二尽量"。尺寸"尽量"标注在形状特征明显的视图上，且同一形体的尺寸尽量集中，如图 4.3.5 所示。

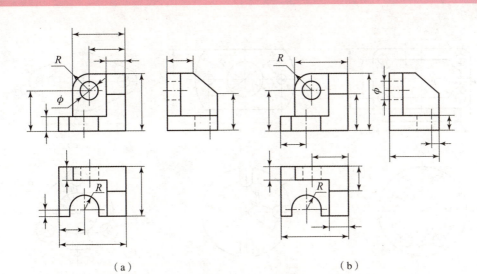

(a)　　　　　　　　　　　　　　　(b)

图 4.3.5　尺寸尽量标注在反映形体特征明显的视图上
(a) 清晰；(b) 不清晰

回转体的直径尺寸"尽量"标注在非圆视图上。如支架上的直径为 46 的圆柱在主视图上标注其尺寸，如图 4.3.6 所示。

③ "三应该"。

a. 尺寸一般"应该"注在视图外边。

b. 标注同一方向的尺寸，"应该"小尺寸在内，大尺寸在外，尽量避免尺寸线和尺寸界线相交，如图 4.3.7 所示。

c. 对一些常见的薄板类机件，除注出定形尺寸外，还应注出孔、槽等结构的定位尺寸。常见的板状形体的尺寸标注如图 4.3.8 所示。

(3) 平面切割体的尺寸注法

平面立体被截切后的尺寸注法，应先标注基本体的长、宽、高三个方向的尺寸，再标注切口的大小和位置尺寸，如图 4.3.9 所示。

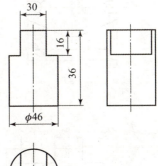

图 4.3.6　尽量标注在非圆视图上

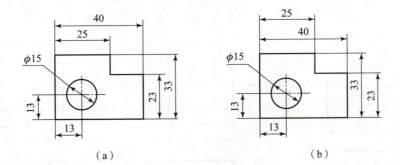

(a)　　　　　　　　　　　　　　　(b)

图 4.3.7　同一方向上尺寸的标注
(a) 好；(b) 不好

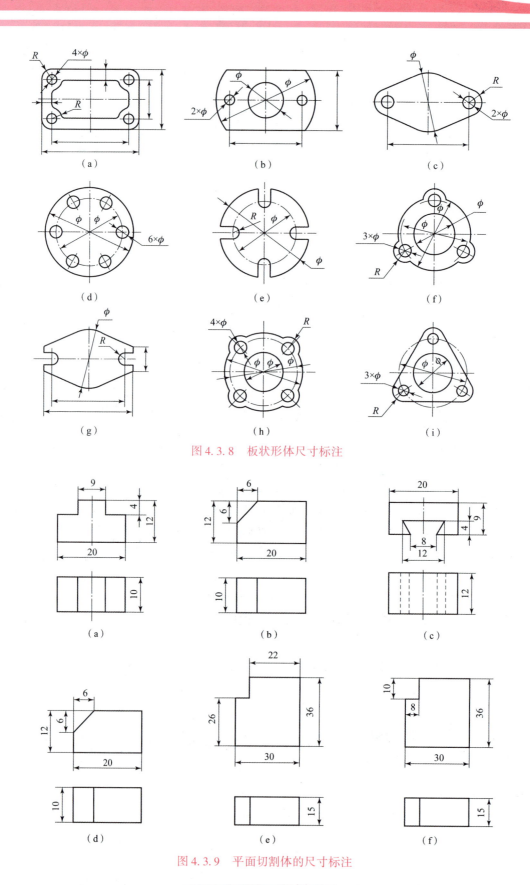

图 4.3.8 板状形体尺寸标注

图 4.3.9 平面切割体的尺寸标注

（4）曲面切割体的尺寸注法

如图4.3.10所示，首先标注出没有被截切时形体的尺寸，然后再标注出切口的形状尺寸。对于不对称的切口，还要标注出确定切口位置的尺寸，如图4.3.10（e）所示。

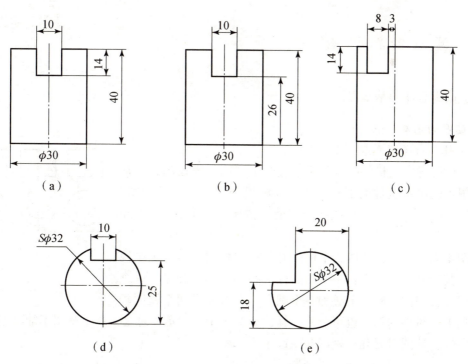

图4.3.10　曲面切割体的尺寸标注

（5）注意布局整齐

同心圆柱或圆孔的直径尺寸最好标注在非圆视图上；尽量将尺寸标注在视图外面，以免尺寸线、数字和轮廓线相交；与两视图有关的尺寸最好标注在两视图之间，以便于看图。

 任务实施步骤

轴承座尺寸标注的实施步骤如下：

①形体分析：分析轴承座由哪些基本形体组成，初步考虑各基本形体的定形尺寸，如图4.0.1（a）所示。

②选择基准：选定轴承座长、宽、高三个方向的主要尺寸基准，如图4.3.3（b）所示。

③标注定形和定位尺寸：逐个标注基本形体的定形和定位尺寸，如图4.3.3（c）所示。

④标注轴承座的总体尺寸。

⑤检查、调整尺寸，完成尺寸标注，如图4.3.3（f）所示。

QR code 10 轴承座标注讲授视频

任务4　识读组合体三视图

涉及新知识点

一、读组合体的基本方法

1．读图的基本要点

（1）几个视图联系起来看

在机械图样中，机件的形状是通过几个视图来表达的，通常一个视图不能确定机件的形状，只能反映机件一个方面的形状。因此，读图时，几个视图要联系起来看，如图4.4.1和图4.4.2所示。

如图4.4.1所示，虽然3个机件的俯视图相同，但由于主视图不同，其形状差别很大：一个是圆柱上叠加一个小圆柱，一个是空心圆柱，一个是圆柱上叠加一个圆台。有时候在两个视图相同的情况下，机件的形状也可能不一样，如图4.4.2所示。总之，一个视图不能确定空间物体的唯一性，读图时要几个视图联系起来看。

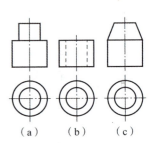

图4.4.1　几个视图联系起来看

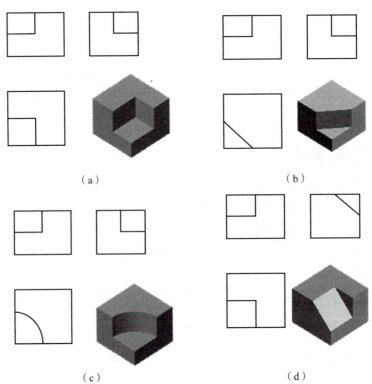

图4.4.2　几个视图联系起来一起看

（2）弄清视图中图线和线框的含义

视图中每条图线的含义可能有三种不同的解释：

①可能是某一有积聚性的平面或曲面的投影；

②可能是相邻两面交线的投影；

③可能是曲面投影的转向轮廓线。

即线——积聚线、交线、外形素线。

视图上的线框是指由图线围成的封闭图形，每个封闭线框通常是物体上一个表面的投影。其含义可能是下列三种解释之一：

①它可能是某一平面的投影，即投影面平行面或倾斜面的投影；

②它可能是某一曲面的投影；

③它可能是某一通孔或组合表面（几个相切的面的组合）的投影。

即线框——面（平面或曲面）、复合面（表面光滑连接）、空心结构。

2. 寻找特征视图

所谓的特征视图，就是把物体的形状特征及相对位置反映的最充分的那个视图。找到这个视图，再配合其他视图，就能较快地认清机件了。当然，机件的形状特征及相对位置并非总是集中在一个视图上，此时在读图过程中要抓住反映特征多的视图。

二、读图的基本方法

组合体读图是根据平面图形，通过立体思维、构思，在想象中还原出空间物体的一个过程。常用的组合体的读图方法有两种：形体分析法和线面分析法。对于叠加型组合体，一般采用形体分析法；对于切割型组合体，一般要运用线面分析法来帮助想象和读懂局部的形状。读组合体的视图常常两种方法并用，以形体分析法为主、线面分析法为辅。下面分别介绍这两种方法。

1. 形体分析法

看图的基本方法与画图一样，主要也是采用形体分析法。一般从反映物体形状特征的主视图着手，将物体分成若干子形体；根据投影关系对应其他视图，弄清每个子形体是由哪些基本体组成的，有哪种组合方式，想象出每个子形体的形状，确定子形体间的表面邻接关系，最后综合想象出物体的整体形状。看图的基本步骤如下：

①抓特征，分形体。已知如图4.4.3所示机件的主、俯视图，把主视图大致分成上下两部分，进而分成三个封闭线框，即三个子形体，其中主视图中左、右两个线框是相同的三角形，可认作一个基本形体，如图4.4.3（a）所示。

②对投影，想子形体。根据子形体的投影特征，找出该子形体在其他视图中的对应投影，明确每个子形体的空间形状。

线框1的主、俯视图是矩形，左视图是L形，可以想象该形体是直角弯板，板上有两个圆孔，如图4.4.3（b）所示。

线框2的俯视图是一个中间带有两条直线的矩形。左视图是一个矩形，矩形中间有条虚线，可以想象它是一个长方体，其中间挖了一个半圆槽，如图4.4.3（c）所示。

线框3的主视图是三角形，俯视图、左视图都是矩形，可以判断它是左右对称的三角形板，如图4.4.3（d）所示。

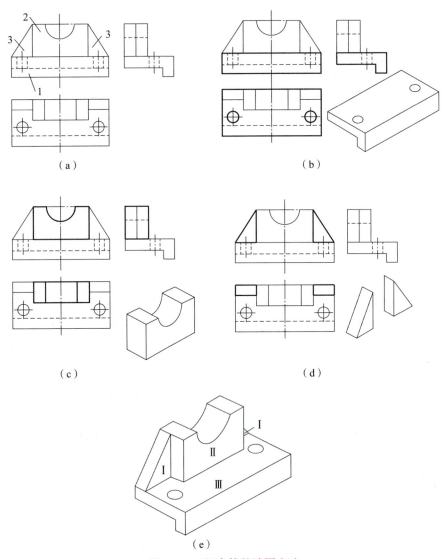

图 4.4.3 组合体的读图方法
(a) 分线框，对投影；(b) 想形体Ⅰ；(c) 想形体Ⅱ；(d) 想形体Ⅲ；(e) 想象整体形状

③定位置，明关系。明确各子形体间的组合方式、相对位置与表面邻接关系。

④综合起来想整体。综合考虑每个子形体的形状及子形体间的相互关系，得到整个组合体的形状，如图 4.4.3（e）所示。

2. 线面分析法

线面分析法指的是分析立体的线、面的形状和相对位置，进而确定立体形状的方法。此种方法常需要结合形体分析法读图，多用于切割式组合体。

切割式组合体通常是长方体经多个各种位置平面组合切割而成，因此，在这里要着重分析和应用的是平面的投影特性。当切平面是投影面垂直面时，一面投影积聚为一条直线，另两面投影为类似形；当切平面平行于投影面时，一面投影反映该平面的真实形状和大小，另两面投影积聚成直线；当切平面倾斜于投影面时，三面投影均为类似形。类似形有三个不变的性质：边数不变；连接顺序不变；平行关系不变。这三个性质非常重要，尤其是前两项，在我们读图、补画视图及自查是否正确时,都会用到。下面以简单机件(如图4.4.4所示)压块为例说明线面分析法的读图步骤。

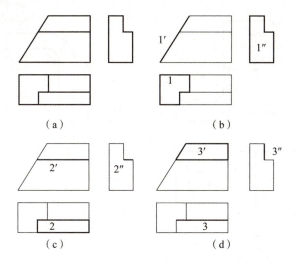

图4.4.4 用线面分析法读图举例(压块)
(a) 组合体三视图(压块);(b) 看1线框;(c) 看2线框;(d) 看3线框

(1) 看视图,分线框

如图4.4.4 (a) 所示,首先按形体分析将立体分成前后两部分,后部为缺角的长方形板,前部的形体是长方体。由于该立体主要由挖切方式形成,因此重点对该长方体进行线面分析。

(2) 对投影,定形体

用丁字尺、三角板、分规,按照"长对正、高平齐、宽相等"的投影关系,找出它们在其他视图上的相关投影。根据它们的两面或三面投影判断出它们的空间意义。

如图4.4.4 (b) 所示俯视图中的六边形线框1,按照投影关系在左视图中可以找到与其类似的六边形线框1″,主视图中只有直线1′与之相对应。根据三视图可知此表面是正垂面。

如图4.4.4 (c) 所示俯视图中的四边形线框2,按照投影关系知其主、左视图均为直线段2′、2″。根据三视图可知此表面是水平面。

如图4.4.4 (d) 所示主视图中的四边形线框3′,按照投影关系知其俯、左视图均为直线段3、3″。根据三视图可知此表面是正平面。

(3) 综合起来想整体。

其余的面比较简单,不再一一分析。我们根据视图中各个面的形状和位置,综合想象物体的形状。

3. 组合体读图的一般步骤

①分线框,对投影。

②想形体,定位置。

③线面分析攻难点。

④综合起来想总体。

4. 综合举例

【例4-3】 如图4.4.5所示,读三视图,想象机件的形体,分析过程如图4.4.6所示。

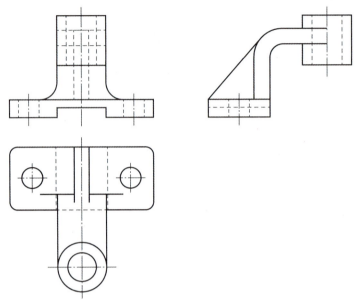

图4.4.5 读图综合举例

三、补画组合体视图

拿到一组视图,首先与基本几何体的三视图相比较,初步判断该切割体是由何种基本体切割而成的,然后再按照"先边缘后内部,先大后小,先特殊后一般"的顺序,逐个分析每次切割的位置和形状,最后综合起来想象整体的形状。在线面分析法中应注重与线、线框相对应的是面。下面以图4.4.7(a)所示导轨为例,由主、左视图想象出导轨的形状,补画出俯视图。

1. 分析

从图4.4.7中的两个视图可看出,外轮廓是不完整的矩形,可把它看成是由长方体经切割后所得。读切割类组合体的视图,可利用线面分析法的"若非类似形,必有积聚性"的规律。

主视图可分为两个线框1′和2′,根据投影关系,线框1′对应左视图上的斜线,可知此线框为一侧垂面的投影,该面的形状与线框1′类似,如图4.4.7(a)所示。同理线框2′反映该面实形,如图4.4.7(b)所示。左视图可分为两个线框3″和4″,如图4.4.7(c)和图4.4.7(d)所示。

在具体分析的基础上,可想象出该物体的基本体是长方体,被正垂面切去左上角,又被侧垂面和水平面对称地切去前后上角,下部再被一水平面和两正垂面切成从前到后贯通的燕尾槽,即得到如图4.4.7(e)所示的整体形状。

2. 补画视图

把已知的视图看懂,想清楚物体的形状后,根据投影关系和各种位置平面的投影特性,就不难画出俯视图了。画图时注意先画大的线框——底面的投影,充分利用"有拐点必有线"的规律来作图,其具体作图步骤如图4.4.8所示。

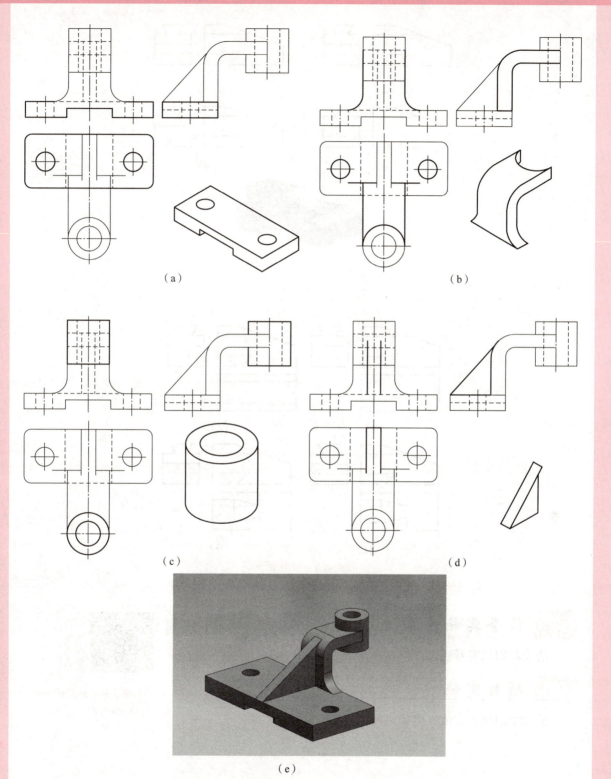

图 4.4.6 分析过程
(a) 看图框想底板;(b) 看图框想底板;(c) 想象空心圆柱;
(d) 想象肋板;(e) 想象机件的整体

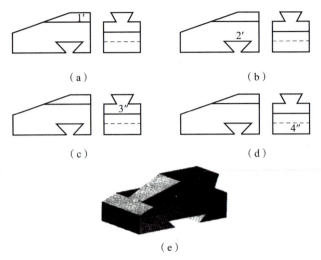

图4.4.7 补画视图时的分析

(a) 看1线框；(b) 看2线框；(c) 看3线框；(d) 看4线框；(e) 想象形状

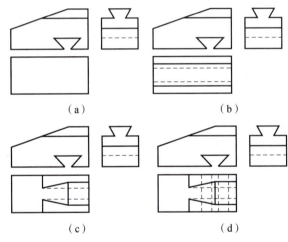

图4.4.8 补画俯视图

(a) 画长方体俯视图；(b) 画前后对称切去的斜槽；(c) 画出正垂面的投影；(d) 画出燕尾槽

任务实施步骤

请读者扫码观看视频。

项目实施

请同学们独立完成，老师巡回指导。

QR code 11 组合体三视图的
读图和补图讲授视频

项目五　轴承座轴测图的识读和绘制

　　轴测图具有立体感及直观性强的特点，常用来帮助想象物体的空间形状，培养空间想象能力。基于轴测图的特点，轴测图可弥补正多面投影的不足，机械工程中常用其作为辅助图形来表达机件的外观效果和内部结构以及对产品拆装、使用和维修的说明等。

　　本项目以轴承座三视图为载体，如图 5.0.1 所示，以任务为导向，围绕着轴承座轴测图讲述，将项目分成 3 个任务：任务 1 轴测图的认识、任务 2 正等轴测图的绘制、任务 3 斜二等轴测图的绘制。

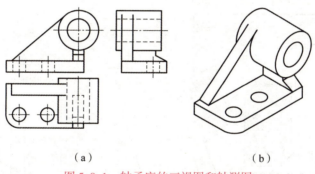

（a）　　　　　　　　　　　　（b）

图 5.0.1　轴承座的三视图和轴测图

　　每个任务互相关联，对任务所涉及的新知识点一一进行罗列，先后讲述了装配图的作用和内容、机器零部件的装配关系、装配图的不同表达画法、配合尺寸公差标注要求、零部件序号编排要求、装配工艺结构、读绘装配图的方法和步骤。读者完成每个任务的过程就是将知识点消化吸收的过程，最后读者将所学的知识点融会贯通，完成整个项目的实施。

　　正确理解轴测图的基本知识、相关术语和定义，掌握平面立体正等轴测图、回转体正等轴测图的画法，了解斜二等轴测图的画法。

　　能够通过绘制简单形体的正等轴测图、斜二等轴测图，提高空间想象能力和空间思维能力，并通过练习提高作图质量和作图技巧。

通过轴测图的学习，培养学生自主学习、总结信息及进行处理的能力，自我分析的能力，发现问题的能力，空间思维能力及创新素质。

任务1　认识轴测图

一、轴测图的形成

将物体连同其空间直角坐标系沿不平行于任一坐标平面的方向，用平行投影法将其投射在单一投影面上所得到的图形称为轴测投影图，简称轴测图。轴测图有正轴测图和斜轴测图之分，如图5.1.1所示。

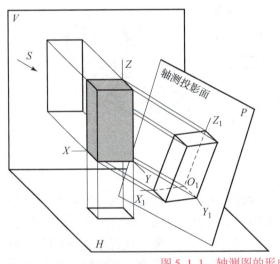 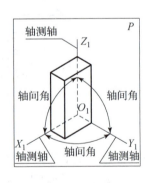

图5.1.1　轴测图的形成

二、相关术语和定义

1. 轴测轴

空间直角坐标轴在轴测投影面上的投影，称为轴测投影轴，简称轴测轴。如图5.1.1中的 O_1X_1、O_1Y_1、O_1Z_1 轴。

2. 轴间角

在轴测投影面上任意两轴测轴之间的夹角，称为轴间角。如图5.1.1中的 $\angle X_1O_1Y_1$、$\angle Y_1O_1Z_1$、$\angle X_1O_1Z_1$。

3. 轴向伸缩系数

轴测轴上的单位长度和相应的直角坐标轴上的单位长度的比值，称为轴向伸缩系数。不同的轴测图，其轴向伸缩系数不同。

三、一般规定

根据投射方向与轴测投影面的相对位置，轴测图分为正轴测图和斜轴测图两类。理论上无论是正轴测图还是斜轴测图都有多种，但从作图简便等因素考虑，一般采用以下两种。

1. 正等轴测图

使直角坐标系的三根坐标轴对轴测投影面的倾角相等，并用正投影法将物体向轴测投影面投射所得到的图形称为正等轴测图，简称正等测。在正等轴测图中，轴间角 $\angle X_1 O_1 Y_1 = \angle Y_1 O_1 Z_1 = \angle X_1 O_1 Z_1 = 120°$，各轴向的轴向伸缩系数相等，且约为 0.82。为了简化计算，一般用 1 代替 0.82，称为简化系数（$p = q = r = 1$），如图 5.1.2（a）所示。

2. 斜二等轴测图

将直角坐标系的一个坐标面平行于轴测投影面，用斜投影法将物体连同其坐标轴一起向投影面投射所得的图形称为斜二等轴测图，简称斜二测。在斜二等轴测图中，轴间角 $\angle X_1 O_1 Z_1 = 90°$，$\angle Y_1 O_1 Z_1 = \angle X_1 O_1 Y_1 = 135°$，$O_1 X_1$ 和 $O_1 Z_1$ 的轴向伸缩系数 $p_1 = r_1 = 1$，$O_1 Y_1$ 的轴向伸缩系数 $q_1 = 0.5$。

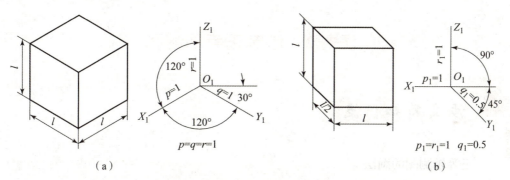

图 5.1.2 正等轴测图与斜二等轴测图的轴间角和轴向伸缩系数
（a）正等轴测图；（b）斜二等轴测图

四、轴测图的投影特性

由于轴测图是用平行投影法绘制的，所以具有平行投影的特性。

1. 平行性

物体上与坐标轴平行的线段，在轴测图中仍平行于相应的轴测轴。物体上相互平行的线段，在轴测图中仍相互平行，且同一轴向所有线段的轴向伸缩系数相等。

2. 度量性

物体上与轴测轴平行的线段的尺寸方向沿轴向直接量取。所谓"轴测"就是指沿轴向才能进行测量的意思，这一点也是画图的关键。物体上不平行于轴测投影面的平面图形，在轴测图上变成原形的类似形，如正方形的轴测投影为菱形、圆的轴测投影为椭圆形。

画轴测图时，要充分理解和灵活运用这两点特性。

任务实施步骤

①看图 5.1.3，比较三视图和轴测图在表达上的不同。

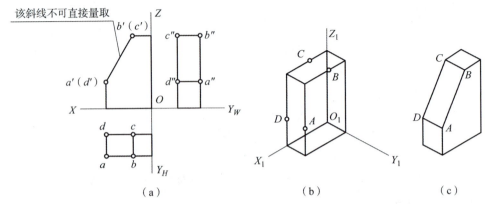

图 5.1.3　长方体切角轴测图

②看图 5.1.2，理解正等轴测图与斜二等轴测图的轴间角和轴向伸缩系数。
③进一步理解视图的投影特性。
④尝试绘制如图 5.1.3 所示简单立体的正等轴测图。

任务 2　绘制正等轴测图

 涉及新知识点

一、正等轴测图的画法

在绘制正等轴测图时，先要准确地画出轴测轴，然后根据轴测图的投影特性在轴测轴的基础上画出轴测图，如图 5.2.1 所示。

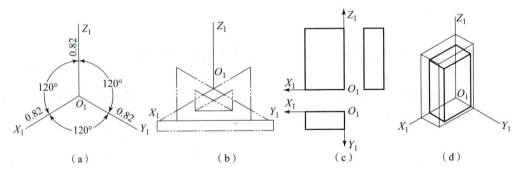

图 5.2.1　正等轴测图的画法

由于正等轴测投影时空间直角坐标轴与轴测投影面的倾角相同，故各轴测轴方向的缩短程度也相同，即其轴向伸缩系数相等，且约为 0.82。绘图时若按真实的投影作图，即物体上的每个轴向长度都要乘以 0.82 才能确定它的轴测投影长度，会非常麻烦。为此国家标准 GB/T 4458.3—2013《机械制图 轴测图》规定采用简化的轴向伸缩系数（$p=q=r=1$）来绘制正等测图。

为使图形清晰，轴测图一般只画出可见部分，必要时才画出其不可见部分。为简化作图，其轴测坐标也可以有所变换，如图 5.2.2 所示。

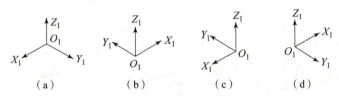

图 5.2.2　正等轴测坐标变换

画轴测图常用的方法有坐标法、切割法、叠加法和综合法。坐标法是最基本的方法。下面以一些常见的图例来介绍正等轴测图的画法。

二、平面立体的正等轴测画法

【例 5-1】　已知正六棱柱的主、俯视图，如图 5.2.3（a）所示，求作其正等轴测图。
①分析。

根据物体的形状，确定出直角坐标系，如图 5.2.3（a）所示。由于正六棱柱前后、左右对称，故选择顶面的中心点作为坐标原点，顶面的两条对称中心线作为 OX、OY 轴，棱柱的轴线作为 OZ 轴。由于正六棱柱的顶面和底面均为平行于水平面的六边形，故在轴测图中顶面可见、底面不可见。为减少作图线，应用坐标法从顶面开始作图。

②作图。

a. 画轴测轴，用坐标法定点作图：画出六棱柱顶面的轴测图，以 O_1 为中心，在 O_1X_1 轴上取 $O_11_1 = O_14_1 = O1 = O4$，在 O_1Y_1 轴上取 $O_1A_1 = O_1B_1 = Oa = Ob$，如图 5.2.3（b）所示。过 A_1、B_1 点作 O_1X_1 轴的平行线，且分别以 A_1、B_1 为中心，在所作的平行线上取 $2_13_1 = 23$，$5_16_1 = 56$，如图 5.2.3（c）所示，再用直线顺次连接 1_1、2_1、3_1、4_1、5_1 和 6_1，得顶面的轴测图，如图 5.2.3（d）所示。

b. 画棱柱各侧面的轴测图：过顶面 6_1、1_1、2_1、3_1 等顶点向下作平行于 O_1Z_1 轴的平行线，并从顶点向下量取尺寸 h 取点，得下底面各顶点，依次连接，如图 5.2.3（e）所示。

c. 完成全图：擦去多余作图线，并描图加深，完成正六棱柱的正等轴测图，如图 5.2.3（f）所示。

【例 5-2】　根据楔形块的主、俯视图，如图 5.2.4（a）所示，求作其正等轴测图。
①分析。
楔形块的原型是一个长方体，长方体的左上方被切掉一个角而形成楔形块。因此，绘制楔形块的正等轴测图时，可采用切割法。

②作图。

a. 定坐标原点及坐标轴，如图 5.2.4（a）所示。
b. 画轴测轴，按给出的尺寸 a、b、h 作出长方体的轴测图，如图 5.2.4（b）所示。

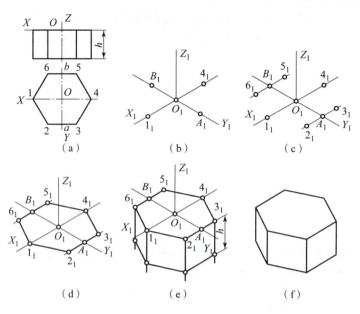

图 5.2.3　正六棱柱正等轴测图的作图步骤

c. 按给出的尺寸 c、d 定出斜面上线段端点的位置,并连成平行四边形,如图 5.2.4(c)所示。

d. 擦去多余的作图线并描图加深,完成楔形块的正等轴测图,如图 5.2.4(d)所示。

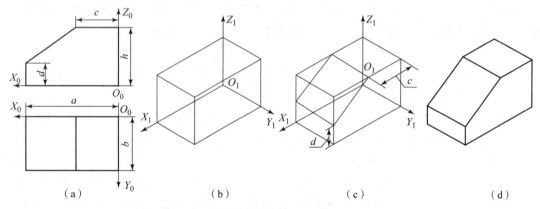

图 5.2.4　楔形块正等轴测图的作图步骤

【例 5-3】　根据开槽四棱台的主、俯视图,如图 5.2.5(a)所示,画出其正等轴测图。

① 分析。

如图 5.2.5(a)所示,开槽四棱台前后、左右对称。四棱台上底面和下底面是两个相互平行但尺寸不同的矩形,锥高通过上、下底面且与之垂直。将上、下底面的对称中心线确定为坐标轴,其交点即为原点,两底面中心连线即为 OZ 轴。应注意,四棱台的槽口交线 AB、CD 不与轴测轴平行,可利用图中给出的尺寸 m、n、h 间接求出。

② 作图。

a. 画轴测轴。先画出上底面的正等测,再根据给定的尺寸 h 画出下底面的正等测;将对应的各顶点连接，得到完整四棱台的正等测，如图 5.2.5（b）所示。

b. 利用图中给出的尺寸 m，沿 OY 轴方向画出槽口上方的两条平行线，得到 A、C 两点；沿 OZ 轴方向向下画出长度为 h 的直线，在沿 OY 轴方向画出长度为 n 的直线，得到 D 点，如图 5.2.5（c）所示。

c. 连接 C、D 两点（槽口后部画法与之相同）；过点 A 作 CD 的平行线，过点 D 作底边的平行线，得到 B 点，如图 5.2.5（d）所示。

d. 擦去多余作图线并描图加深，完成开槽四棱台的正等轴测图，如图 5.2.5（e）所示。

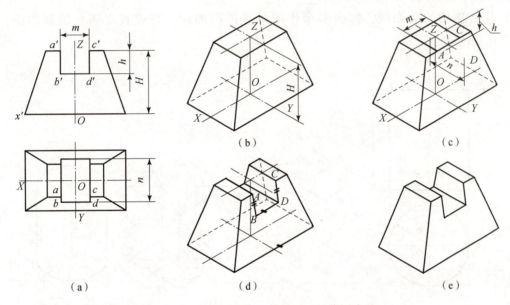

图 5.2.5　开槽四棱台正等轴测图的作图步骤

三、回转体的正等轴测画法

画回转体的正等轴测图，一般都离不开画平行于投影面的圆的正等轴测图。由于正等轴测图的三个坐标轴都与轴测投影面倾斜，所以平行于投影面的圆的正等轴测图均为椭圆。

圆的正等轴测图（椭圆）一般采用四心圆弧法作图 [作图中的辅助线（实为圆的外接正四边形的轴测投影）为菱形，故又称为菱形法]。下面以直立圆柱的画图来学习画平行于投影面的圆的正等轴测图。

【例 5-4】　根据直立圆柱的主、俯视图，如图 5.2.6（a）所示，画出其正等轴测图。

①分析。

如图 5.2.6（a）所示，直立正圆柱的轴线垂直于水平面，上、下两底面为两个与水平面平行且大小相同的圆，在轴测图中均为椭圆。可按圆柱的直径 ϕ 和高度 h 作出两个形状和大小相同、中心距为 h 的椭圆，再作两椭圆的公切线。

②作图。

a. 选定坐标轴及坐标原点。根据圆柱上底圆与坐标轴的交点定出点 a、b、c、d，如图 5.2.6（a）所示。

b. 画出轴测轴，定出四个切点 A、B、C、D，过四点分别作 OX、OY 轴的平行线，得外切正方形的轴测图（菱形）。沿 OZ 轴量取圆柱高度 h，用同样方法作出下底菱形，如图 5.2.6（b）所示。

c. 过菱形两顶点 1、2，连 1C、2B 得交点 3，连 1D、2A 得交点 4，1、2、3、4 即为形成近似椭圆的四段圆弧的圆心。分别以 1、2 为圆心，1C 为半径作圆弧 $\overset{\frown}{CD}$ 和圆弧 $\overset{\frown}{AB}$；分别以 3、4 为圆心，3B 为半径作圆弧 $\overset{\frown}{BC}$ 和圆弧 $\overset{\frown}{AD}$，得圆柱上底圆轴测图（椭圆）。将三个圆心 2、3、4 沿 Z 轴向下平移距离 h 可得出下底椭圆的三段可见圆弧的圆心，作出下底椭圆，不可见的圆弧不必画出，如图 5.2.6（c）所示。

d. 作两椭圆的公切线，擦去多余作图线并描图加深，完成直立圆柱的轴测图，如图 5.2.6（d）所示。

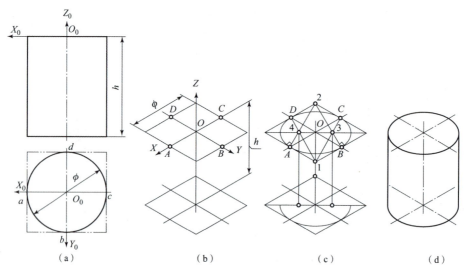

图 5.2.6　圆柱的正等轴测图

③讨论。

如图 4.2.6（c）所示，在作图过程中，可以证明 2A⊥1A、2B⊥1B，该性质可用于后面绘制圆角、半圆头的正等轴测图时确定椭圆圆弧的圆心点。

从以上绘制直立圆柱底面圆正等轴测图的过程中可知，平行于坐标面的平面圆的正等轴测图都应该是椭圆，作图时应该弄清楚平面圆平行于哪个坐标面，以确定不同的长短轴方向，其近似作图方法是相同的。图 5.2.7 所示为三种位置平面圆及圆柱的正等轴测图，请读者仔细观察并分析。

【例 5-5】　根据如图 5.2.8（a）所示带圆角的长方体底板的主、俯视图，绘制其正等轴测图。

①分析。

平行于坐标面的圆角是圆的一部分，如图 5.2.8（a）所示，为常见的 1/4 圆周的圆角，其正等轴测图恰好是上述近似椭圆的四段圆弧中的一段。

②作图。

a. 作出长方体平板的轴测图，并根据圆角半径 R 在平板上底面相应的棱线上作出切点

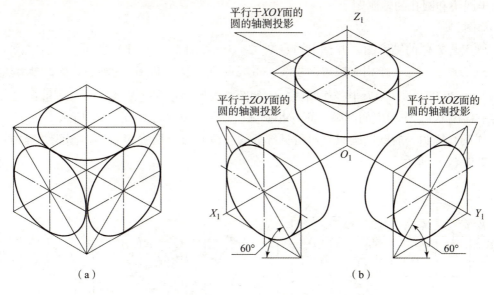

图 5.2.7 三种位置平面圆及圆柱的正等轴测图

1、2、3、4,如图 5.2.8(b)所示。

b. 过切点 1、2 分别作相应棱线的垂线,得交点 O_1,过切点 3、4 作相应棱线的垂线,得交点 O_2。以圆心 O_1 为圆心、$O_1 1$ 为半径作圆弧 $\widehat{12}$,以 O_2 为圆心、$O_2 3$ 为半径作圆弧 $\widehat{34}$,得平板上底面两圆角轴测图,如图 5.2.8(c)和图 5.2.8(d)所示。

c. 将圆 O_1、O_2 向下平移平板厚度 h,再用与上底面圆弧相同的半径分别作两圆弧,得平板下底面圆角的轴测图,如图 5.2.8(e)所示。

d. 在平板右端作上、下小圆弧的公切线,描图、加深可见部分轮廓线,完成带圆角底板的轴测图,如图 5.2.8(f)所示。

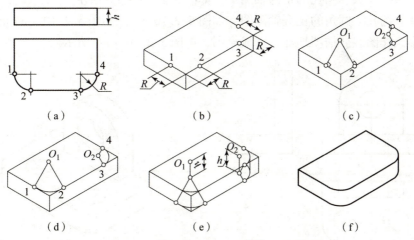

图 5.2.8 带圆角底板的正等轴测图画法

【例 5-6】 根据如图 5.2.9(a)所示半圆头板的主、俯视图,绘制其正等轴测图。
①分析。
根据图 5.2.9(a)给出的尺寸作出包括半圆头的长方体,再以包含 X、Z 轴的一对共轭

轴作出半圆头和圆孔的轴测图。

②作图。

a. 画出长方体的轴测图,并标出切点 1、2、3,如图 5.2.9(b)所示。

b. 过切点 1、2、3 作相应棱边的垂线,得交点 O_1、O_2。以 O_1 为圆心、$O_1 2$ 为半径作圆弧 $\widehat{12}$,以 O_2 为圆心、$O_2 2$ 为半径作圆弧 $\widehat{23}$,如图 5.2.9(c)所示。将 O_1、O_2 和 1、2、3 各点向后平移板厚 t,作相应的圆弧,再作小圆弧公切线,如图 5.2.9(d)所示。

c. 作圆孔椭圆,后壁椭圆只画出可见部分的一段圆弧,擦去多余的作图线并描图加深,如图 5.2.9(e)所示。

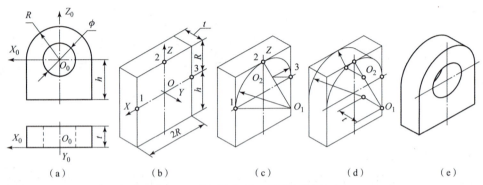

图 5.2.9 半圆头板的正等轴测图画法

任务实施步骤

绘制如图 5.2.10(a)所示支架的正等轴测图(尺寸从三视图中量取)。

①确定坐标原点及坐标轴,如图 5.2.10(a)所示。

②运用叠加法绘制底板及竖板的原型立体长方体,如图 5.2.10(b)所示。

③绘制竖板半圆头、圆孔的正等轴测图,如图 5.2.10(c)所示。

④绘制底板圆孔、圆角的正等轴测图,如图 5.2.10(d)和图 5.2.10(e)所示。

⑤擦去多余作图线,描图加深,完成全图,如图 5.2.10(f)所示。

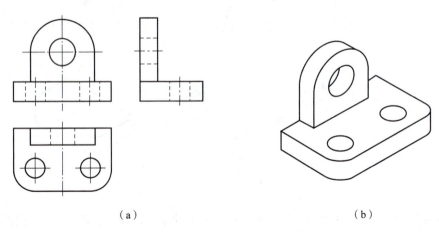

图 5.2.10 支架的正等轴测图

支架的正等轴测图作图步骤如图 5.2.11 所示。

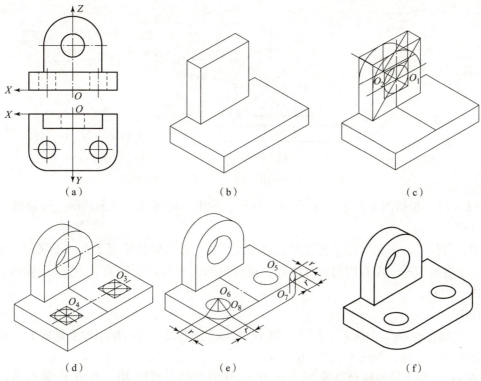

图 5.2.11　支架的正等轴测图作图步骤

任务 3　斜二等轴测图的绘制

一、斜二等轴测图的画法

在绘制斜二等轴测图时，同正等测一样，要先准确地画出轴测轴，然后根据轴测图的投影特性在轴测轴的基础上画出轴测图，如图 5.3.1（b）所示。为使图形清晰、简化作图，其轴测坐标也可以有所变换，如图 5.3.1（c）所示。

由于斜二等轴测投影时空间直角坐标轴中 $X_0O_0Y_0$ 坐标面平行于轴测投影面，故它在轴测投影面上的投影反映实形，轴测轴 OX、OZ 间的轴间角为 90°，其轴向伸缩系数 $p_1 = r_1 = 1$。轴测轴 OY 的方向和轴向伸缩系数 q_1 可随着投影方向的变化而变化。为了绘图简便，国家标准 GB/T 4458.3—2013《机械制图 轴测图》规定，选取轴间角 $\angle YOZ = \angle XOZ = 135°$，$q_1 = 0.5$ 的方向为斜二等轴测图的投影方向进行绘图，如图 5.3.1（a）所示。

当零件只有一个方向有圆或形状复杂时，为便于画图，宜用斜二等轴测图表示。前面应用的画轴测图常用的方法，如坐标法、切割法等在这里仍然适用。下面以一些常见的图例来介绍斜二等轴测图的画法。

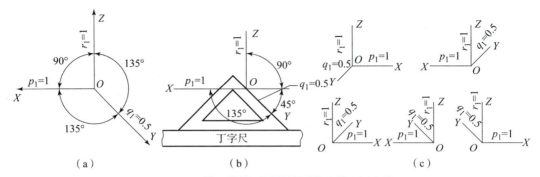

图 5.3.1　斜二等轴测图的轴测轴及其坐标变换

【例 5-7】　根据图 5.3.2（a）所示正四棱台的主、俯视图，画出其斜二等轴测图。
① 分析。

正四棱台的上、下底面都是正方形，且相互平行。棱台轴线垂直于上、下底面，并通过其中心。棱台的前后、左右均对称。因此，将棱台的前后对称面作为 $X_0O_0Z_0$ 坐标面，作图比较方便。

② 作图。

a. 画出轴测轴 O_1X_1、O_1Y_1、O_1Z_1，在 O_1X_1 轴上量取 22，在 O_1Y_1 轴上量取 11，画出四棱台下底面的斜二测，如图 5.3.2（b）所示。

b. 在 O_1Z_1 轴上量取棱台高度 25，在 O_1X_1 轴的方向上量取 10，在 O_1Y_1 轴的方向上量取 5，画出四棱台上底面的斜二测，连接棱台上、下底面的对应点，如图 5.3.2（c）所示。

c. 擦去多余作图线并描图加深，完成正四棱台的斜二测，如图 5.3.2（d）所示。

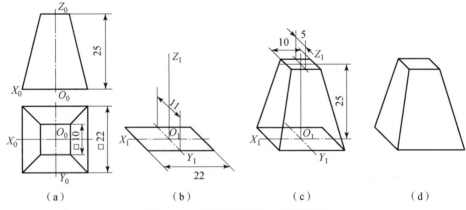

图 5.3.2　正四棱台的斜二等轴测图

【例 5-8】　根据图 5.3.3（a）所示圆台的主、俯视图，画出其斜二等轴测图。
① 分析。

圆台具有同轴圆柱孔，圆台的前、后端面及孔口都是圆，因此将前、后端面平行于正面放置，以后端面作为 $X_0O_0Z_0$ 坐标面，作图比较方便。

② 作图。

a. 画出轴测轴，在 O_1Y_1 轴上量取 $L/2$，定出前端面的圆心，如图 5.3.3（b）所示。

b. 画出前、后端面上的四个圆，如图5.3.3（c）所示。

c. 作前、后端面上两个大圆的公切线，如图5.3.3（e）所示。

d. 擦去多余作图线，并描图加深，完成带孔圆台的斜二测，如图5.3.3（f）所示。

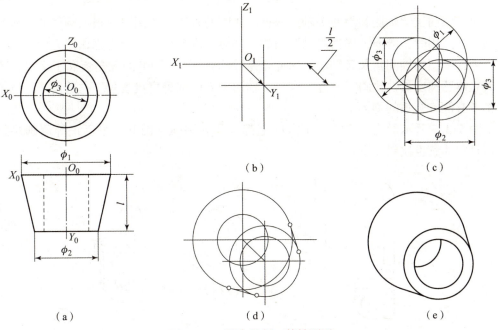

图5.3.3　圆台的斜二等轴测图

【例5-9】　根据图5.3.4（a）所示支座的主、俯视图，画出其斜二等轴测图。

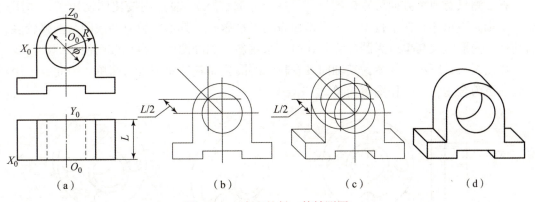

图5.3.4　支座的斜二等轴测图

① 分析。

支座前、后端面平行且平行于正面，采用斜二测作图比较方便。选择前端面作为 $X_1O_1Z_1$ 坐标面，坐标原点过圆心，O_1Y_1 轴向后延伸。

② 作图。

a. 画出前端面的斜二测（主视图的重复），如图5.3.4（b）所示。

b. 过圆心向后延伸画 O_1Y_1 轴，在 O_1Y_1 轴上量取 $L/2$，定出后端面的圆心，画出后端面上的两个圆，进而作出后端面的斜二测（同前端面，不可见部分不画）；连接底面各顶点，并作前后端面两大圆右上侧公切线,如图 5.3.4（c）所示。

c. 擦去多余作图线,并描图加深,完成支座的斜二测,如图 5.3.4（d）所示。

二、两种轴测图的比较

前面介绍的正等轴测和斜二等轴测两种轴测图的画法,绘图时应根据物体的结构特点来合理选用。选用时,既要考虑所画轴测图的立体感、度量性,又要考虑作图方便。

正等轴测图的轴间角及各轴的轴向伸缩系数均相同,用 30°的三角板和丁字尺作图较简便。其立体感和度量性比斜二测好,在三个轴测轴方向都可直接度量,它适用于绘制各坐标面上都带有圆和圆弧的物体。

如图 5.3.5 所示的物体,在三个方向上都有圆和圆弧。因此,采用正等测画法较为合适,而且立体感也比斜二测好。

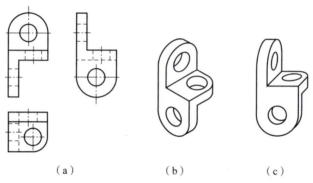

（a）　　　　　（b）　　　　　（c）

图 5.3.5　正等测和斜二测比较（一）

斜二测只有两个方向可直接度量,另一个方向（O_1Y_1 轴）则按比例缩短了,作图时增加了困难。当物体只在平行于一个投影面方向上投影时,其形状较复杂或圆与圆弧较多,而当其他方向形状较简单或无圆与无圆弧时,采用斜二测画图就显得比较简便了。

如图 5.3.6 所示的物体,其轴向具有较多的圆,而其径向则较为简单。因此,采用斜二测画法更为合适,这样作图更简单。

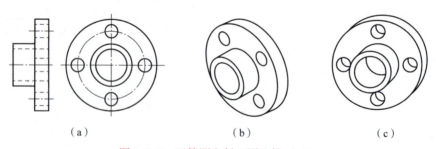

（a）　　　　　（b）　　　　　（c）

图 5.3.6　正等测和斜二测比较（二）

究竟如何选用轴测图,应根据各轴测图特点及物体的具体形状进行综合分析,然后做出选择。

 任务实施步骤

绘制如图 5.3.7（a）所示支块的斜二等测轴测图（尺寸从三视图中量取）。

①分析物体结构，物体只有一个方向有圆和圆弧，分三层绘制其正面形状。
②确定坐标原点及坐标轴，如图 5.3.7（a）所示。
③绘制斜二测轴测轴，逐层绘出可见轮廓，连接前后轮廓线，如图 5.3.7（b）所示。
④擦去多余作图线，描图加深，完成全图，如图 5.3.7（b）所示。

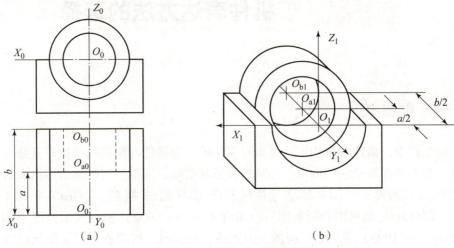

图 5.3.7　支块的斜二等轴测图

 项目实施

如图 5.3.8 所示，绘制轴承座的正等轴测图，请同学们独立完成，老师巡回指导。

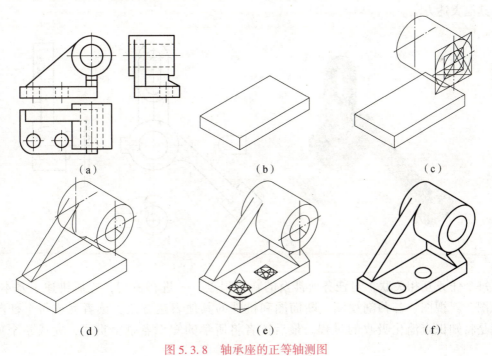

图 5.3.8　轴承座的正等轴测图

项目六　机件表达方法的选择

在实际生产中，机件的结构形状是多种多样的。当机件的结构形状比较复杂时，仅用已学习过的三视图是很难把它们的内、外结构及形状准确、完整、清晰地表达出来的。为了满足这些实际表达的要求，国家标准《机械制图 图样画法 视图》（GB/T 4458.1—2002）、《机械制图 图样画法 剖视图和断面图》（GB/T 4458.6—2002）和《技术制图 简化表示法》（GB/T 16675.1—1996）等规定了视图、剖视图、断面图、局部放大图及简化画法等机件的基本表示法。

本项目以曲柄摇杆、四通管、从动轴三个零件为载体，如图6.0.1～图6.0.3所示，以任务为导向，围绕着常用机件的表达方法展开讲述，将项目分成4个任务：任务1　绘制摇杆零件的视图，任务2　绘制四通管的剖视图，任务3　绘制传动轴的断面图，任务4　机件的其他表达方法。

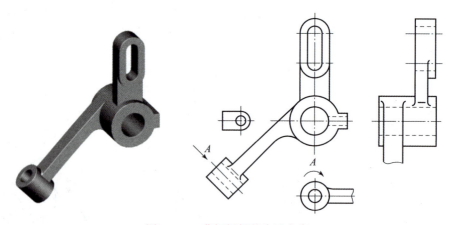

图6.0.1　曲柄摇杆的表达方案

每个任务互相关联，对任务所涉及的新知识点一一进行罗列，先后讲述了基本视图、向视图、斜视图、各种剖视图、断面图和机件的其他表达方法，读者完成每个任务的过程就是将知识点消化吸收的过程。最后读者将所学的知识点融会贯通，完成整个项目的实施。

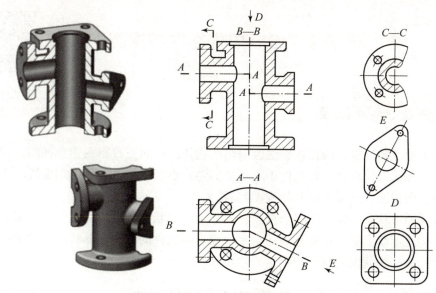

图 6.0.2　四通管的表达方案

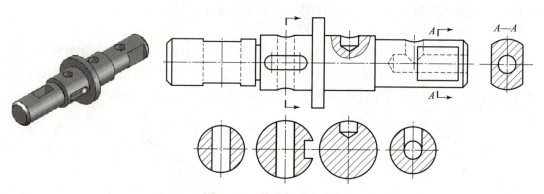

图 6.0.3　传动轴表达方案

知识目标

掌握机件视图的表示方法、剖视图的识读和绘制、断面图的识读和绘制。

能力目标

具备掌握机件不同表示方法的能力。

素养目标

提高职业技能，培养吃苦耐劳的职业道德及分析和解决问题的能力。

任务1 绘制摇杆零件的视图

QR code 1
基本视图的讲授

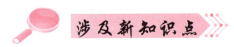

根据有关标准和规定,用正投影法绘制出的物体的多面正投影图称为视图。视图主要用于表达机件的外部结构形状,对机件中不可见的结构形状在必要时才用细虚线画出。视图分为基本视图、向视图、局部视图和斜视图四种。

表达机件的形状不一定要用三个视图,对于一些形状比较复杂的机件,仅用三视图很难把内、外结构及形状完整、清晰地表达出来。而有些机件的结构和形状特别简单,仅用一个视图再加上尺寸标注就能完整、清晰地表达出来。

一、基本视图(GB/T 13361—2012、GB/T 17451—1998)

将机件向基本投影面投射所得的视图,称为基本视图。

1. 基本视图的形成及配置

对于结构形状比较复杂的机件,当使用两个或三个视图尚不能完整、清晰地表达它们内、外结构及形状时,国家标准规定,在原有三个投影面的基础上再增设三个投影面,组成一个正六面体,六面体的六个面称为基本投影面,如图6.1.1(a)所示。

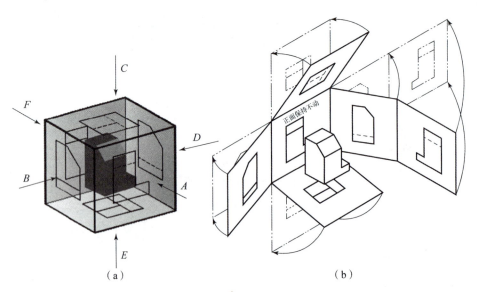

图6.1.1 基本投影面及基本视图的形成

将机件置于六个基本投影面形成的六面体的投影体系中,分别由A、B、C、D、E、F六个方向向六个基本投影面作正投影,即得到在原有主、俯、左三个视图基础上的六个基本视图。这六个基本视图的名称和投射方向规定如下:

主视图——由前向后投射所得的视图。

俯视图——由上向下投射所得的视图。
左视图——由左向右投射所得的视图。
后视图——由后向前投射所得的视图。
仰视图——由下向上投射所得的视图。
右视图——由右向左投射所得的视图。

六个基本投影面按图 6.1.1（b）所示展开到与正面同一平面的位置后，基本视图的配置关系如图 6.1.2 所示。六个基本视图在同一张图样内按图 6.1.2 配置时，各视图一律不标注视图的名称。

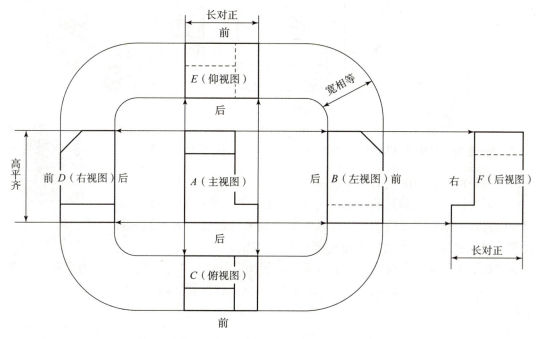

图 6.1.2　基本视图的配置及投影规律

六个基本视图仍符合"长对正、高平齐、宽相等"的投影规律。六个基本视图的方位对应关系如图 6.1.2 所示，除后视图外，围绕主视图的俯、仰、左、右四个视图中，远离主视图的一边是物体的后面，靠近主视图的一边是物体的前面。

2. 基本视图的应用

在实际绘制机械图样时，一般无须将机件的六个基本视图全部画出，而是根据机件的复杂程度和表达需要，选择其中必要的几个基本视图，在正确、完整、清晰地表达机件结构及形状的前提下，力求制图简便。

视图一般只画机件的可见部分，必要时才画出其不可见部分，并优先选用主、俯、左三个视图，然后才考虑其他视图。

如图 6.1.3 所示阀体，按图示安放位置，其表达方式如只用主、俯、左三个基本视图，则由于其左、右两侧的形状不同，左视图将需要许多虚线来表达其左侧外形，这就将影响到图形表示的清晰要求及下一步的尺寸标注。而再选用一个右视图，就避免了左视图中使用虚线，并可将该阀体正确、完整、清晰地表达出来。

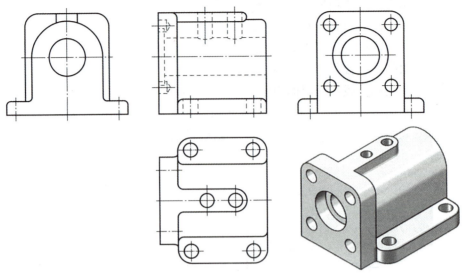

图 6.1.3 阀体的基本视图

二、向视图（GB/T 17451—1998）

向视图是可以自由配置的基本视图。

在实际设计、绘图的过程中，考虑到各视图在图纸中的合理布局，有时难以将六个基本视图按图 6.1.2 基本视图的形式配置，为此国家标准规定了"向视图"这种可以自由配置的基本视图。

QR code 2
向视图的讲授

如图 6.1.4 所示，在向视图的上方需标注视图名称"×"（这里"×"为大写拉丁字母 A、B、C、D、E、F 等中的某一个），并在相应的视图旁用箭头指明投射方向，并注上相同的字母。

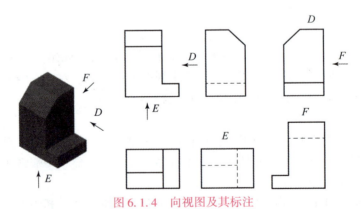

图 6.1.4 向视图及其标注

向视图是基本视图的一种表达形式，向视图与基本视图的主要区别在于视图的配置形式不同。

三、局部视图（GB/T 17451—1998、GB/T 4458.1—2002）

将机件的某一部分向基本投影面投射所得的视图，称为局部视图。

局部视图用于表达机件的局部形状。如图6.1.5所示的机件，用主、俯两个基本视图表达了其主体结构及形状，但左、右两边凸缘的外形若用左视图和右视图来表达，则会显得烦琐和重复。此时，若用A和B两个局部视图来表达，既简练，又突出了重点，图形更加清晰、明确。

局部视图的画法、配置及标注：

①画局部视图时，其断裂边界通常用细波浪线（或双折线）绘制，如图6.1.5所示A向局部视图。但当所绘制的局部视图表达的是完整的局部结构，其外轮廓又呈封闭时，其断裂处的边界线可省略不画，如图6.1.5所示B向局部视图。

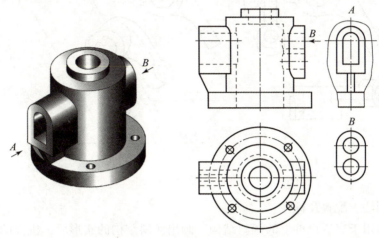

图6.1.5　局部视图及其配置与标注

画表示断裂边界线的波浪线时，既不应超出轮廓线，也不应画在中空处，如图6.1.6所示。

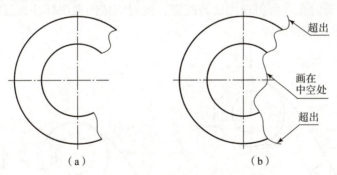

图6.1.6　波浪线的画法
（a）正确；（b）不正确

②局部视图可按基本视图的配置形式配置，如图6.1.5所示A向局部视图；也可按向视图的形式配置，如图6.1.5所示B向局部视图。

③局部视图的标注，通常在其上方用大写的拉丁字母标注出视图的名称"×"，并在相应的视图附近用箭头指明投射方向，如图6.1.5所示B向局部视图；当局部视图按基本视图配置，中间又没有其他图形隔开时，则可不必标注，如图6.1.5所示A向局部视图。

四、斜视图（GB/T 17451—1998）

将机件向不平行于任何基本投影面的投影面投射所得的视图，称为斜视图。斜视图通常用于表达物体上的倾斜部分，如图 6.1.7（b）所示。

如图 6.1.7 所示机体左侧部分与基本投影面倾斜，在基本投影面的投影不能表达实形，绘图、读图都较困难，也不便于标注真实尺寸。为得到它的实形，简化作图，可增设一个与倾斜部分平行且垂直于一个基本投影面的辅助投影面，然后将机件上的倾斜部分向辅助投影面投射，即可得到反映该部分实形的斜视图，如图 6.1.7（b）所示。

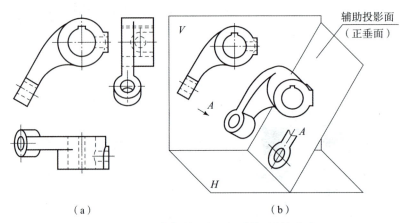

图 6.1.7　压紧杆的三视图及斜视图的形成

斜视图的画法、配置及标注：

①斜视图常用于表达机件上的倾斜结构。画出倾斜结构的实形后，机件的其余部分不必画出，此时在适当位置用波浪线或双折线断开即可。

②斜视图的配置和标注一般按向视图相应的规定（标注不能省略），如图 6.1.8（a）中的 A 向斜视图。必要时允许将斜视图旋转配置，此时应按向视图标注，且加注旋转符号，如图 6.1.8（b）中的 A 向斜视图。

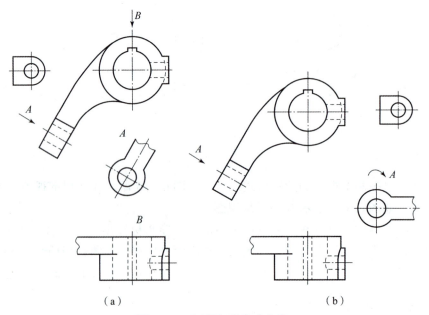

图 6.1.8　压紧杆的表达方案

旋转符号是一个带箭头的半圆，其半径等于字体高度 h，旋转符号的箭头指向应与实际旋转方向一致。表示斜视图名称的大写拉丁字母要靠近旋转符号的箭头端，也允许将旋转角度标注在字母之后。

 任务实施步骤

灵活选用本部分所学各种视图的表达方法，绘制如图 6.1.9（a）所示摇杆零件的视图。

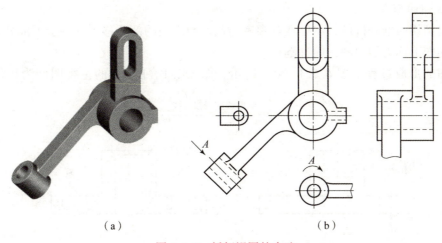

图 6.1.9 摇杆视图的表达

1. 表达方案

如图 6.1.9（a）所示，摇杆左侧摇臂是倾斜结构，俯视图和左视图如果用基本视图表达，不能反映实形，画图比较困难且表达不清楚，这种表达方案不可取。为表达该倾斜结构实形，应选用斜视图。左侧摇臂已用斜视图表达，左视图无须用完整零件基本视图表达，只需用局部视图画出倾斜结构以外部分即可。至此，摇杆零件右侧凸台的外形尚未表达清楚，如果用完整右视图来表达，则大部分会与左视图重复。因此，应用该部分的局部视图来表达，则会既简练而又突出重点。

2. 视图布置

如图 6.1.9（b）所示，采用一个基本视图为主视图、一个配置在正确位置上的局部左视图（省略标注）、一个 A 向斜视图及一个局部右视图（省略标注）来表达摇杆结构形状。

为使图面更加紧凑又便于画图，将 A 向斜视图旋转配置，转正画出，注意此时的旋转标注。这样就清晰地表达出了摇杆的内、外结构形状，且视图布局整齐、紧凑，如图 6.1.9（b）所示。

任务2 绘制四通管的剖视图

 涉及新知识点

当用视图表达机件结构形状时，其内部孔、槽等不可见结构都是用细虚线来表示的。当机件的内部结构比较复杂时,视图上就会出现许多虚线而使图形不够清晰,给画图、看图和标注尺寸带来困难。为了清晰地表达机件的内部结构,国家标准(GB/T 17452—1998《技术制图 图样画法 剖视图和断面图》、GB/T 4458.6—2002《机械制图 图样画法 剖视图和断面图》)规定了剖视图的表达方法。

一、剖视图的形成、画法及标注

1. 剖视图的形成

假想用剖切面剖开机件,将处在观察者与剖切面之间的部分移去,将余下部分向投影面投射所得的图形称为剖视图,简称剖视。

剖视图的形成过程如图6.2.1(d)所示,图6.2.1(b)中的主视图即为机件的剖视

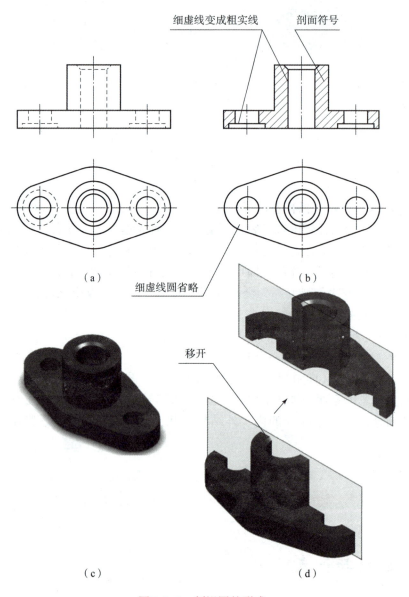

图6.2.1 剖视图的形成

图。将视图（图 6.2.1（a））与剖视图（图 6.2.1（b））相比较可以发现，由于图 6.2.1（b）中主视图采用了剖视的画法，原来不可见的结构变为可见，视图中的细虚线变为剖视图中的粗实线，再加上剖面区域的剖面符号，图形层次分明，更加清晰。

2. 剖面符号

机件被假想剖切后，剖切面与机件接触的剖面区域应画出剖面符号。国家标准（GB/T 4457.5—2013《机械制图 剖面区域的表示法》）规定了各种材料的剖面符号（表 6.1.1）。剖面符号仅表示材料的类别，材料的名称和代号需在机械图样中另行注明。

表 6.1.1　剖面符号（GB/T 4457.5—2013）

材料名称	剖面符号	材料名称	剖面符号
金属材料 （已有规定剖面符号者除外）		木质胶合板 （不分层数）	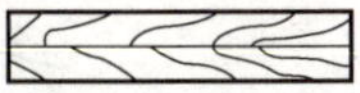
线圈绕组元件	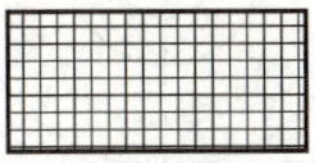	基础周围的泥土	
转子、电枢、变压器和电抗器等的叠钢片		混凝土	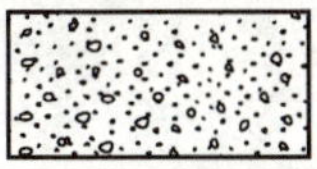
非金属材料 （已有规定剖面符号者除外）		钢筋混凝土	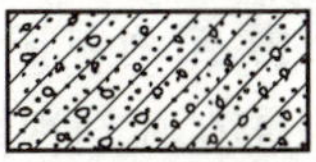
型砂、填砂、粉末冶金、砂轮、陶瓷刀片、硬质合金刀片等	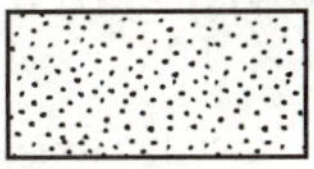	砖	
玻璃及供观察用的其他透明材料	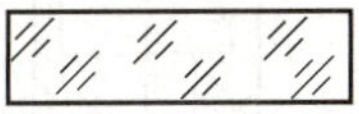	格网 （筛网、过滤网等）	
木材　纵断面		液体	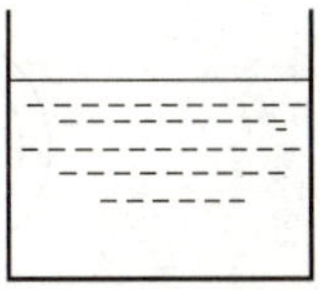
木材　横断面			

注：1. 剖面符号仅表示材料的类型，材料的名称和代号另行注明。
　　2. 叠钢片的剖面线方向应与束装中叠钢片的方向一致。
　　3. 液面用细实线绘制。

在机械设计中，金属材料使用最多，为此，国标规定金属材料的剖面符号用简明易画的平行细实线表示，称为剖面线。其他材料的零件，在不需要强调材料的情况下，剖面区域也可用剖面线表示，因此剖面线又称为通用剖面线。剖面线应以适当角度绘制，且间隔均匀，一般与主要轮廓或剖面区域的对称线成 45°，如图 6.2.2（a）所示。在同一金属零件的图中，剖视图、断面图中的剖面线应画成间隔相等、方向相同的细实线。必要时，剖面线也可画成与主要轮廓成适当角度的细实线，如图 6.2.2（b）所示。

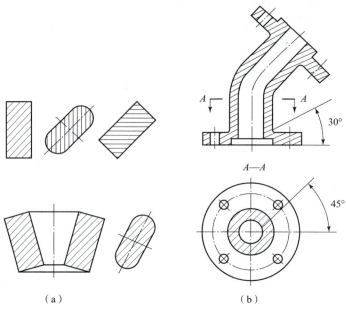

(a)   (b)

图 6.2.2   剖面线的画法及与主要轮廓线成适当角度的剖面线的应用示例

3. 画剖视图时应注意的问题

① 在画剖视图时，由于将机件剖开是假想的，并不是真的把机件切掉一部分，因此一个视图画成了剖视图以后，其他视图的完整性不受影响。如图 6.2.3（b）所示，虽然主视图作了剖视，但俯视图仍应完整画出，不能只画一半。

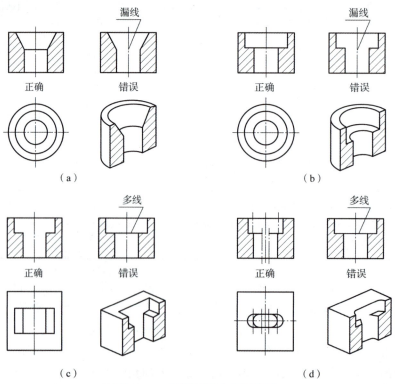

图 6.2.3   剖视图画法常见错误

②确定剖切面位置时，一般选择所需表达的内部结构的对称面，并与投影面平行，如图6.2.3（b）和图6.2.1（d）所示，剖切面通过机件的前、后对称面且平行于正面。

③剖视图是将机件假想剖开后剩余部分的完整投影，剖切面后面的可见轮廓应全部画出，不得遗漏。图6.2.3（c）所示为画剖视图时常见漏画的情况，画图时应特别注意。

④为使图形清晰，当剖视图中的不可见结构在其他视图中已表达清楚时，剖视图中的细虚线一般省略不画，如图6.2.4所示的俯视图。对尚未表达清楚的结构，细虚线不可省略。

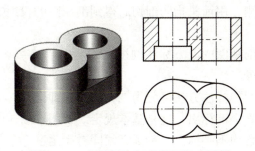

图6.2.4　剖视图中细虚线不省略图例

4．剖视图的配置与标注（GB/T 4458.6—2002）

（1）剖视图的配置

剖视图的配置应首先考虑基本视图的方位，如图6.2.5中主视图所示；当难以按基本视图的方位配置时，也可按投影关系配置在相应位置上，如图6.2.5中的 A—A 所示；必要时才考虑配置在其他适当位置，如图6.2.5中的 B—B。

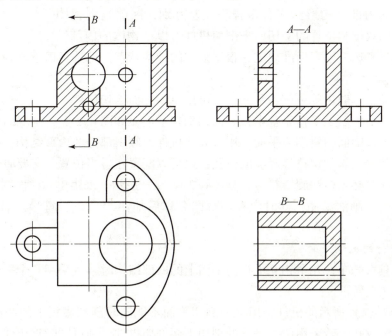

图6.2.5　剖视图的配置与标注

（2）剖视图的标注

为了便于读图，在画剖视图时，应将剖切位置、剖切后的投射方向和剖视图的名称标注在相应的视图上。剖视图的标注有以下三个要素：

①剖切位置。

用剖切符号指示剖切面的起、讫和转折位置，用粗实线绘制，应尽可能不与图形的轮廓线相交。

用剖切线指示剖切面的位置，用细点画线表示，画在剖切符号之间，剖切线通常可省略不画。

②投射方向。

在剖切符号的两端外侧，用箭头指明剖切后得到剖视图的投射方向。

③对应关系。

用大写的拉丁字母在剖视图的上方标注剖视图的名称"×—×"，并在剖切面的起、讫和转折位置标注同样的字母。

在实际应用中，剖视图的标注方法可分为三种情况，即全标、不标和省标。

①全标，指上述三要素全部标出，这是基本规定。如图 6.2.5 中的 $B—B$ 所示。

②不标，指上述三要素均不必标注。不标必须同时满足三个条件，即用单一剖切平面通过机件的对称平面或基本对称平面剖切；剖视图按投影关系配置；剖视图与相应视图之间没有其他图形隔开。

③省标，仅满足不标条件中的后两个，则可省略投射方向的箭头，如图 6.2.5 中的 $A—A$ 所示。

二、剖切面的种类

由于机件的内部结构形状多种多样、千差万别，因此画剖视图时，常选择不同数量和位置的剖切面来剖切机件，以使物体的内部结构形状得到充分表达。国家标准规定，根据物体的结构特点，可选择以下剖切面剖开物体。

1. 单一剖切面

单一剖切面，一般用单一剖切平面，也可用单一柱面剖切机件。

单一剖切平面可以是平行于基本投影面的剖切平面，如图 6.2.5 各剖视图所示；也可以是不平行于基本投影面的斜剖切平面，用来表达机件上倾斜部分的内部结构，这种剖视图可以按投影关系配置在与剖切符号对应的位置，也可以配置在适当位置，必要时允许将斜剖视图旋转配置，此时必须标注旋转符号，如图 6.2.6（a）所示。采用单一柱面剖切机件时，剖视图一般应按展开画法绘制，此时应在剖视图名称后加注"⌒"符号，如图 6.2.6（b）所示。

2. 几个平行的剖切平面

当机件上具有分布在几个相互平行的平面上的内部结构时，宜采用几个平行的剖切平面剖切，如图 6.2.7 所示。

如图 6.2.7（a）所示的机件，用单一剖切平面不能同时剖到底板上的两沉孔和右侧圆筒及圆筒横向螺纹孔，若采用两个平行的剖切平面剖切机件，则可同时将机件内部结构表达清楚，如图 6.2.7（a）中 $A—A$ 所示剖视。

用几个平行剖切平面剖切作剖视图时应注意以下几点：

①因为剖切是假想的，所以剖视图上不应画出剖切面转折处的分界线，如图 6.2.8（a）所示。

QR code 3 剖视图的标注的讲授

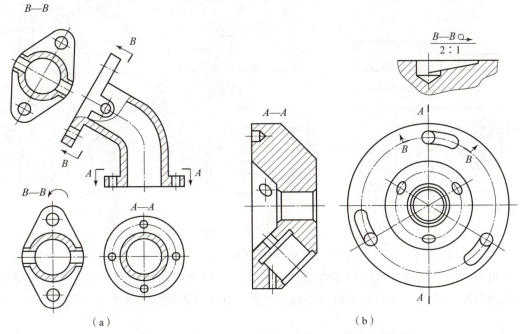

图 6.2.6　单一斜剖切平面和单一剖切柱面获得的剖视图

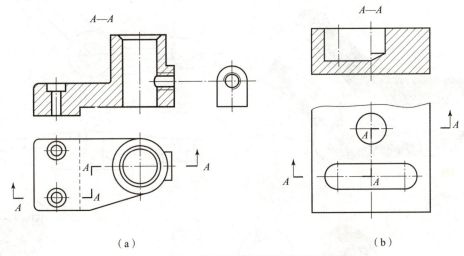

图 6.2.7　用两个平行剖切平面剖切的剖视图

②在剖视图中一般不应出现不完整的结构要素,如图 6.2.8(b)所示。

但当两内部结构具有共同的对称中心线或轴线时,允许剖切平面在两内部结构以对称中心线或轴线处转折,以共同的对称中心线或轴线为界,各画一半,如图 6.2.7(b)所示。

③必须在相应视图上用剖切符号表示剖切面的起、讫和转折位置,并注写相同拉丁字母,如图 6.2.8(a)所示。在转折处如因空间有限,且不致引起误解时,可以允许省略字母。

④剖切符号的转折处不应与图上的轮廓线重合,如图 6.2.8(c)所示。

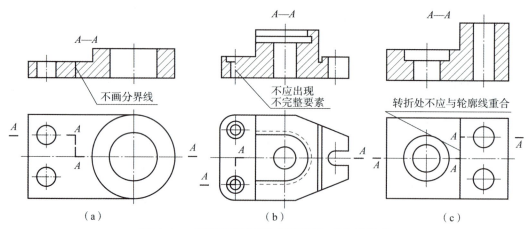

图 6.2.8 用几个平行剖切平面剖切时常见错误

3. 几个相交的剖切面（交线垂直于某一投影面）

当机件上的孔（槽）等结构不在同一平面上，但却具有回转轴时，可用几个相交的剖切平面通过相应的孔（槽）剖开机件得到剖视图，如图 6.2.9 和图 6.2.10 所示。

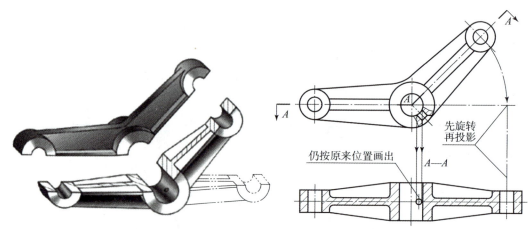

图 6.2.9 用两个相交的剖切面获得的剖视图（一）

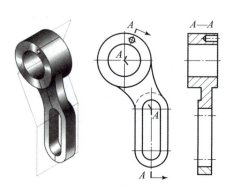

图 6.2.10 用三个相交的剖切面获得的剖视图（二）

QR code 4 旋转剖视图

QR code 5 阶梯剖视图

用几个相交的剖切面剖切机件画剖视图时应注意以下几点：

①应先剖切后旋转，使剖开的结构及其有关部分旋转至与某一选定的投影面平行再投

射。几个相交剖切面（包括平面或柱面）的交线必须垂直于某一投影面。此时旋转部分的某些结构与原图不再保持相应投影关系，如图 6.2.9 所示机件右侧倾斜部分的剖视图"被拉长"，与主视图不再保持原位置"长对正"的关系；如图 6.2.10 所示机件下侧部分的剖视图"被拉伸"，与主视图不再保持"高平齐"的关系。但这些结构在剖视图中均能反映实形。

②位于剖切面后未被剖到的结构，一般仍应按原来的位置画出它们的投影，如图 6.2.9 中剖切面后面的小圆孔。

③当剖切后产生不完整要素时，应将此部分按不剖绘制，如图 6.2.11 所示的臂板。

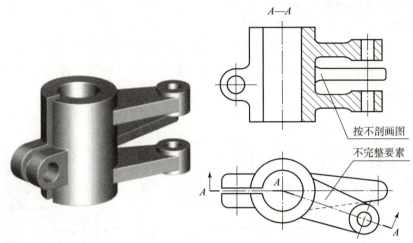

图 6.2.11 剖切后产生不完整要素的画法

④当采用几个相交的剖切平面剖开物体画剖视图时，可采用展开画法，此时应标注"×—× "，如图 6.2.12 所示机件的剖视图。

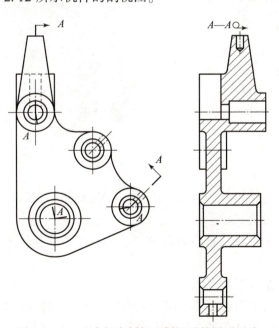

图 6.2.12 几个相交剖切面剖视后的展开画法

⑤必须对剖视图进行标注，其标注形式及内容与几个平行剖切平面剖切机件所画剖视图

相同。

三、剖视图的种类

根据机件剖切范围的不同，剖视图可分为全剖视图、半剖视图和局部剖视图。

1. 全剖视图

用剖切面完全地剖开机件所得的剖视图，称为全剖视图，简称全剖视。全剖视图一般适用于外形比较简单，或所需表达外形已在其他视图表达清楚，而内部结构比较复杂的机件。前面所用图例多为全剖视图。

2. 半剖视图

当机件具有对称平面时，向垂直于对称平面的投影面上投射所得的图形，可以以对称中心线为界，一半画成剖视图，另一半画成视图，这种图形叫半剖视图，简称为半剖视，如图 6.2.13 所示。

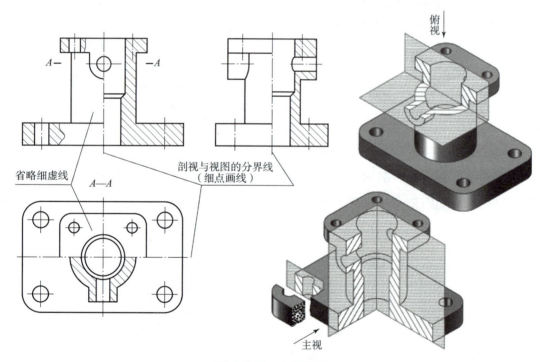

图 6.2.13　半剖视图

半剖视图既表达了机件的内部结构，又保留了外部形状，所以常用于表达内、外形状都比较复杂的对称机件。

当机件的形状接近于对称，且不对称部分已另有图形表达清楚时，也可以画成半剖视图，如图 6.2.14 所示。

画半剖视图时应注意以下几点：

①半个视图与半个剖视图的分界线用细点画线表示，不能画成粗实线。

②由于机件的内部形状已在半个剖视图中表达清楚，故在另一半表达外形的视图中一般不再画出细虚线，但对于孔、槽等仍需用细点画线画出其轴线位置。

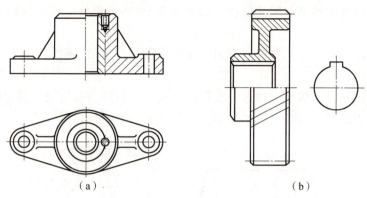

图 6.2.14　机件接近于对称的半剖视图

3. 局部剖视图

用剖切平面局部地剖开机件所得到的剖视图称为局部剖视图，简称局部剖。局部剖视图一般用于内、外形状都需要表达的不对称机件，如图 6.2.15 所示。

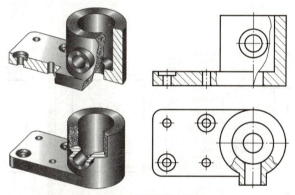

图 6.2.15　局部剖视图（一）

对于对称位置有轮廓的对称机件，由于半个剖视图和半个视图之间必须以细点画线分界，故不能采用半剖视图，此时应采用局部剖视图，如图 6.2.16 所示。

局部剖视图应用比较灵活，既能把机件的局部内部结构表达出来，又能保留机件的某些外形，适用范围较广。

画局部剖视图时应注意以下几点：

①局部剖视图中，可用细波浪线或双折线（见图 6.2.17（a））作为剖开部分和未剖部分的分界线。

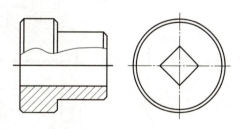

图 6.2.16　局部剖视图（二）

画波浪线时，波浪线不应画在轮廓线的延长线上，也不能用轮廓线代替；波浪线应画在机件的实体上，不能超出实体的轮廓线，也不能画在中空处，遇到可见的孔、槽等结构时，波浪线应断开，不能穿空而过。图 6.2.18 所示为常见的波浪线的错误画法。

②在局部视图中，当被剖切的局部结构为回转体时，允许将该结构的轴线作为局部剖视与视图的分界线，如图 6.2.17（b）所示。

③一个视图中，局部剖视的数量不宜过多，在不影响外形表达的情况下，可采用较大范

围的局部剖切，以减少局部剖视的数量，如图 6.2.15 所示机件底板上的两个孔采用了一次局部剖视来表达。

④局部剖视图的标注方法符合剖视图的标注规定。若为单一剖切平面剖切，且剖切位置明显，则可以省略标注。

⑤在剖视图的剖面区域中可再作一次局部剖视，两者剖面线应同方向、同间隔，但要互相错开，并用指引线标出局部剖视图的名称，如图 6.2.19 所示。

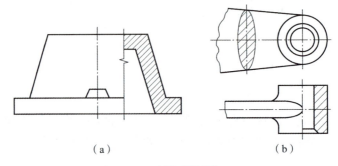

图 6.2.17　局部剖视图（三）

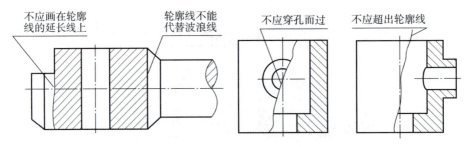

图 6.2.18　局部剖波浪线常见错误画法

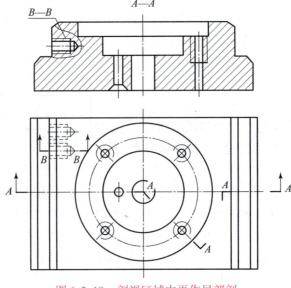

图 6.2.19　剖视区域中再作局部剖

四、剖视图中的规定画法

①画剖视图时，对于机件上的肋板、轮辐及薄壁等结构，如按纵向剖切，都不画剖面符号，而用粗实线将它们与其邻接部分分开；但当剖切平面横向切断这些结构时，仍应画出剖面符号。如图 6.2.20 和图 6.2.21 所示。

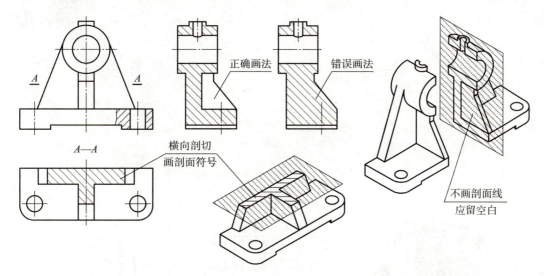

图 6.2.20　剖视图中肋板的画法

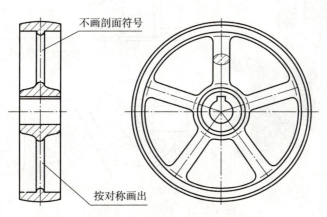

图 6.2.21　剖视图中轮辐的画法

②当回转体上均匀分布的肋、轮辐、孔等结构不处于剖切平面上时，可将这些结构假想旋转到剖切平面上画出，如图 6.2.21 中的轮辐及图 6.2.22 中的孔和肋。

③对于回转体上均布的孔，画图时可只画一个，其余用对称中心线表示其位置即可，如图 6.2.22 所示。

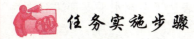

运用所学图样表达法绘制如图 6.2.23 所示四通管的视图。

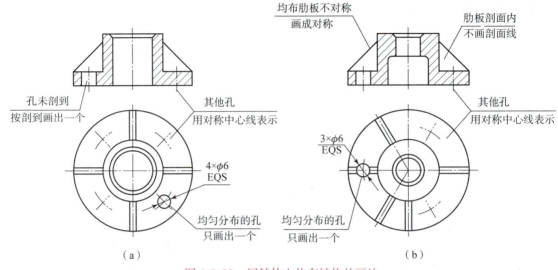

图 6.2.22　回转体上均布结构的画法

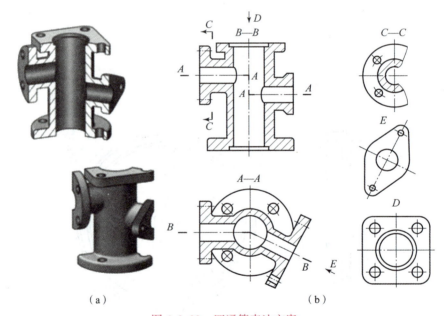

图 6.2.23　四通管表达方案

结构及表达方案分析：

①采用两相交剖切平面剖切的 A—A 全剖视图作主视图，主要表达四通管的内部连通情况。

②采用两平行剖切平面剖切的 B—B 全剖视图作俯视图，主要表达上、下两水平支管的相对位置、总管道直立圆筒的形状和总管道下端法兰的形状。

③左端水平支管用一个剖切平面切断作 C—C 全剖视图，表达了左端水平支管端部法兰的形状和连接管的形状。

④D 向局部视图表达了总管顶部法兰的形状，E 向斜视图表达了右端水平支管端部法兰的形状。

任务3　绘制传动轴的断面图

涉及新知识点

对于有些架类、轴类、杆类和肋板类机件，当需要表达其断面内部结构的形状时，如果采用视图、剖视图来表达，将会出现很多多余的图线，影响图形的清晰度，不利于绘图和读图。为了清晰表达机件的断面形状，国家标准规定了断面图的表达方法。

一、断面图的概念

假想用剖切面将机件的某处切断，仅画出该剖切面与机件接触部分（截断面）的图形，称为断面图，简称断面。

如图6.3.1（a）所示的轴，为了表示键槽的形状，假想在键槽位置处用垂直于轴线的剖切面将轴切断，只画出断面的形状，如图6.3.1（b）所示A—A断面图。

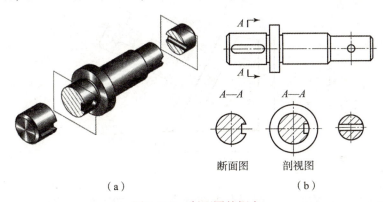

图6.3.1　断面图的概念

断面图与剖视图虽然都是先假想剖开机件然后再投影，但二者是两种不同的图样表示法，需注意区分：断面图只画出机件被切处的截断面形状；剖视图除了画出物体机件截断面的形状之外，还应画出截断面后的可见部分的投影，如图6.3.1（b）所示。

断面图按所画位置不同，分为移出断面图和重合断面图两类。

二、移出断面图

画在视图之外的断面图称为移出断面图，简称移出断面。移出断面图的轮廓线用粗实线绘制。

1. 画剖视图时应注意的问题

①当剖切平面通过由回转面形成的孔或凹坑等结构的轴线或通过非圆孔会导致出现完全分离的断面时，这些结构应按剖视图要求绘制，如图6.3.2所示。

②绘制由两个或多个相交的剖切平面剖切机件所得的移出断面图时，图形的中间应断开，如图6.3.3所示。

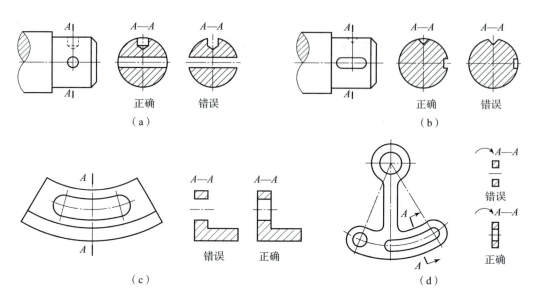

图 6.3.2 应按剖视图绘制的断面图

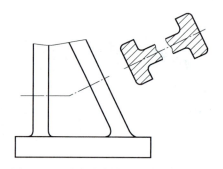

图 6.3.3 由相交剖切面切断的断面图

③当移出断面图形对称时,可配置在视图的中断处,如图 6.3.4 所示。

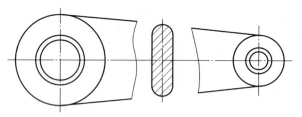

图 6.3.4 画在视图中断处的移出断面图

2. 移出断面图的配置与标注

移出断面图通常配置在剖切线的延长线上,必要时可将移出断面图配置在其他适当的位置,在不致引起误解时,允许将图形旋转配置,此时应在断面图的上方标注出旋转符号。

移出断面图的标注要素与剖视图相同,其标注内容和形式可根据具体情况进行简化或省略。移出断面图的配置与标注情况见表 6.3.1。

表 6.3.1 移出断面图的配置与标注

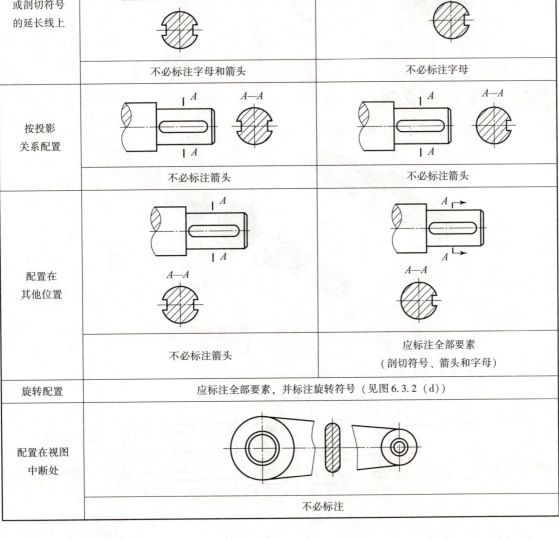

三、重合断面图

剖切后将断面图形画在视图之内的断面图，称为重合断面图，简称重合断面。重合断面的轮廓线用细实线绘制，如图 6.3.5 所示。

当视图中的轮廓线与重合断面的图形重叠时，视图中的轮廓线仍应连续画出，不可间断，如图 6.3.5（b）所示。

重合断面图若为对称图形，不必标注，如图 6.3.5（a）所示；若图形不对称，在不致引起误解时，也可省略标注，如图 6.3.5（b）所示。

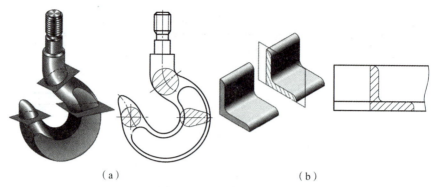

图 6.3.5 重合断面图

 任务实施步骤

绘制如图 6.3.6 所示传动轴的视图。

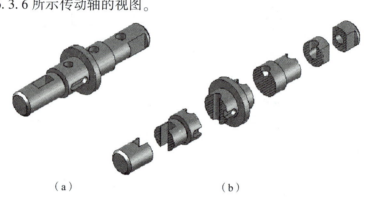

图 6.3.6 传动轴立体图及截断面
(a) 立体图；(b) 截断面

传动轴结构及表达方案分析，如图 6.3.7 所示。

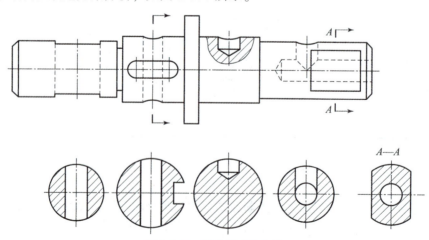

图 6.3.7 传动轴表达方案

①主视图主要采用视图的形式，表达各轴段的分布情况；由于部分结构重叠，故适当使用虚线，并作一处局部剖表达传动轴上回转孔的内部结构。

②传动轴各轴段共有 5 处需表达断面形状，作移出断面图，尽量配置在剖切线的延长线

上，并省略相应标注。

任务 4　机件的其他表达方法

涉及新知识点

为了使图形清晰和制图简便，国家标准（GB/T 16675.1—2012、GB/T 4458.1—2002）还规定了局部放大图和一些简化画法。

一、局部放大图（GB/T 4458.1—2002）

按一定比例画出机件的视图时，其上的细小结构常常会表达不清楚，且不便于标注尺寸，此时可采用局部放大图来表达。将机件的部分结构用大于原图形所采用的比例画出的图形，称为局部放大图，如图 6.4.1 所示。

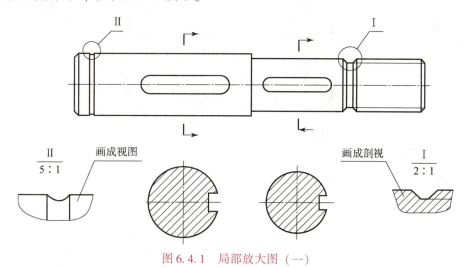

图 6.4.1　局部放大图（一）

画局部放大图时应注意以下几点：

①局部放大图可画成视图，也可画成剖视图、断面图，它与被放大部分的表示方法无关，如图 6.4.1 所示。

②局部放大图应尽量配置在被放大部位的附近。绘制局部放大图时，除螺纹牙型、齿轮和链轮的齿形外，应用细实线圈出被放大的部位。当同一机件上有几个被放大的部分时，应用罗马数字依次标明被放大的部位，并在局部放大图的上方标注出相应的罗马数字和所采用的比例，如图 6.4.1 所示。

③当机件上被放大的部分仅有一个时，在局部放大图的上方只需注明所采用的比例，如图 6.4.2 所示。

④同一机件上不同部位的局部放大图，当图形相同或对称时，只需画出一个，如图 6.4.3 所示。

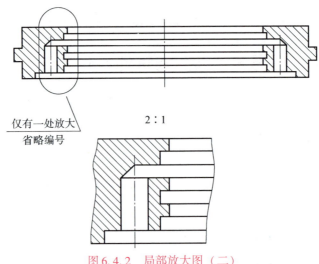

图 6.4.2 局部放大图（二）

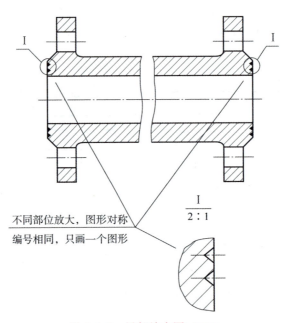

图 6.4.3 局部放大图（三）

⑤必要时可用几个图形表达同一被放大部位的结构，如图 6.4.4 所示。

二、简化画法（GB/T 16675.1—2012、GB/T 4458.1—2002）

国家标准 GB/T 13361—2012《技术制图 通用术语》明确简化画法是包括规定画法、省略画法、示意画法等在内的图示方法。

国家标准 GB/T 16675.1—2012《技术制图 简化表示法 第 1 部分：图样画法》和 GB/T 4458.1—2002《机械制图 视图》规定了一系列的简化画法，其目的是提高识图和绘图效率，增加图样的清晰度，加快设计进程，简化手工绘图和计算机绘图对技术图样的要求。

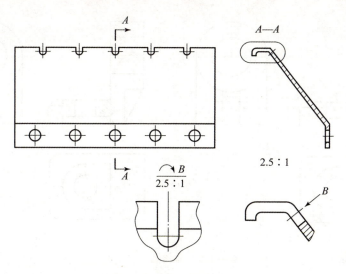

图 6.4.4　局部放大图（四）

1. 简化原则

①简化必须保证不致引起误解和不会产生理解的多义性，在此前提下，应力求制图简便。

②便于识读和绘制，注重简化的综合效果。

2. 简化的基本要求

①应避免不必要的视图和剖视图，如图 6.4.5 所示。

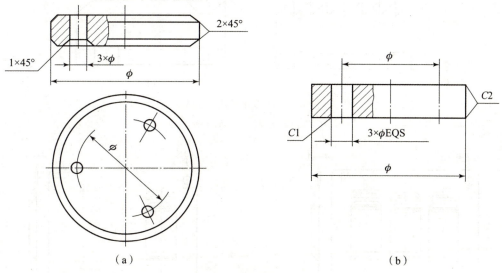

图 6.4.5　简化画法（一）
(a) 简化前；(b) 简化后

②在不致引起误解时，应避免使用虚线表示不可见的结构，如图 6.4.6 所示。

③尽可能使用有关标准中规定的符号表达设计要求，如图 6.4.7 所示。

④尽可能减少相同结构要素的重复绘制，如图 6.4.8 所示。

⑤对于已清晰表达的结构，可对其进行简化，如图 6.4.9 所示。

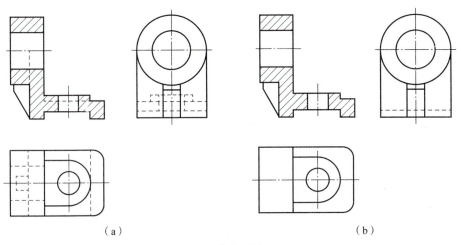

图 6.4.6 简化画法（二）
(a) 简化前；(b) 简化后

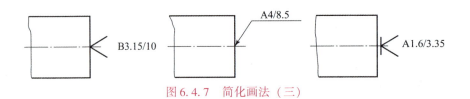

图 6.4.7 简化画法（三）

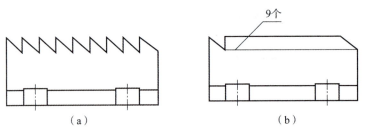

图 6.4.8 简化画法（四）
(a) 简化前；(b) 简化后

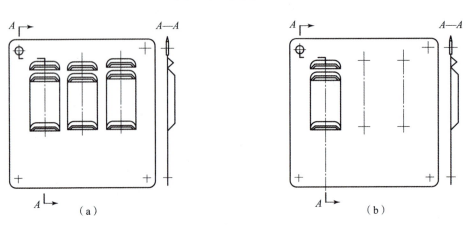

图 6.4.9 简化画法（五）
(a) 简化前；(b) 简化后

常见简化画法示例见表6.4.1。

表6.4.1 简化画法示例

简化对象	简化画法	简化前	说明
规定画法——对称结构	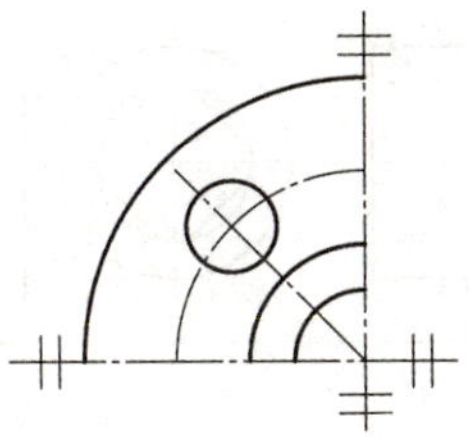	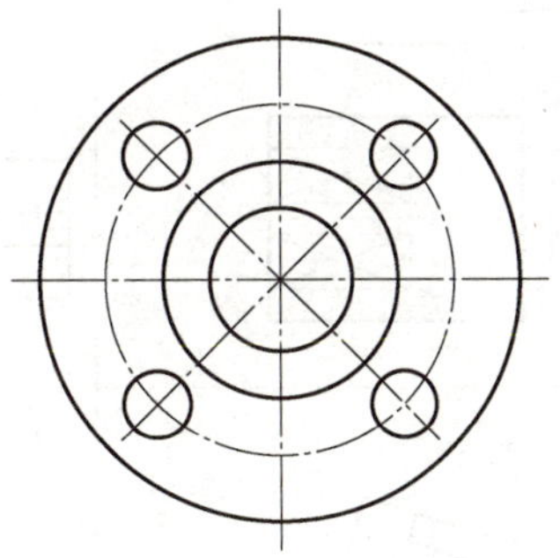	在不致引起误解时，对于对称机件的视图可只画一半或四分之一，并在对称中心线的两端面画出两条与其垂直的平行细实线。这种简化画法是局部视图的一种特殊画法
	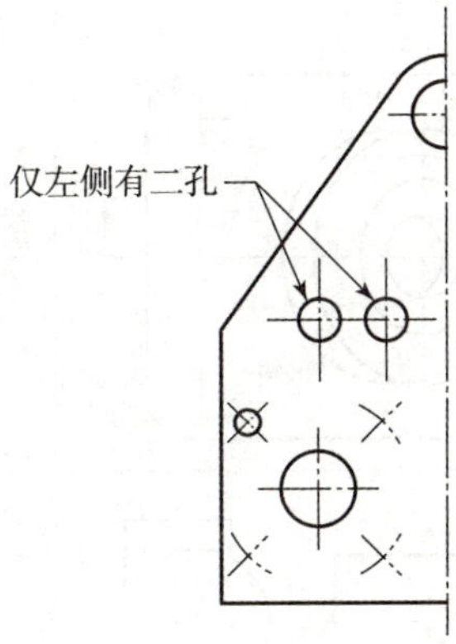	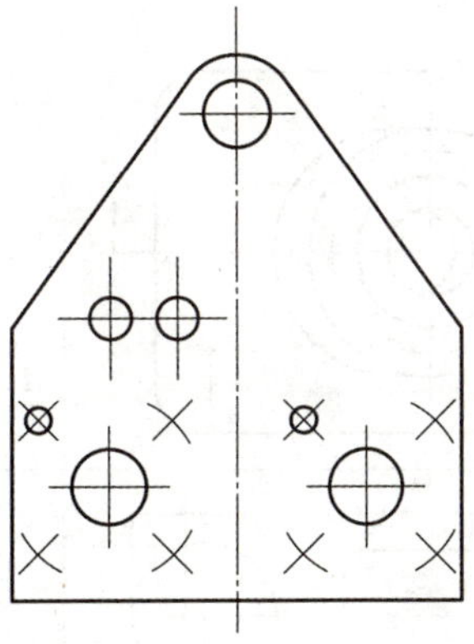	基本对称的零件仍可按对称零件的方式绘制，但应对其中不对称的部分加注说明
规定画法	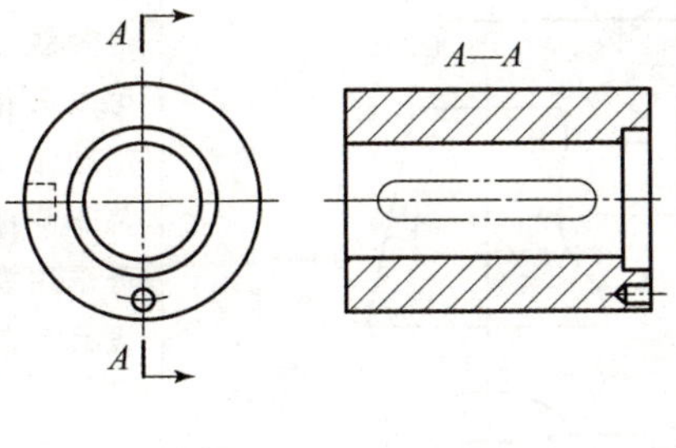	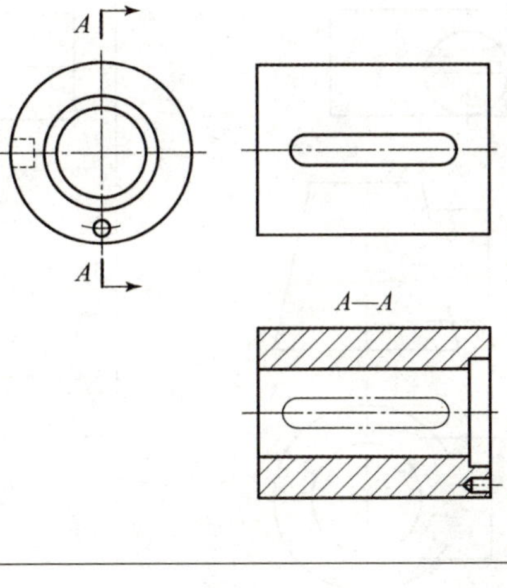	在需要表示位于剖切平面前的结构时，这些结构可假想地用细双点画线绘制

135

续表

简化对象	简化画法	简化前	说明
规定画法			当回转体零件上的平面在图形中不能充分表达时,可用两条相交的细实线表示此平面
规定画法——过渡线、相贯线			与投影面倾斜角度小于或等于30°的圆或圆弧,手工绘图时其投影可用圆或圆弧代替
			在不致引起误解时,图形中的过渡线、相贯线可以简化,例如用圆弧或直线代替非圆曲线;也可采用模糊画法表示相贯形体

续表

简化对象	简化画法	简化前	说明
省略画法	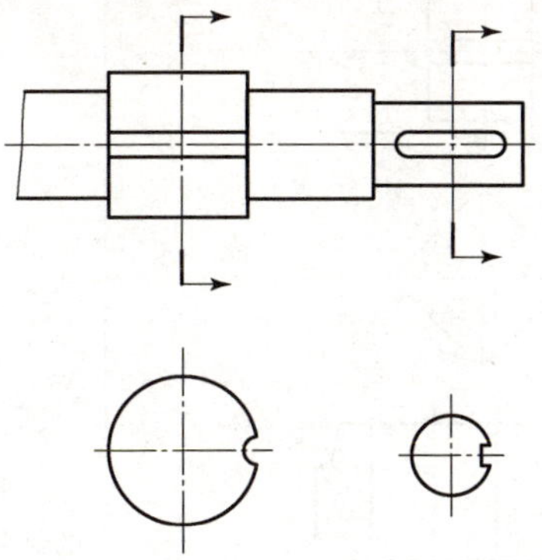	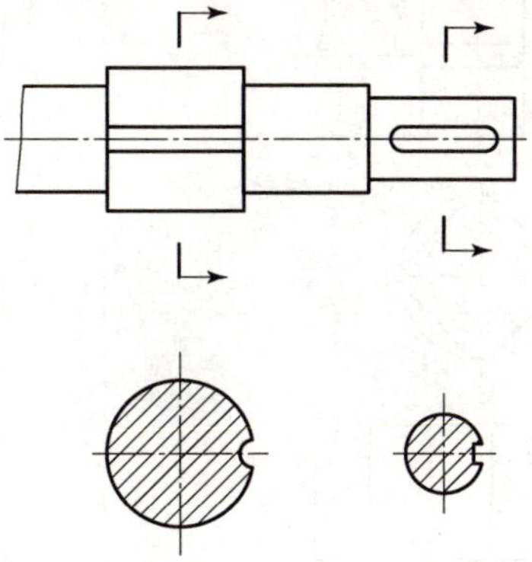	当不致引起误解时，剖面符号可省略
省略画法——相同要素	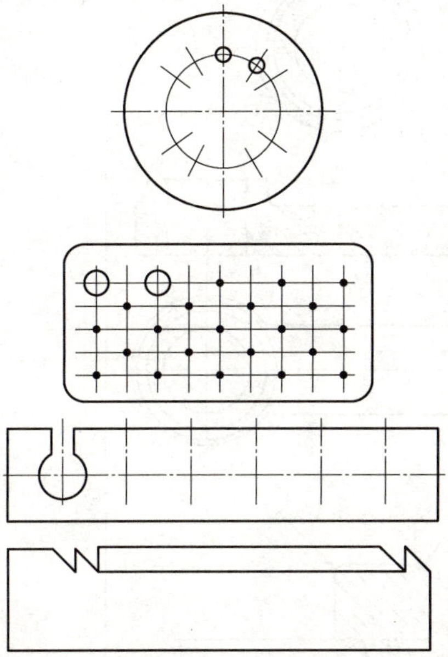	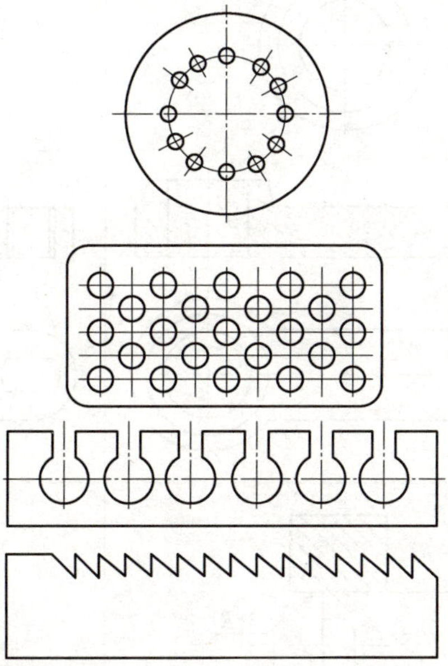	零件中成规律分布的重复结构，允许只绘制出其中一个或几个完整的结构，对称的重复结构用细点画线或"+"表示各对称结构要素的位置，不对称的重复结构则用相连的细实线代替
	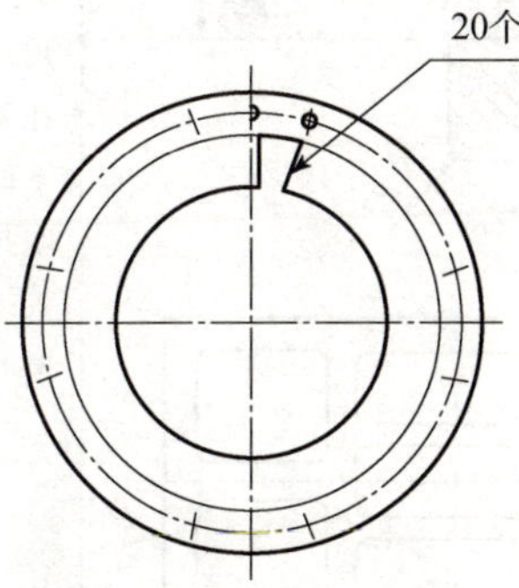	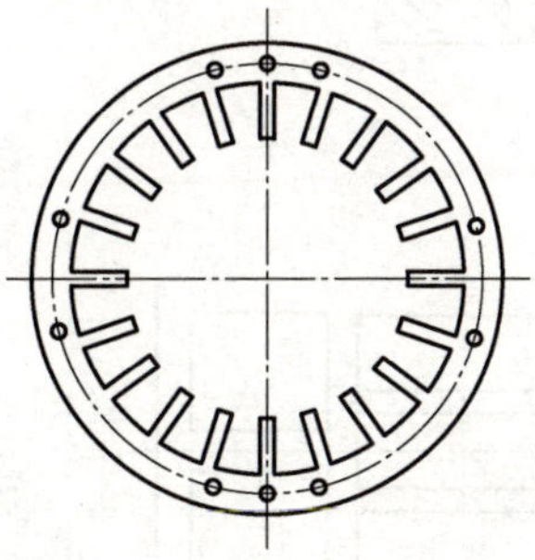	当机件具有若干相同结构（如齿、槽等），并按一定规律分布时，只需画出几个完整的结构，其余用细实线连接，但在零件图中必须注明该结构的总数

续表

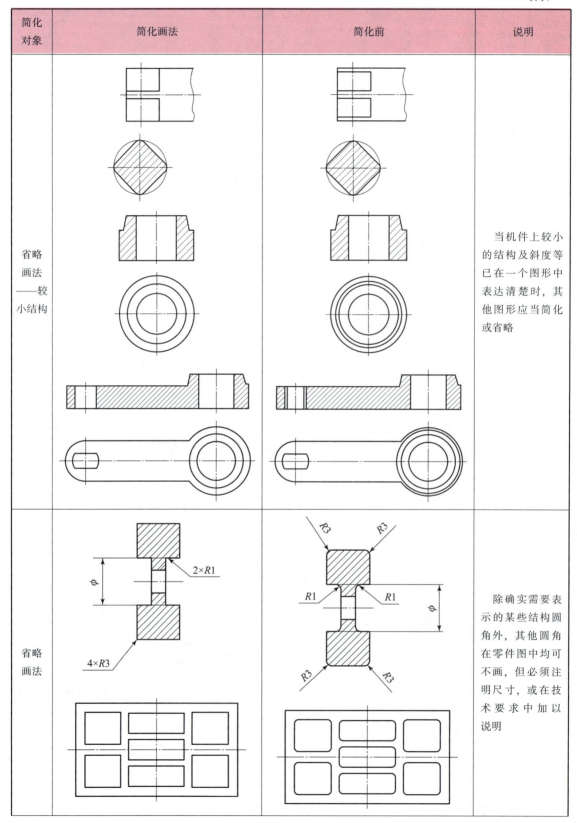

续表

简化对象	简化画法	简化前	说明
省略画法	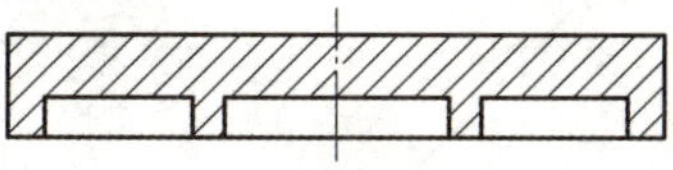 全部铸造圆角R5	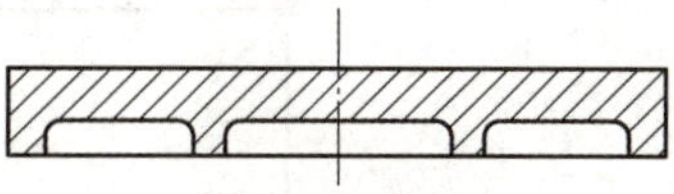 全部铸造圆角R5	除确实需要表示的某些结构圆角外，其他圆角在零件图中均可不画，但必须注明尺寸，或在技术要求中加以说明
示意画法	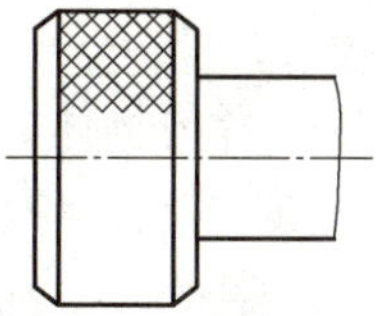	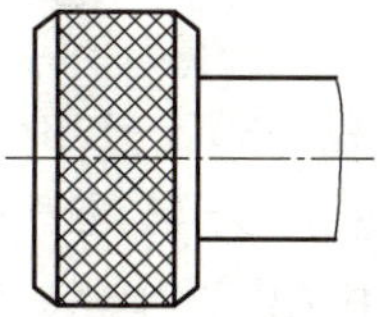	滚花一般用在轮廓线附近用粗实线局部画出的方法表示，也可省略不画
规定画法	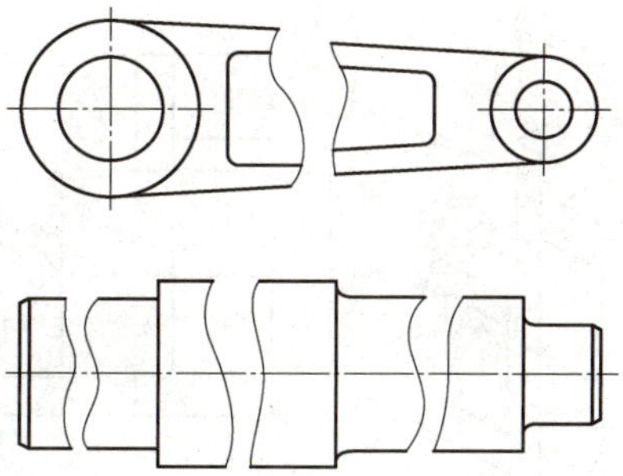	略	较长的机件（轴、杆、型材、连杆等）沿长度方向的形状一致或按一定规律变化时，可断开后缩短绘制，标注时要标注其真实长度

三、第三角画法简介

国家标准 GB/T 17451—1998《技术制图 图样画法 视图》规定："技术图样应采用正投影法绘制，并优先采用第一角画法。"在工程制图领域，世界上大多数国家，如中国、法国、英国、德国、俄罗斯等都是采用第一角画法，但是美国、加拿大、日本、澳大利亚等国家则采用第三角画法。为了适应国际技术交流与合作，我国在国家标准 GB/T 14692—2008《技术制图 投影法》中规定："必要时（如按合同规定等），允许使用第三角画法"。因此，我们应当对第三角画法有所了解。

1. 第三角画法与第一角画法的区别（GB/T 13361—2012）

如图 6.4.10 所示，用水平和垂直的两投影面将空间分为各个区域，每个区域为一个分角，依次称为第一分角、第二分角、第三分角和第四分角。

（1）获得投影的区别

第一角画法是将物体置于第一分角内，并使其处于观察者与投影面之间而得到正投影的方法（投影时的位置关系为观察者→物体→投影面），如图 6.4.11（a）所示。

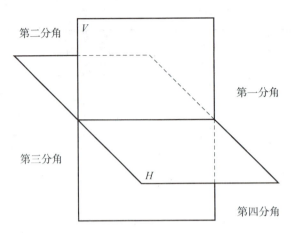

图 6.4.10 投影分角

第三角画法是将物体置于第三分角内,并使投影面处于观察者与物体之间而得到正投影的方法(投影时的位置关系为观察者→投影面→物体,这时需假设投影面透明),如图 6.4.11(b)所示。采用第三角画法与第一角画法获得的三视图类似,都符合多面正投影的投影规律,即主、俯视图长对正,主、左视图高平齐,俯、左视图宽相等。

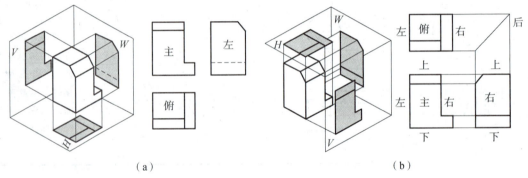

(a)　　　　　　　　　　　　　　　(b)

图 6.4.11 第一角画法和第三角画法的投影方式对比
(a)第一角画法;(b)第三角画法

(2)视图配置和物体方位的区别

第一角画法与第三角画法都是将物体放在六面投影体系当中,向六个基本投影面进行投射,然后按图 6.4.12 所示方法展开,得到六个基本视图,其形成过程如图 6.4.12 所示。

由于投影时观察者→物体→投影面三者的相对位置和六个基本投影面展开方式不同,故决定了六个基本视图配置关系的不同。如图 6.4.12 所示两种画法的对比中,可以清楚地看到:

①主视图和后视图,第三角画法与第一角画法的位置一致(没有变化)。
②俯视图和仰视图,第三角画法与第一角画法的位置上下对调。
③左视图和右视图,第三角画法与第一角画法的位置左右颠倒。

由投影面的展开过程可以看到,第三角画法中俯视图、仰视图、左视图和右视图靠近主视图的一边是物体的前方,远离主视图的一边是物体的后方,这与第一角画法的"外前、里后"正好相反。

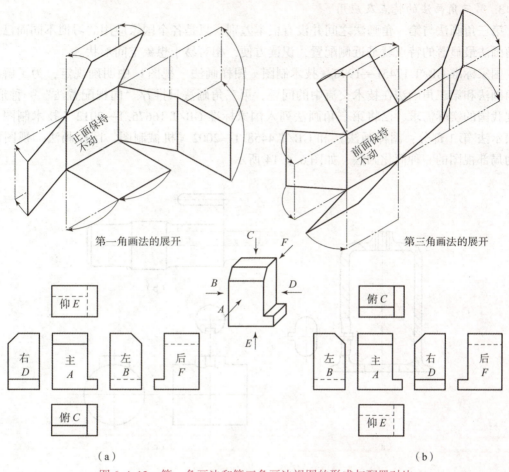

(a)   (b)

图 6.4.12   第一角画法和第三角画法视图的形成与配置对比

2. 第三角画法与第一角画法的投影识别符号（GB/T 14692—2008、GB/T 14689—2008）

为了便于识别第三角画法与第一角画法，国家标准（GB/T 14692—2008《技术制图 投影法》、GB/T 14689—2008《技术制图 图纸幅面和规格》）规定采用相应的投影识别符号，如图6.4.13所示，该符号一般放置在标题栏的名称及代号区的下方。

采用第一角画法时，在图样中一般不必画出第一角画法的识别符号；采用第三角画法时，必须在图样中画出投影识别符号。采用第一角画法时，在图样中一般不必画出投影符号。投影符号中的线用粗实线和细实线绘制，其中粗实线的宽度不小于0.5 mm，相应规定如图6.4.13所示。

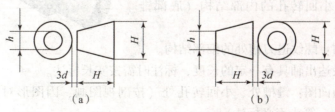

(a)   (b)

图 6.4.13   第三角画法和第一角画法的投影识别符号

(a) 第三角画法投影识别符号的画法；(b) 第一角画法投影识别符号的画法

h—尺寸数字高度（$H=2h$）；d—图中粗实线宽度

3. 第三角画法的特点及应用

第三角画法与第一角画法之间并没有根本差别，只是各个国家应用的习惯不同而已。第三角画法最显著的特点就是近侧配置，识读方便，相对易于想象空间形状。

国家标准 GB/T 17451—1998《技术制图 图样画法 视图》中明确规定，为了解决第一角画法和第三角画法在技术交流中的问题，第三角画法只推荐"向视配置法"一种形式。根据我国的实际需求，已将第三角画法列入国家标准 GB/T 16675.1—2012《技术制图 简化表示法 第 1 部分：图样画法》和 GB/T 4458.1—2002《机械制图 图样画法 视图》中作为局部视图的一种简化画法，如图 6.4.14 所示。

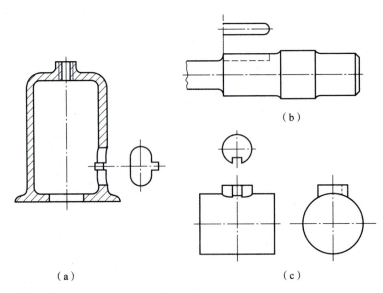

图 6.4.14 按第三角画法配置的局部视图

任务实施步骤

运用本部分表达方法绘制如图 6.4.15 所示传动轴的视图。

传动轴结构及表达方案分析，如图 6.4.16 所示：

①局部视图：表达主视图上方键槽形状，采用第三角视图的配置方法。

②两处局部剖视：主视图上键槽的内部结构（长度和深度）及小回转孔的内部结构（底部锥形）。

③局部放大图：螺纹退刀槽处的细部结构。

图 6.4.15 传动轴

④轴的断裂表达出轴具有一定的长度，标注时需按实长标注。

⑤三个移出断面图：键槽处、小回转孔处（按剖视图画，因图形对称，不标注箭头）、平面处（结构对称，箭头不必标注）。

⑥简化画法：主视图上轴的键槽的画法及平面画法（其画法省略两条线）。

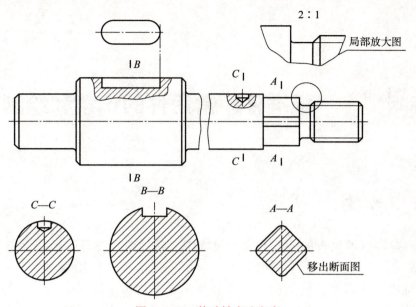

图 6.4.16　传动轴表达方案

项目七　标准件、常用件的识读和绘制

项目描述

在机械设备和仪器仪表的装配及安装过程中，除一般零件外，还广泛使用螺栓、螺钉、螺母、键、销、滚动轴承和弹簧等零件。由于这类零件使用数量大、应用范围广，因此，国家标准对这些零件的结构、尺寸和技术要求均做了统一规定，实行了标准化，这类零件统称为标准件。此外，齿轮、弹簧等常用机件也对其部分结构要素实行了标准化。为了减少设计和绘图工作量，简化作图，国家标准对上述常用机件以及某些多次重复出现的结构要素（如紧固件上的螺纹或齿轮上的轮齿）规定了简化的特殊表示法。

本项目以 CA6140 型卧式车床溜板箱为载体，如图 7.0.1 所示，以任务为导向，围绕着介绍标准件和常用件的基本知识、规定画法以及代号等的标注方法展开讲述，将项目分成 5 个任务：任务 1　绘制螺纹紧固件的视图，任务 2　绘制齿轮零件的视图，任务 3　绘制键连接和销连接图，任务 4　绘制滚动轴承的视图，任务 5　绘制圆柱螺旋压缩弹簧的视图。

图 7.0.1　CA6140 型卧式车床溜板箱

每个任务互相关联，对任务所涉及的新知识点一一进行罗列，先后讲述了螺纹的相关知识、螺栓、螺钉、螺母、键、销、滚动轴承和弹簧等零件的基本知识、规定画法和代号等，读者完成每个任务的过程就是将知识点消化吸收的过程。最后读者将所学的知识点融会贯通，完成整个项目的实施。

项目七 标准件、常用件的识读和绘制

 知识目标

掌握螺纹的基本知识，螺纹的规定画法，螺纹的标记及标注，常用螺纹紧固件及其标记，螺纹紧固件的连接画法，直齿圆柱齿轮、锥齿轮、蜗轮与蜗杆的画法，普通平键、半圆键和钩头楔键、花键、销连接，滚动轴承的结构和分类，滚动轴承的代号与标记，滚动轴承的画法，圆柱螺旋压缩弹簧各部分名称及尺寸计算，圆柱螺旋压缩弹簧的规定画法。

 能力目标

能够掌握螺纹及螺纹紧固件等标准件、常用件的规定画法和简化画法，识读相应标注、标记，学会利用标准和查阅资料的方法，提高学习能力。

 素养目标

理论与实践结合，注重生产知识和机械常识的积累，自觉地培养职业素质。学会利用标准和查阅资料的方法，培养标准意识。多观察，勤积累，培养学生自主学习、总结处理信息的能力。

任务1 绘制螺纹紧固件的视图

QR code 1
外螺纹实物

 涉及新知识点

一、螺纹的基本知识（GB/T 4459.1—1995，GB/T 14791—2013/ISO 5408：2009）

1. 螺纹的形成

螺纹是在圆柱或圆锥表面上，具有相同牙型、沿螺旋线连续凸起的牙体。

螺纹分为外螺纹和内螺纹两种。在圆柱或圆锥外表面上所形成的螺纹称为外螺纹；在圆柱或圆锥内表面上所形成的螺纹称为内螺纹。图7.1.1（a）所示为外螺纹，图7.1.1（b）所示为内螺纹。

生产中螺纹的加工方法有很多，各种螺纹都是根据螺旋线的原理加工而成的。如图7.1.1所示，图7.1.1（a）和图7.1.1（b）所示分别为在车床上车削的外螺纹和内螺纹；图7.1.1（c）和图7.1.1（d）所示分别为用板牙和丝锥加工的外螺纹。

2. 螺纹要素（GB/T 14791—2013）

螺纹的基本要素有牙型、直径、螺距（或导程）、线数和旋向。内、外螺纹总是成对使用的，单个螺纹无使用意义，只有内、外螺纹旋合到一起才能起到应有的连接和紧固作用。

要想使一对内、外螺纹正常旋合，它们的五个基本要素必须完全相同。

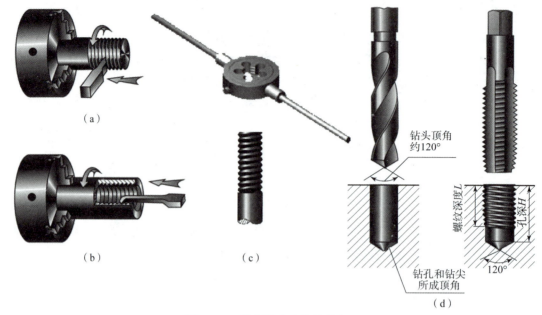

图 7.1.1　外螺纹和内螺纹的加工

(1) 牙型

在螺纹轴线平面内的螺纹轮廓形状，称为牙型。如图 7.1.2 所示，常见的螺纹牙型有三角形、梯形、锯齿形和矩形等。

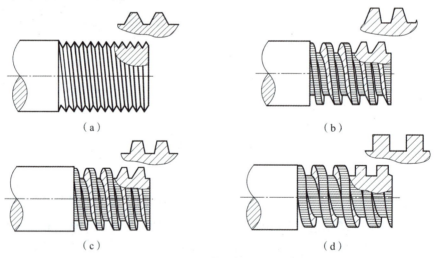

图 7.1.2　常见螺纹牙型
(a) 三角形；(b) 锯齿形；(c) 梯形；(d) 矩形

相邻牙侧间的材料实体，称为牙体。相邻牙侧间的非实体空间，称为牙槽。连接两个相邻牙侧的牙体顶部表面，称为牙顶。连接两个相邻牙侧的牙槽底部表面，称为牙底。如图 7.1.3 所示。

(2) 直径

螺纹的直径有大径（D、d）、小径（D_1、d_1）和中径（D_2、d_2）之分，如图 7.1.3

所示。

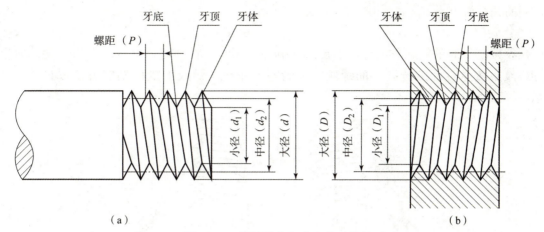

图 7.1.3 螺纹的各部分名称及代号
(a) 外螺纹；(b) 内螺纹

① 大径（D、d）是指与内螺纹牙顶或外螺纹牙底相切的假想圆柱或圆锥的直径。

② 小径（D_1、d_1）是指与内螺纹牙底或外螺纹牙顶相切的假想圆柱或圆锥的直径。

③ 中径（D_2、d_2）是指中径圆柱或中径圆锥的直径。中径圆柱是一个假想圆柱，该圆柱母线通过圆柱螺纹上牙厚与牙槽宽相等的地方；中径圆锥是一个假想圆锥，该圆锥母线通过圆锥螺纹上牙厚与牙槽宽相等的地方。对圆锥螺纹，不同螺纹轴线位置处的中径是不同的。

公称直径是指代表螺纹尺寸的直径。对紧固螺纹和传动螺纹，其大径基本尺寸是螺纹的代表尺寸；对管螺纹，其管子公称尺寸是螺纹的代表尺寸。对内螺纹，大径使用直径的大写字母代号（D）表示；对外螺纹，大径使用直径的小写字母代号（d）表示。

(3) 线数 n

螺纹有单线和多线之分，如图 7.1.4 所示。只有一个起始点的螺纹称为单线螺纹，具有两个或两个以上起始点的螺纹称为多线螺纹。

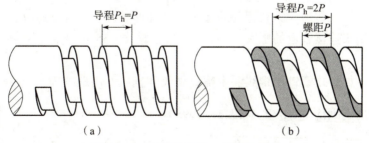

图 7.1.4 螺纹的线数、螺距和导程
(a) 单线螺纹；(b) 多线螺纹

(4) 螺距 P 和导程 P_h

相邻两牙体上的对应牙侧与中径线相交两点间的轴向距离称为螺距（P）；最邻近的两同名牙侧与中径线相交两点间的轴向距离（即同一螺旋线上相邻两牙体上的对应牙侧与中径线相交两点间的轴向距离）称为导程（P_h）。

对于单线螺纹，导程等于螺距，即 $P_h = P$；对于线数为 n 的多线螺纹，导程与螺距和线数之间的关系为 $P_h = P \times n$。如图 7.1.4 所示。

（5）旋向

螺纹按旋入时的旋转方向分为右旋螺纹和左旋螺纹。按顺时针旋转旋入的螺纹，称为右旋螺纹；按逆时针旋转旋入的螺纹，称为左旋螺纹。螺纹的旋向判定方法如图 7.1.5 所示。

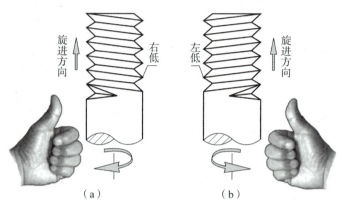

图 7.1.5　螺纹的旋向
（a）左旋；（b）右旋

3. 螺纹分类

（1）按螺纹标准化程度分类

在螺纹的各个要素中，牙型、公称直径和螺距是决定螺纹结构规格的最基本要素，称为螺纹三要素。

①标准螺纹：三要素均符合国家标准的螺纹。

②非标准螺纹：牙型不符合标准的螺纹。

③特殊螺纹：只有牙型符合标准的螺纹。

（2）按螺纹用途分类

①紧固（连接）螺纹：用来连接零件的螺纹，如普通螺纹和细牙螺纹。

②传动螺纹：用来传递动力和运动的螺纹，如梯形螺纹、锯齿形螺纹、矩形螺纹等。

③管螺纹：用来连接管道的螺纹，如 55°密封管螺纹、55°非密封管螺纹和 60°密封管螺纹等。

④专用螺纹，如自攻螺钉用螺纹、木螺钉螺纹和气瓶专用螺纹等。

二、螺纹的规定画法（GB/T 4459.1—1995）

由于螺纹的结构和尺寸已经标准化，为了提高绘图效率，绘图时可不必按其真实投影来绘制，国家标准《机械制图　螺纹及螺纹紧固件表示法》（GB/T 4459.1—1995）规定了螺纹的画法和标记。

①如图 7.1.6 所示的外螺纹，螺纹牙顶圆（大径）的投影用粗实线表示，牙底圆（小径）的投影用细实线表示，螺杆的倒角或倒圆部分也应画出。如图 7.1.7 所示，内螺纹在剖视图或断面图中，牙顶圆（小径）的投影用粗实线表示，牙底圆（大径）

QR code 2
螺纹的结构要素

的投影用细实线表示。

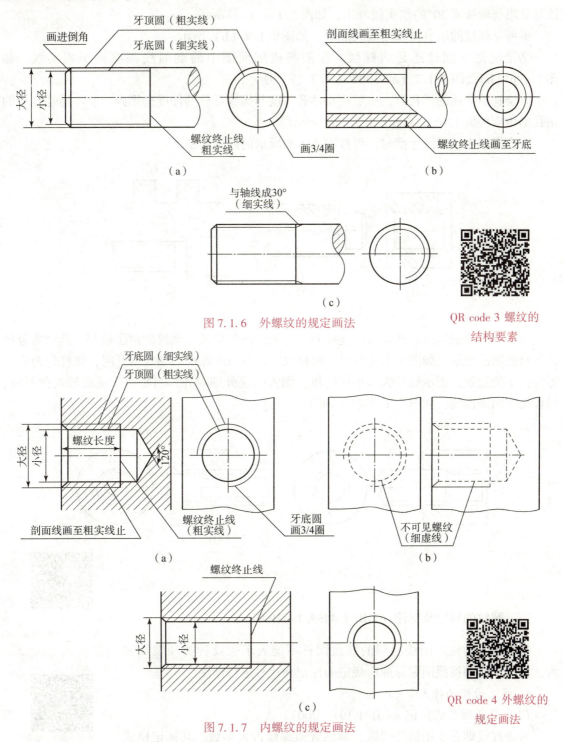

图 7.1.6 外螺纹的规定画法

图 7.1.7 内螺纹的规定画法

在垂直于螺纹轴线投影面的视图中，表示牙底圆的细实线只画约 3/4 圈（空出约 1/4 圈的位置不作规定），此时螺杆或螺孔上的倒角投影不应画出。

有效螺纹的终止界线简称螺纹终止线，用粗实线表示。外螺纹终止线的画法如图 7.1.6

所示，内螺纹终止线的画法如图 7.1.7 所示。螺尾部分一般不必画出，当需要表示螺尾时，该部分用与轴线成 30°的细实线画出，如图 7.1.6（c）所示。

不可见螺纹的所有图线用虚线绘制，如图 7.1.7（b）所示。

②无论是外螺纹还是内螺纹，在剖视或剖面图中的剖面线都应画至粗实线，如图 7.1.6（b）及图 7.1.7（a）和图 7.1.7（c）所示。

③绘制不穿通的螺孔时，一般应将钻孔深度与螺纹部分的深度分别画出，不通螺孔中的钻孔锥角应画成 120°，如图 7.1.7（a）所示。

④当需要表示螺纹牙型时，可按图 7.1.8 所示的形式绘制。

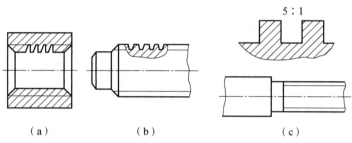

图 7.1.8　螺纹牙型的表示

⑤以剖视图表示内、外螺纹的连接时，其旋合部分应按外螺纹的画法绘制，其余部分仍按各自的画法表示，如图 7.1.9 所示。国标规定，当沿外螺纹的轴线剖开时，螺杆作为实心零件按不剖绘制，表示螺纹大、小径的粗、细实线应分别对齐；当垂直于螺纹轴线剖开时，螺杆处应画剖面线，如图 7.1.9（b）所示。

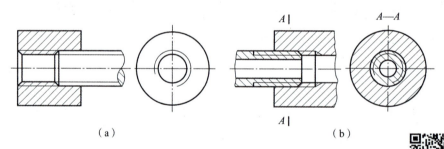

图 7.1.9　螺纹连接的规定画法

三、螺纹的标记及标注（GB/T 4459.1—1995）

按照螺纹的规定画法绘制的螺纹图样不能表示螺纹种类和螺纹要素。因此，必须按照国家标准所规定的标记和代号进行标注。

1. 螺纹的标记规定

（1）普通螺纹的标记（GB/T 197—2003）

普通螺纹即普通用途的螺纹，单线普通螺纹占大多数，其标记格式如下：

|螺纹特征代号| |尺寸代号| － |公差带代号| － |旋和长度代号| － |旋向代号|

QR code 5
内螺纹的规定画法

QR code 6
如何画螺纹连接

多线普通螺纹的标记格式如下：

| 螺纹特征代号 | 尺寸代号 | – 公差带代号 – 旋和长度代号 – 旋向代号 |

各项标记代号含义及注写规定：
①螺纹特征代号以字母"M"表示。
②尺寸代号。

公称直径为螺纹大径。单线螺纹的尺寸代号为"公称直径×P 螺距"，不必注写"P"字样；多线螺纹的尺寸代号为"公称直径×P_h 导程 P 螺距"，需注写"P_h"和"P"字样。

普通螺纹的螺距有粗牙和细牙两种，粗牙只有一种螺距，不需要标注；细牙有多种螺距，必须注写。

③公差带代号。

公差带代号由中径和顶径公差带代号组成，前者表示中径公差带代号，后者表示顶径公差带代号。如果中径与顶径公差带代号相同，则只注写一个代号。内螺纹用大写字母表示，外螺纹用小写字母表示。

④旋合长度代号。

旋合长度分为短、中、长三种，分别用 S、N、L 表示，中等旋合长度 N 不必标注。

⑤旋向代号。

左旋螺纹需注写"LH"，右旋螺纹不标注。

例如：

标记"M16×P_h6P2 – 5g6g – L – LH"表示三线细牙普通外螺纹，大径为 16 mm，导程为 6 mm，螺距为 2 mm，中径公差带代号为 5 g，顶径公差带代号为 6 g，长旋合长度，左旋。

标记"M24 – 7G"表示粗牙普通内螺纹，大径为 24 mm，查表确认螺距为 3 mm（省略），中径和顶径公差带为 7G，中等旋合长度（省略 N），右旋（省略旋向代号）。

（2）管螺纹的标记（GB/T 7306.1~2—2000、GB/T 7307—2001）

管螺纹是在管件上加工的螺纹，主要用来进行管道的连接，使其内外螺纹的配合紧密，有直管和锥管两种。本书仅介绍 55°密封管螺纹和 55°非密封管螺纹的标记。

55°密封管螺纹（GB/T 7306.1~2—2000）的标记格式如下：

| 螺纹特征代号 | 尺寸代号 | 旋向代号 |

55°非密封管螺纹（GB/T 7307—2001）的标记格式如下：

| 螺纹特征代号 | 尺寸代号 | 公差等级代号 | – 旋向代号 |

各项标记代号含义及注写规定：
①螺纹特征代号。

55°密封管螺纹：以"R_p"表示圆柱内螺纹，"R_1"表示与圆柱内螺纹相配合的圆锥外螺纹，"R_c"表示圆锥内螺纹，"R_2"表示与圆锥内螺纹相配合的圆锥外螺纹。55°非密封管螺纹：以 G 表示。

②尺寸代号。

管螺纹尺寸代号的单位为英寸，一般指管子通孔的近似直径，并非螺纹大径，以 1/2，

3/4,1,$1\frac{1}{2}$,…表示,画图时需查阅国家标准。

③公差等级代号。

对55°密封管螺纹只有一种公差,无须标记;对55°非密封管螺纹,外螺纹公差等级分为A、B两级标记,内螺纹公差等级只有一种,所以省略标记。

④旋向代号。

左旋螺纹需注写"LH",右旋螺纹不标注。

例如:

标记"$R_c1/2$"表示55°密封管螺纹的圆锥内螺纹,尺寸代号为1/2,右旋(省略旋向代号)。

标记"$R_2 3/4-LH$"表示与圆锥内螺纹相配合的55°螺纹密封的圆锥外螺纹,尺寸代码为3/4,左旋。

标记"G1/2A"表示55°非螺纹密封的圆柱外螺纹,尺寸代码为1/2,右旋(省略旋向代号)。

标记"G1/2"表示55°非螺纹密封的圆柱内螺纹(省略公差等级标记),尺寸代码为1/2,右旋(省略旋向代号)。

(3)梯形螺纹和锯齿形螺纹的标记(GB/T 5796.4—2005、GB/T 13573.4—2008)

梯形螺纹和锯齿形螺纹主要用于传动,其标记格式如下:

|螺纹特征代号|尺寸代号|－|旋向代号|－|公差带代号|－|旋和长度代号|

各项标记代号含义及注写规定:

①螺纹特征代号。

梯形螺纹以字母"T_r"表示,锯齿形螺纹以字母"B"表示。

②尺寸代号。

单线螺纹为"公称直径×螺距P",多线螺纹为"公称直径×导程P_h(螺距P)"。

③旋向代号。

左旋螺纹需注写"LH",右旋螺纹不标注。

④公差带代号。

只标注中径公差带代号。

⑤旋合长度代号。

旋合长度只有中、长两种,分别用代号N、L表示,中等旋合长度N不必标注。

例如:

标记"Tr40×14(P7)LH-8H-L"表示双线梯形内螺纹,大径为40 mm,导程为14 mm,螺距为7 mm,左旋,中径公差带代号为8H,长旋合长度。

标记"B40×7-7c"表示锯齿形外螺纹,大径为40 mm,螺距为7 mm,右旋(省略旋向代号),中径公差带代号为7c,中等旋合长度。

常用标准螺纹的标记规定见表7.1.1。

QR code 7
普车车外螺纹加工

QR code 8
普车车内螺纹加工

表 7.1.1 常用标准螺纹的标记规定

螺纹用途	螺纹类别	标准编号	特征代号	标记示例	螺纹副标记示例	说明
紧固螺纹	普通螺纹	GB/T 197—2003	M	M8×1－LH M8 M16×P$_h$6P2－5g6g－L	M20－6H/5g6g	粗牙不注螺距，左旋时末尾加"－LH"；中等公差精度（如6H、6g）不注公差带代号；中等旋合长度不注N；多线时注出P$_h$（导程）、P（螺距）
	小螺纹	GB/T 15054.4—1994	S	S0.8－4H5 S1.2LH－5h3	S0.9－4H5/5h3	标记中末尾的5和3为顶径公差等级。顶径公差带位置仅有一种，故只注等级，不注位置
传动螺纹	梯形螺纹	GB/T 5796.4—2005	Tr	Tr40×7－7H Tr40×14（P7）LH－7e	Tr36×6－7H/7c	公称直径一律用外螺纹的大径表示；仅需给出中径公差带代号；无短旋合长度
	锯齿形螺纹	GB/T 13573.4—2008	B	B40×7－7a B40×14（P7）LH－8c－L	B40×7－7A/7c	
管螺纹	55°非密封管螺纹	GB/T 7307—2001	G	G11/2A G1/2－LH	G11/2A	外螺纹需注出公差等级A或B；内螺纹公差等级只有一种，故不注；表示螺纹副时，仅需标注外螺纹的标记
	60°密封管螺纹 圆锥内（外）螺纹	GB/T 12716—2002	NPT	NPT 3/8－LH		内、外螺纹均只有一种公差带，故不标记；左旋时尺寸代号后加"－LH"
	60°密封管螺纹 圆柱内（外）螺纹		NPSC	NPSC 3/8		
	55°密封管螺纹 圆柱外螺纹	GB/T 7306.1—2000	R$_1$	R$_1$3	R$_p$/R$_1$3	内、外螺纹均只有一种公差带，故不注；表示螺纹副时，尺寸代号只注写一次
	55°密封管螺纹 圆柱内螺纹		R$_p$	R$_p$1/2		
	55°密封管螺纹 圆锥外螺纹	GB/T 7306.2—2000	R$_2$	R$_2$3/4	R$_c$/R$_2$3/4	
	55°密封管螺纹 圆锥内螺纹		R$_c$	R$_c$11/2－LH		

2. 螺纹的标注方法

标准螺纹的上述标记，在图样上进行标注时必须遵守 GB/T 4459.1—1995 的规定。

①公称直径以 mm 为单位的螺纹，其标记应直接注在大径的尺寸线或其引出线上，如图 7.1.10（a）~图 7.1.10（c）所示。

②管螺纹的标记注写在引出线上，引出线由大径或对称中心处引出，如图 7.1.10（d）和图 7.1.10（e）所示。

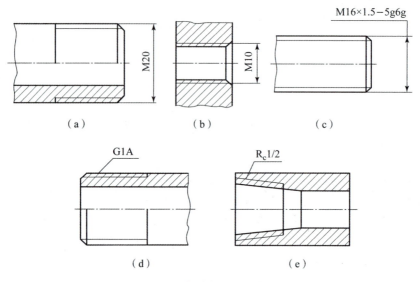

图 7.1.10　螺纹标记的图样标注

③图样中标注的螺纹长度，均指不包括螺尾在内的有效螺纹长度，否则应另加说明或按实际需要标注，如图 7.1.11 所示。

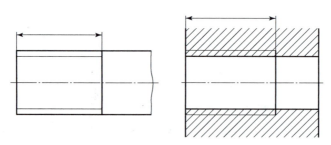

图 7.1.11　螺纹长度的图样标注

四、常用螺纹紧固件及其标记

常用螺纹紧固件有螺栓、螺柱、螺钉、螺母和垫圈等，如图 7.1.12 所示。这些零件都是标准件，国家标准对它们的结构形状和尺寸都进行了标准化，并规定了不同的标注方法。因此，只要对其按规定标记，就能从相关标准中查出它们的结构及全部尺寸要求。

常用螺纹紧固件的规定标记方法见表 7.1.2。

项目七 标准件、常用件的识读和绘制

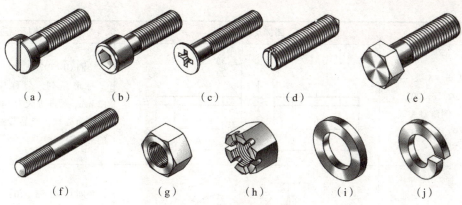

图 7.1.12 常用螺纹紧固件

(a) 开槽圆柱头螺钉；(b) 圆柱头内六角螺钉；(c) 沉头十字槽螺钉；(d) 开槽紧定螺钉；(e) 六角头螺栓；(f) 双头螺柱；(g) 六角螺母；(h) 六角开槽螺母；(i) 平垫圈；(j) 弹簧垫圈

表 7.1.2 常用螺纹紧固件的规定标记方法

紧固件名称	图例及规格尺寸	标记示例及说明
六角头螺栓 A 级和 B 级 GB/T 5782—2016		螺栓 GB/T 5782 M12×80： 螺纹规格 $d=$ M12，公称长度 $l=$ 80 mm，性能等级为 8.8 级，表面氧化，A 级的六角螺栓
双头螺柱 A 型和 B 型（辊制） GB/T 897—1988（$b_m=d$） GB/T 898—1988（$b_m=1.25d$） GB/T 899—1988（$b_m=1.5d$） GB/T 900—1988（$b_m=2d$）		螺柱 GB/T 899 M8×50： 螺柱两端均为粗牙普通螺纹，$d=$ M8，公称长度 $l=$ 50 mm，性能等级为 4.8 级，不经表面处理，B 型，$b_m=$ 1.5d 的双头螺柱
I 型六角螺母 A 级和 B 级 GB/T 6170—2015		螺母 GB/T 6170 M16： 螺纹规格 $D=$ M16，性能等级为 10 级，不经表面处理，A 级的 I 型六角螺母

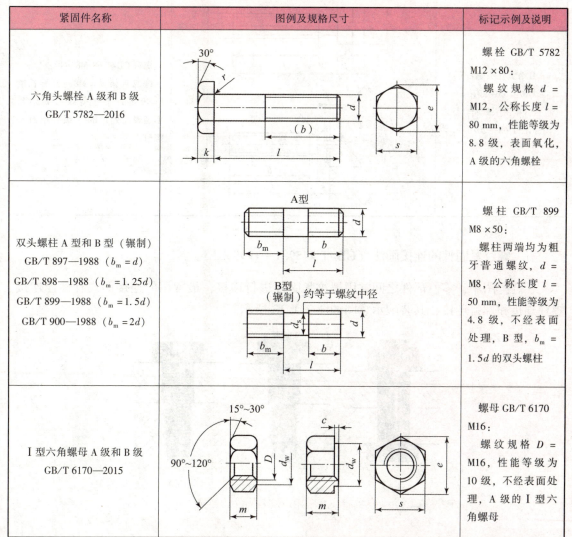

续表

紧固件名称	图例及规格尺寸	标记示例及说明
平垫圈 – A 级 GB/T 97.1—2002 平垫圈 – 倒角型 A 级 GB/T 97.2—2002		垫圈 GB/T97.1 12 – 140HV： 标准系列，公称规格 d = 12 mm，硬度等级为140HV，不经表面处理，产品等级为 A 级的平垫圈
标准型弹簧垫圈 GB/T 93—1987		垫圈 GB/T 93 16： 公称直径 d = 16 mm，材料为65Mn，表面氧化的标准型弹簧垫圈
开槽圆柱头螺钉 GB/T 65—2016 开槽沉头螺钉 GB/T 68—2016		螺钉 GB/T 68 M8×40： 螺纹规格 d = M8，公称长度 l = 40 mm，性能等级为 4.8 级，不经表面处理的 A 级开槽沉头螺钉

五、螺纹紧固件的连接画法（GB/T 4459.1—1995）

在装配图中，零、部件之间常用螺纹紧固件进行连接，最常用的连接形式有螺栓连接、螺柱连接和螺钉连接，其装配示意图如图 7.1.13 所示。

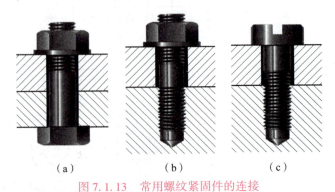

(a)   (b)   (c)

图 7.1.13　常用螺纹紧固件的连接
(a) 螺栓连接；(b) 螺柱连接；(c) 螺钉连接

画螺纹紧固件的连接图时，需遵守 GB/T 4459.1—1995《机械制图 螺纹及螺纹紧固件表示法》中的基本规定：

①在装配图中，凡不接触的相邻表面，或两相邻表面基本尺寸不同时，不论其间隙大小（如螺杆与通孔之间），均需画两条粗实线；两零件接触表面处只画一条粗实线（不得加粗）。

②当剖切平面通过螺杆的轴线时，对于螺柱、螺栓、螺钉、螺母及垫圈等均按未剖切绘制。

③在剖视图、断面图中，相邻两零件的剖面线方向应相反，或者方向一致、间隔不等；同一零件在各个剖视图、断面图中，其剖面线方向和间隔必须相同。

④为提高绘图效率，连接图通常采用简化画法表示，六角头螺栓和六角头螺母的头部曲线可省略不画；螺纹紧固件的工艺结构，如倒角、退刀槽、缩颈、肩等均可省略不画。

1. 螺栓连接

螺栓连接通常用于连接两个不太厚且能钻成通孔的零件和经常拆卸的场合。连接时将螺杆穿过两被连接零件上的光孔（孔径比螺栓大径略大，一般可按 $1.1d$ 绘制），套上垫圈，拧紧螺母，实现两零件的连接，其连接图如图 7.1.14 所示。垫圈的作用是防止零件表面损伤，并能增加支撑面积，使其受力均匀。

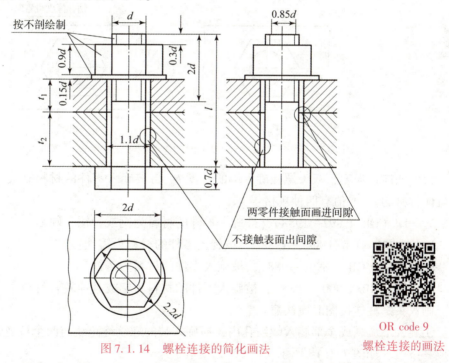

图 7.1.14 螺栓连接的简化画法

OR code 9
螺栓连接的画法

对连接件的各个尺寸，可不按相应的标准数值画出，而是采用近似画法。螺栓公称长度按 $l \geqslant t_1 + t_2 + 1.35d$ 计算后再查表取标准值，其他各部分尺寸均取与螺栓大径成一定的比例来绘制。螺栓、螺母、垫圈各部分尺寸的比例关系如图 7.1.14 所示。

2. 双头螺柱连接

双头螺柱连接用于被连接两零件之一较厚或不宜钻成通孔而难以采用螺栓连接的场合。双头螺柱连接前，需先在较厚的零件上加工出螺纹孔，在另一较薄零件上加工出通孔（孔径按 1.1d 绘制），然后将双头螺柱的一端（称旋入端）全部旋入螺纹孔内，在双头螺柱的另一端（称紧固端）穿过带通孔的较薄零件，加上垫圈，拧紧螺母，即完成螺柱连接。

双头螺柱连接装配图的规定画法如图 7.1.15 所示。双头螺柱的规格长度按 $l \geq t + h + m + a$ 计算后，再从标准长度系列中查表取与其相近的标准值。其中 t 为上部零件的厚度；h 为垫圈的厚度；m 为螺母厚度；a 为螺柱伸出螺母的长度，为 $(0.2 \sim 0.3) d$。

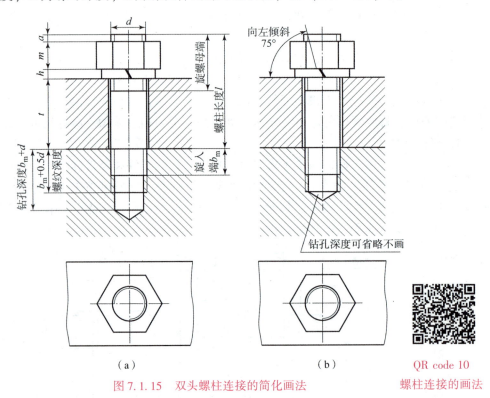

图 7.1.15　双头螺柱连接的简化画法

QR code 10
螺柱连接的画法

为保证连接强度，双头螺柱旋入端的长度 b_m 与被旋入零件的材料有关。国家标准对不同机体材料的 b_m 取值有四种规格：

$b_m = 1d$（GB/T 897—1988），被旋入零件的材料为钢或青铜、硬铝；

$b_m = 1.25d$（GB/T 898—1988），被旋入零件的材料为铸铁；

$b_m = 1.5d$（GB/T 899—1988），被旋入零件的材料为铸铁；

$b_m = 2d$（GB/T 900—1988），被旋入零件的材料为铝或其他较软材料。

画双头螺柱连接图时应注意：

①旋入端应画成全部旋入螺纹孔内，即旋入端的螺纹终止线与两个被连接件的接触面应画成一条线，如图 7.1.15 所示。

②螺纹孔的螺纹深度应大于旋入端的螺纹长度 b_m，一般螺纹孔的螺纹深度约为 $b_m + 0.5d$，而钻孔深度约为 $b_m + d$，如图 7.1.15（a）所示。

③在装配图中，不穿通的螺纹孔通常采用简化画法，即仅画出螺纹深度而不画钻孔深度，如图 7.1.15（b）所示。

④如图 7.1.15 所示连接图所使用的垫圈为弹簧垫圈，其作用为防止螺母松动。弹簧垫圈的开口方向为阻止螺母松动的方向，画成与水平线成 75° 且向左倾斜，用一条加粗实线

（约为 2 倍粗实线）表示，如图 7.1.15（a）和图 7.1.15（b）所示。按比例作图时其厚度 $h = 0.2d$，其直径 $D = 1.5d$。

3. 螺钉连接

螺钉的种类很多，按其用途可分为连接螺钉和紧定螺钉两类，前者用于连接零件，后者用于固定零件。

（1）连接螺钉

常用于受力不大和不经常拆卸的场合，它不需要与螺母配合使用。连接时将螺钉直接穿过被连接零件上的通孔，再拧入另一被连接零件上的螺纹孔中，靠螺钉头部压紧被连接零件，达到连接目的。图 7.1.16（a）、图 7.1.16（b）所示分别为开槽沉头螺钉和开槽圆柱头螺钉连接图的简化画法，各部分尺寸的比例关系如图 7.1.16 所示。

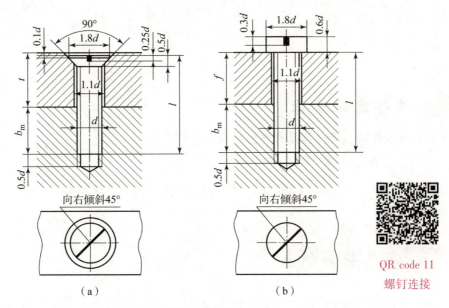

(a)　　　　　　　　(b)

图 7.1.16　螺钉连接的简化画法

螺钉的公称长度 $l \geq b_m + t$，计算后再查表确定标准长度，其中 b_m 取值与双头螺柱旋入端的螺纹长度相同，它与被旋入零件的材料有关。

绘制螺钉连接装配图时应注意：

①螺钉连接中螺纹终止线应高于两个被连接零件的接合面（或在螺杆的全长上都有螺纹），表示螺钉有拧紧的余地，保证连接紧固。

②被旋入零件上的钻孔深度可省略不画，仅按螺纹深度画出螺纹孔，如图 7.1.16 所示。

③螺钉头部的一字槽（或十字槽）可用加粗实线（约为 2 倍粗实线）表示，在投影为圆的视图中画成 45°倾斜线，倾斜方向向左下或向右上画出，如图 7.1.16 所示。

（2）紧定螺钉

紧定螺钉用于固定两个零件的相对位置，使之不产生相对运动。如图 7.1.17 中的轴和齿轮（图中仅画出轮毂部分），用一个开槽锥端紧定螺钉旋入轮毂的螺孔，使螺钉端部的 90°锥顶压紧轴上的 90°锥坑，从而实现轴和齿轮相对位置的固定。

螺纹紧固件各部分的尺寸可查国家标准相关表格取得，在此不再赘述。

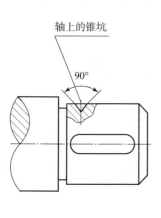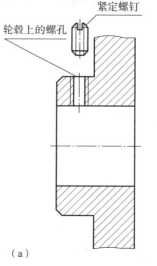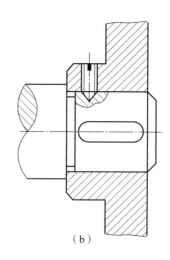

图 7.1.17 紧定螺钉连接的画法

任务实施步骤

绘制螺栓连接、螺柱连接和螺钉连接的装配图。

任务 2　绘制齿轮零件的视图

涉及新知识点

齿轮是机械传动中广泛应用的一种传动零件,齿轮啮合不仅可以传递动力,还能改变轴的回转方向和转动速度。如图 7.2.1 (a) ～图 7.2.1 (c) 所示,根据两啮合齿轮轴线在空间的相对位置不同,常见的齿轮传动可分为下列三种形式:

圆柱齿轮传动——用于平行两轴之间的传动。
圆锥齿轮传动——用于相交两轴之间的传动。
蜗杆蜗轮传动——用于交错两轴之间的传动。

齿轮传动的另一种形式为齿轮齿条传动,如图 7.2.1 (d) 所示,可用于转动和移动之间的运动转换。

齿轮的齿形有渐开线、摆线、圆弧等,本书主要介绍与渐开线标准齿轮有关的知识和画法规定。

QR code 12 直齿条

QR code 13 斜齿轮　　QR code 14 人字齿　　QR code 15 曲齿锥齿轮　　QR code 16 内啮齿轮

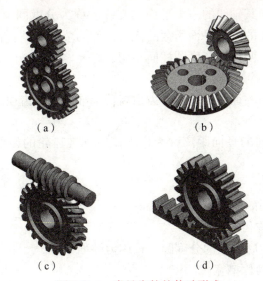

图 7.2.1 常见齿轮的传动形式

QR code 17 齿轮系

一、直齿圆柱齿轮

1. 直齿圆柱齿轮的各部分名称及代号（GB/T 3374.1—2010）

分度曲面为圆柱面的齿轮，称为圆柱齿轮。圆柱齿轮的轮齿有直齿、斜齿和人字齿等。分度圆柱面齿线为直母线的圆柱齿轮，称为直齿轮，如图 7.2.2 所示。

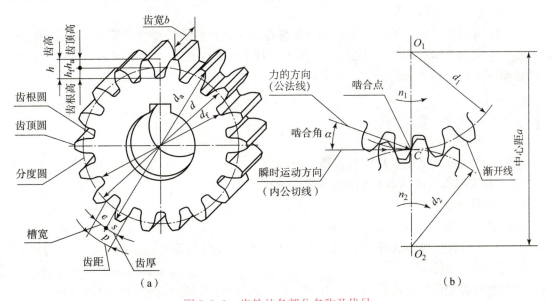

图 7.2.2 齿轮的各部分名称及代号

（1）齿顶圆直径（d_a）

齿顶圆柱面被垂直于其轴线的平面所截的截线，称为齿顶圆，其直径称为齿顶圆直径。

（2）齿根圆直径（d_f）

齿根圆柱面被垂直于其轴线的平面所截的截线，称为齿根圆，其直径称为齿根圆直径。

（3）分度圆直径（d）和节圆直径（d'）

分度圆柱面与垂直于其轴线的一个平面的交线，称为分度圆，其直径称为分度圆直径。节圆柱面被垂直于其轴线的一个平面所截的截线，称为节圆，其直径称为节圆直径。

在一对标准齿轮中，两齿轮分度圆柱面相切，即 $d = d'$。

（4）齿顶高（h_a）

齿顶圆和分度圆之间的径向距离称为齿顶高，标准齿轮的齿顶高 $h_a = m$（m 为模数）。

（5）齿根高（h_f）

齿根圆和分度圆之间的径向距离称为齿根高，标准齿轮的齿根高 $h_f = 1.25m$（m 为模数）。

（6）齿高（h）

齿顶圆和齿根圆之间的径向距离称为齿高。

（7）端面齿距（简称齿距 p）

两个相邻同侧端画齿廓之间的分度圆弧长称为端面齿距。

（8）端面齿槽宽（简称槽宽 e）

在端平面上，一个齿槽的两侧齿廓之间的分度圆弧长称为端面齿槽宽。

（9）端面齿厚（简称齿厚 s）

一个齿的两侧端面齿廓之间的分度圆弧长称为端面齿厚。在标准齿轮中，槽宽与齿厚各为齿距的一半，即 $s = e = p/2$，$p = s + e$。

（10）齿宽（b）

齿轮的有齿部位沿分度圆柱面的母线方向度量的宽度称为齿宽。

（11）啮合角和压力角（α）

在一般情况下，两相啮合轮齿的端面齿廓在接触点处的公法线与两节圆的内公切线所夹的锐角，称为啮合角，如图 7.2.2（b）所示。对于渐开线齿轮，是指两相啮合轮齿在节点上的端面压力角。标准齿轮的压力角 $\alpha = 20°$。

（12）齿数（z）

一个齿轮的轮齿总数。

（13）中心距（a）

齿轮副两轴线之间的最短距离，称为中心距。

2. 直齿圆柱齿轮的基本参数与轮齿各部分的尺寸关系

（1）模数（m）

模数是指齿距（以 mm 计）除以圆周率 π 所得到的商，或背锥面上的分度圆直径（以 mm 计）除以齿数所得到的商。齿轮的齿数 z、齿距 p 和分度圆直径 d 之间的关系为：$\pi d = zp$，即 $d = zp/\pi$，则 $d = mz$。

两啮合齿轮的齿距 p 必须相等，由于 $p/\pi = m$，因此两啮合齿轮的模数也必须相等。模数 m 大，齿距 p 也大，齿厚 s、齿高 h 也随之增大，齿轮的承载能力增大。由此可以看出，模数是设计、制造齿轮的重要参数，是计算齿轮主要尺寸的一个基本依据。

为了便于齿轮的设计和制造，国家标准对模数进行了标准化。这样不仅可以保证齿轮具有广泛的互换性，还可大大减少齿轮规格，促进齿轮、齿轮刀具、机床以及测量仪器生产的标准化。为了简化和统一齿轮的轮齿规格，提高其系列化和标准化程度，国家标准对圆柱齿轮的模数做了统一规定，见表 7.2.1。

表 7.2.1　齿轮模数系列（摘自 GB/T 1357—2008）　　　mm

齿轮类型	模数系列	标准模数
圆柱齿轮	第一系列	1，1.25，2，2.5，3，4，5，6，8，10，12，16，20，25，32，40，50
	第二系列	1.125，1.375，1.75，2.25，2.75，3.5，4.5，5.5，（6.5），7，9，11，14，18，22，28，36，45
注：选用圆柱齿轮模数时，应优先选用第一系列，其次选用第二系列，避免采用括号内的模数。		

（2）模数与轮齿各部分的尺寸关系

齿轮的模数 m 和齿数 z 确定后，按照其与轮齿各部分的尺寸关系可计算出直齿圆柱齿轮轮齿部分的各个基本尺寸，详见表 7.2.2。

表 7.2.2　直齿圆柱齿轮的参数及轮齿的各部分尺寸关系　　　mm

名称及代号	计算公式	名称及代号	计算公式
模数 m	$m = d/z$（由强度决定，取标准值）	分度圆直径 d	$d = mz$
齿顶高 h_a	$h_a = m$	齿顶圆直径 d_a	$d_a = d + 2h_a = m(z+2)$
齿根高 h_f	$h_f = 1.25m$	齿根圆直径 d_f	$d_f = d - h_f = m(z-2.5)$
齿高 h	$h = h_a + h_f = 2.25m$	标准中心距 a	$a = (d_1 + d_2)/2 = m(z_1 + z_2)/2$

3. 圆柱齿轮的画法规定（GB/T 4459.2—2003）

（1）单个圆柱齿轮的规定画法

齿轮是常用件，国家标准已将轮齿部分结构参数标准化，因此不需要按真实投影绘制，为简化作图，GB/T 4459.2—2003 对齿轮画法作出规定：

齿顶圆和齿顶线用粗实线绘制，分度圆和分度线用细点画线绘制（分度线应超出轮齿两端面 2~3 mm），齿根圆和齿根线用细实线绘制（也可省略不画），如图 7.2.3（a）所示；在剖视图中，当剖切平面通过齿轮轴线时，轮齿一律按不剖处理，齿根线画成粗实线，如图 7.2.3（b）~图 7.2.3（d）所示；当需要表示斜齿或人字齿时，可用三条与齿线方向一致的细实线表示，如图 7.2.3（c）和图 7.2.3（d）所示。

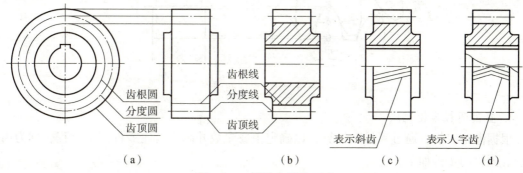

图 7.2.3　圆柱齿轮的画法

齿轮除轮齿部分外，其余轮体结构均应按真实投影绘制。轮体的结构和尺寸由设计要求确定。

(2) 圆柱齿轮啮合的规定画法

在垂直于圆柱齿轮轴线的投影面的视图中，啮合区内齿顶圆均用粗实线绘制，如图 7.2.4（b）所示，或按省略画法绘制，如图 7.2.4（c）所示。

在剖视图中，当剖切平面通过两啮合齿轮轴线时，在啮合区内，将一个齿轮的轮齿用粗实线绘制，另一个齿轮的轮齿被遮挡部分用细虚线绘制，如图 7.2.4（a）所示，被遮挡部分也可以省略不画。

在平行于圆柱齿轮轴线的投影面的外形视图中，啮合区不画齿顶线，只用粗实线画出节线（当一对圆柱齿轮保持标准中心距啮合时，节线是指两分度圆柱面的切线），如图 7.2.4（d）和图 7.2.4（e）所示。

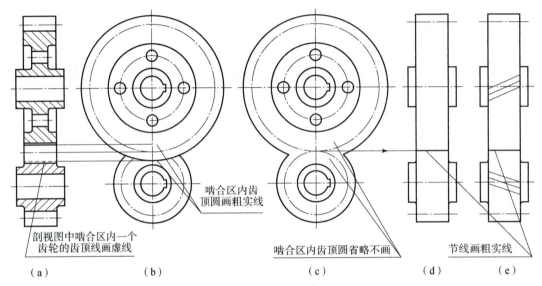

图 7.2.4　圆柱齿轮啮合的画法

由于齿根高与齿顶高相差 $0.25m$，因此，一个齿轮的齿顶线和另一个齿轮的齿根线之间应有 $0.25m$ 的顶隙，如图 7.2.4（a）和图 7.2.5 所示。

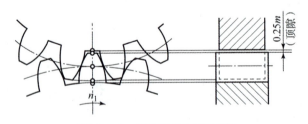

图 7.2.5　啮合齿轮间的顶隙

4. 直齿圆柱齿轮测绘

根据齿轮实物，通过测量和计算，以确定主要参数并画出齿轮零件图的过程，称为齿轮测绘。测绘的步骤如下：

（1）数得齿数 z

标准齿轮的压力角 $\alpha = 20°$，不需要测量。

（2）测量齿顶圆直径 d_a

若为偶数齿，可直接量得 d_a，如图 7.2.6（a）所示；若为奇数齿，则不能直接量得 d_a，而应先测出孔的直径及孔壁到齿顶间的径向距离，再计算得到齿顶圆直径（$d_a = 2H + D$），如图 7.2.6（b）所示。图 7.2.6（c）所示为奇数齿的错误测量方法。

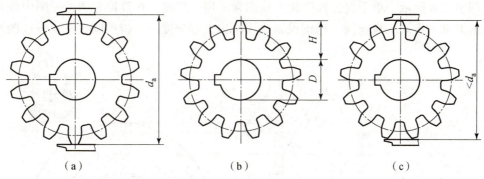

图 7.2.6　齿轮测绘
（a）偶数齿测量；（b）奇数齿正确测量；（c）奇数齿错误测量

（3）计算并取标准模数 m

可按 d_a 计算公式导出，即 $m = d_a/(z+2)$，即可计算出模数 m，然后查表取与其最为相近的标准模数。

（4）测量与计算相关尺寸

根据标准模数，重新计算出轮齿部分的各基本尺寸，齿轮的其他尺寸按实际测量获得。

（5）绘制标准直齿圆柱齿轮零件图

在齿轮零件图中，除具有一般零件图的内容外，齿顶圆直径、分度圆直径及有关齿轮的基本尺寸要直接注出，其他各主要参数在图纸右上角列表说明，如图 7.2.7 所示。

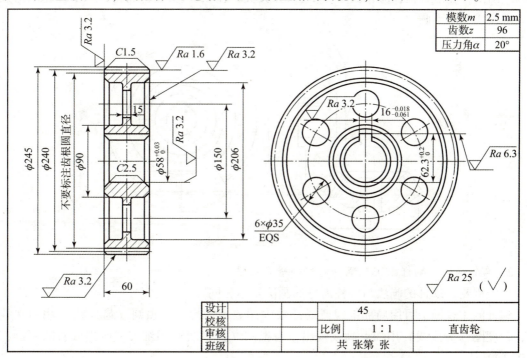

图 7.2.7　圆柱齿轮零件图

*二、锥齿轮、蜗轮与蜗杆的画法

1. 锥齿轮画法和锥齿轮啮合画法（GB/T 4459.2—2003）

如图 7.2.8 所示，单个直齿锥齿轮主视图常采用全剖视，在投影为圆的视图中规定用粗实线画出大端和小端的齿顶圆，用细点画线线画出大端分度圆。齿根圆及小端分度圆均不必画出。

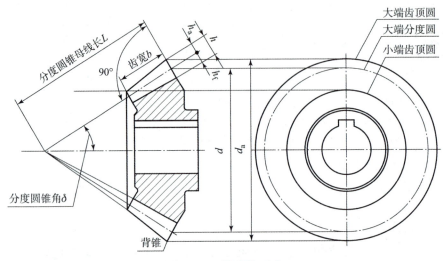

图 7.2.8　锥齿轮画法

如图 7.2.9 所示，锥齿轮啮合，主视图画成全剖视图，两锥齿轮的节圆锥面相切处用细点画线画出；在啮合区，应将其中一个齿轮的齿顶线画成粗实线，而将另一个齿轮的齿顶线画成虚线或省略不画。

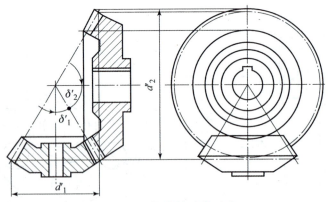

图 7.2.9　锥齿轮啮合画法

2. 单个蜗轮、蜗杆画法及蜗杆与蜗轮啮合画法

单个蜗轮、蜗杆的画法与圆柱齿轮的画法基本相同。

蜗杆的主视图上可用局部剖视或局部放大图表示齿形。齿顶圆（齿顶线）用粗实线画出，分度圆（分度线）用细点画线画出，齿根圆（齿根线）用细实线画出或省略不画，如图 7.2.10 所示。

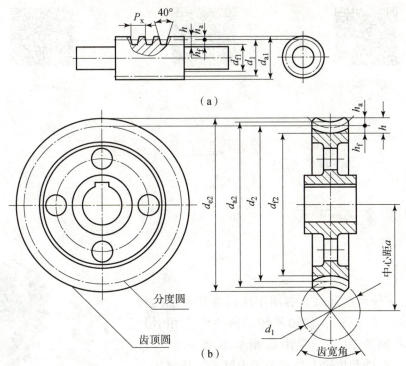

图 7.2.10 蜗轮与蜗杆画法

蜗轮通常用剖视图表达,在投影为圆的视图中只画分度圆(d_2)和蜗轮外圆(d_{e2}),如图 7.2.10(b)所示。

图 7.2.11 所示为蜗轮与蜗杆的啮合画法,画图时要保证蜗轮的分度圆与蜗杆的分度线相切。在蜗轮投影不为圆的外形视图中,蜗轮被蜗杆遮住部分不画;在蜗轮投影为圆的外形视图中,蜗轮、蜗杆啮合区的齿顶圆都用粗实线画出。图 7.2.11(b)所示为啮合时的剖视画法,注意啮合区域剖开处蜗杆的分度线与蜗轮分度圆的相切画法。

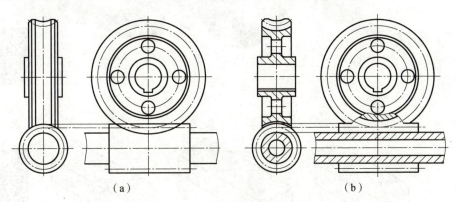

图 7.2.11 蜗轮与蜗杆啮合画法

 任务实施步骤

绘制直齿圆柱齿轮的啮合图,平行于圆柱齿轮轴线的投影方向分别用视图和剖视图表达。

QR code 18
单个圆柱齿轮的画法

QR code 19
齿轮啮合的画法

QR code 20
直齿圆柱齿轮的测绘

任务3　绘制键连接和销连接图

涉及新知识点

一、键连接

键连接是一种可拆连接。键用于连接轴和轴上的传动件（如齿轮、带轮等），使轴和传动件不产生相对转动，保证二者同步旋转，传递扭矩和旋转运动。如图7.3.1所示，在轴和齿轮上分别加工出键槽，将键嵌入轴上的键槽中，再将齿轮上的键槽对准轴上的键，把齿轮装在轴上，传动时，轴便和齿轮一起转动。

图7.3.1　键连接

键是标准件，常用的键有普通平键、半圆键和楔键，如图7.3.2所示。普通平键有A型（圆头）、B型（平头）和C型（单圆头）三种类型，其形状如图7.3.3所示。

（a）　　　　　　　（b）　　　　　　　（c）

图7.3.2　常用键

（a）普通平键；（b）半圆键；（c）钩头楔键

QR code 21　键

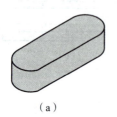
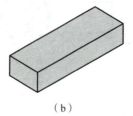
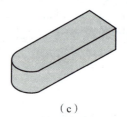

（a）　　　　　　　（b）　　　　　　　（c）

图7.3.3　普通平键

（a）A型普通平键（圆头）；（b）B型普通平键（平头）；（c）C型普通平键（单圆头）

QR code 22
键连接

1. 普通平键（GB/T 1096—2003）

(1) 普通平键的标记

普通平键的标记格式为：

标准编号 名称 类型 键宽 × 键高 × 键长

因为 A 型普通平键应用较多，所以 A 型普通平键不注"A"。

例如，GB/T 1096 键 18×11×100：表示键宽 $b=18$ mm、键高 $h=11$ mm、键长 $L=100$ mm 的 A 型普通平键。

(2) 键槽的画法及尺寸标注

键是标准件，不必画出零件图，但要画出零件上与键相配合的键槽。键槽的宽度 b 可根据轴的直径 d 查表确定，轴上的槽深 t_1 和轮毂上的槽深 t_2 可从键的标准中查得，键的长度 L 应小于轮毂长度 5~10 mm，但要符合 L 标准长度要求。键槽的画法和尺寸标注如图 7.3.4 所示。

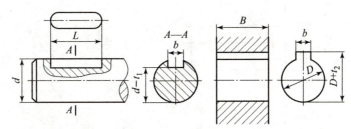

图 7.3.4 键槽的画法及尺寸标注

(3) 普通平键连接的画法

普通平键的侧面是工作面，在键连接画法中，两侧面应与轴和轮毂上的键槽侧面接触，其底面与轴上键槽底面接触，均应画一条线。键的顶面与轮毂键槽的顶面之间有间隙，画图时应画成两条线。

当剖切平面通过轴和键的轴线时，根据画装配图时的规定画法，轴和键均按不剖绘制，此时为了表示键在轴上

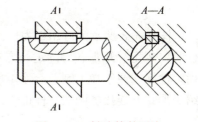

图 7.3.5 键连接的画法

的装配情况，轴采用局部剖视表达。在装配图中，键的倒角或倒圆不必画出，如图 7.3.5 所示。

2. 半圆键和钩头楔键（GB/T 1099—2003、GB/T 1565—2003）

(1) 半圆键连接画法

半圆键连接常用于载荷不大的传动轴上，其工作原理和画法与普通平键相似，键槽表示方法和连接画法如图 7.3.6 所示。

(2) 钩头楔键连接画法

钩头楔键的上顶面有 1:100 的斜度，装配时将键沿轴向嵌入键槽内，靠键的上、下面将轴和轮连接在一起，键的侧面为非工作面，其连接画法如图 7.3.7 所示。

3. 花键（GB/T 4459.3—2000）

花键连接由内花键和外花键组成。内、外花键均为多齿零件，在内圆柱表面上的花键为内花键，在外圆柱表面上的花键为外花键。花键连接适用于定心精度要求高、传递转矩大或

经常滑移的场合。

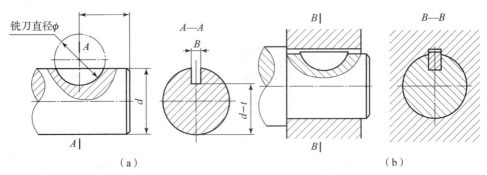

图 7.3.6　半圆键连接

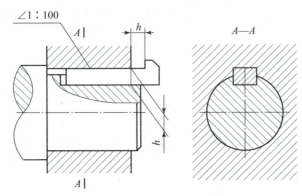

图 7.3.7　钩头楔键连接

图 7.3.8 所示为应用最为广泛的矩形花键。GB/T 1144—2001《矩形花键尺寸、公差和检验》规定，矩形花键的定心方式为小径定心。矩形花键的优点是：定心精度高，定心的稳定性好，便于加工制造。除矩形花键外，花键还有梯形、渐开线和三角形等，本书主要介绍矩形花键连接的画法和标记。

图 7.3.8　花键连接

花键是一种常用的标准结构，其结构和尺寸均已经标准化。矩形花键的基本参数包括：键数 N、小径 d、大径 D 和键宽 B。矩形花键基本尺寸系列可查阅 GB/T 1144—2001《矩形花键尺寸、公差和检验》。

（1）矩形花键的画法（GB/T 4459.3—2000）

①外花键。

在平行于花键轴线的投影面的视图中，外花键的大径用粗实线、小径用细实线绘制；外花键工作长度的终止端和尾部长度的末端均用细实线绘制，并与轴线垂直，尾部则画成斜线，其倾斜角度一般与轴线成30°（必要时可按实际情况画出），如图7.3.9（a）所示；在垂直于花键轴线的投影面的视图中，用断面图表达，并画出一部分或全部齿形，如图7.3.9（b）和图7.3.9（c）所示；外花键局部剖视的画法如图7.3.9（d）所示，垂直于花键轴线的投影面的视图，在采用标准规定的花键标记标注时可按图7.3.9（e）绘制。

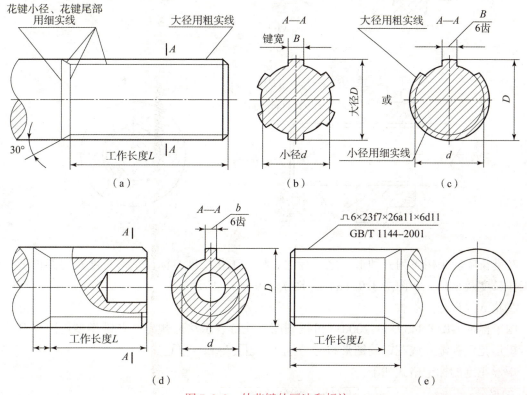

图7.3.9 外花键的画法和标注

②内花键。

在平行于花键轴线的投影面的剖视图中，内花键的大径及小径均用粗实线绘制，键齿按不剖处理，如图7.3.10（a）所示；在垂直于花键轴线的投影面的视图中，用局部视图表达，并画出一部分或全部齿形，如图7.3.10（b）所示。

③花键连接。

在装配图中，花键连接用剖视图表示时，其连接部分按外花键绘制，不重合的部分按各自的画法规定绘制，矩形花键的连接画法如图7.3.11所示。

（2）花键的尺寸标注和标记（GB/T 4459.3—2000、GB/T 1144—2001）

①花键的尺寸标注。

大径、小径及键宽：采用一般尺寸标注时，在图中分别注出小径d、大径D、键宽B和

键数 N，其注法如图 7.3.9（b）～图 7.3.9（d）及图 7.3.10（b）和图 7.3.10（c）所示。采用标准规定的花键标记标注时，其注法如图 7.3.9（e）所示，详见花键的标记部分。

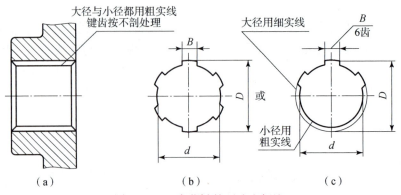

图 7.3.10　内花键的画法和标注

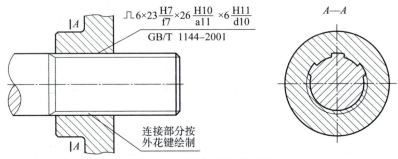

图 7.3.11　花键连接的画法

花键长度应采用下列三种形式之一标注：标注工作长度；标注工作长度及尾部长度；标注工作长度及全长。如图 7.3.9（a）～图 7.3.9（e）所示。

②花键的标记。

国家标准 GB/T 4459.3—2000《机械制图　花键表示法》规定，花键类型用图形符号表示，矩形花键和渐开线花键的图形符号分别为"⊓"和"⌒"。

矩形花键的标记格式如下：

| 图形符号 | 键数 | × | 小径 | × | 大径 | × | 键宽 | 标准编号 |

花键的标记中小径、大径及键宽均包含其公差带代号。花键的标记应注写在指引线的基准线上，标注方法如图 7.3.9（e）和图 7.3.11 所示。

二、销连接

销主要用于机器中零件之间的连接、定位或防松，常见的有圆柱销、圆锥销和开口销等。开口销经常要与开槽螺母配合使用，它穿过螺母上的槽和螺杆上的孔以防止螺母松动。

销是标准件，可根据有关标准选用和绘制。销的类型、标准、标记及连接画法见表 7.3.1。

销的标记格式如下：

| 名称 | 标准编号 | 类型 | 公称直径 | 公差代号 | × | 长度 |

表 7.3.1 销的类型、标准、标记和连接画法

名称及标准编号	主要尺寸	标记	连接画法
圆柱销 GB/T 119.1—2000		销 GB/T 119.1 $d \times l$	
圆锥销 GB/T 117—2000		销 GB/T 117 $d \times l$	
开口销 GB/T 91—2000		销 GB/T 91 $d \times l$	

在销的标记中，销的名称可省略，另外因为 A 型圆锥销应用较多，所以圆锥销不注"A"。

圆锥销的公称直径是指小端直径。在销连接的画法中，当剖切平面沿销的轴线剖切时，销按不剖处理；当垂直销的轴线剖切时，要画剖切线。销的倒角（或球面）可省略不画。

 任务实施步骤

绘制普通平键的周及轮毂上的键槽，并绘制普通平键连接图。

QR code 23 销授课微视频

QR code 24 槽形螺母与开口销

任务 4 绘制滚动轴承的视图

 涉及新知识点

在机器中，滚动轴承是用来支承轴旋转的标准部件。由于它可以大大减小轴与孔相对旋

转时的摩擦力，具有机械效率高、结构紧凑等优点，因此得到了广泛应用。滚动轴承种类很多，并已标准化，选用时可根据相应标准合理选用。

一、滚动轴承的结构和分类（GB/T 271—2017）

1. 滚动轴承的结构

滚动轴承种类繁多，但其结构大体相同，一般由外圈、内圈、滚动体和保持架四部分组成，如图7.4.1所示。

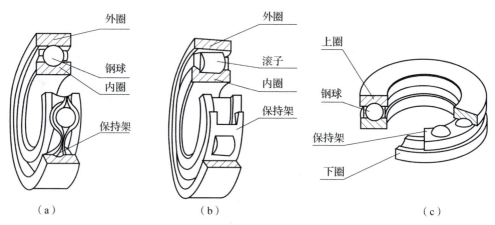

图7.4.1　滚动轴承的结构及类型
（a）深沟球轴承；（b）圆锥滚子轴承；（c）推力球轴承

（1）外圈

外圈一般固定在机体或轴承座内不转动。

（2）内圈

内圈与轴相配合，通常与轴一起转动。内圈孔径称为轴承内径，用符号 d 表示，它是轴承的规格尺寸。

（3）滚动体

滚动体位于内、外圈的滚道之间，通常有球、圆柱和圆锥等多种形状。

（4）保持架

保持架用以均匀分隔滚动体，以保持滚动体在滚道之间彼此有一定距离，防止它们相互之间的摩擦和碰撞。

2. 滚动轴承的分类

滚动轴承的分类方法很多，GB/T 271—2017《滚动轴承 分类》规定了不同的分类方法，本书仅介绍以下几种。

（1）按所能承受的载荷方向或公称接触角的不同

①向心轴承。

向心轴承是主要用于承受径向载荷的滚动轴承，其公称接触角为 $0°≤α≤45°$。按公称接触角的不同，又分为径向接触轴承（公称接触角为 $0°$ 的向心轴承，如图7.4.1（a）所示的深沟球轴承）和角接触向心轴承（公称接触角为 $0°<α≤45°$ 的向心轴承，如图7.4.1（b）所示的圆锥滚子轴承）。

② 推力轴承。

推力轴承主要是用于承受轴向载荷的滚动轴承,其公称接触角为 45°<α≤90°。按公称接触角的不同,又分为轴向接触轴承(公称接触角为 90°的推力轴承,如图 7.4.1(c)所示的推力球轴承)和角接触推力轴承(公称接触角为 45°<α<90°的推力轴承)。

(2)按滚动体的种类

① 球轴承。

滚动体为球的轴承。

② 滚子轴承。

滚动体为滚子的轴承。按滚子种类的不同又分为:

a. 圆柱滚子轴承——滚动体是圆柱滚子的轴承。

b. 滚针轴承——滚动体是滚针的轴承。

c. 圆锥滚子轴承——滚动体是圆锥滚子的轴承。

d. 调心滚子轴承——滚动体是球面滚子的轴承。

e. 长弧面滚子轴承——滚动体是长弧面滚子的轴承。

(3)按能否调心

① 调心轴承。

滚道是球面形的,能适应两滚道轴心线间较大角偏差及角运动的轴承。

② 非调心轴承。

能阻抗滚道间轴心线角偏移的轴承。

二、滚动轴承的代号与标记(GB/T 272—2017)

滚动轴承的代号由基本代号、前置代号和后置代号构成,其排列顺序按表 7.4.1 的规定。本书重点学习轴承的基本代号部分。

表 7.4.1 轴承代号的构成(摘自 GB/T 272—2017)

前置代号	基本代号				后置代号
	轴承系列			内径代号	
	类型代号	尺寸系列			
		宽度(或高度)系列代号	直径系列代号		

1. 滚动轴承的基本代号(滚针轴承除外)

滚动轴承基本代号表示轴承的基本类型、结构和尺寸,是滚动轴承代号的基础。基本代号由轴承类型代号、尺寸系列代号和内径代号组成,其顺序为:

|类型代号|尺寸系列代号|内径代号|

(1)类型代号

轴承类型代号用阿拉伯数字或大写拉丁字母表示,见表 7.4.2。

(2)尺寸系列代号

尺寸系列代号用数字表示。尺寸系列代号由轴承的宽(高)度系列代号和直径系列代号组合而成,用两位阿拉伯数字来表示。它的主要作用是区别内径相同而宽度和外径不同的滚动轴承。常用滚动轴承尺寸系列代号和轴承系列代号分别见表 7.4.3 和表 7.4.4。

表 7.4.2　滚动轴承类型代号（摘自 GB/T 272—2017）

代号	轴承类型	代号	轴承类型
0	双列角接触轴承	7	角接触轴承
1	调心球轴承	8	推力圆柱滚子轴承
2	调心滚子轴承和推力调心滚子轴承	N	圆柱滚子轴承
3	圆锥滚子轴承		双列或多列，用字母 NN 表示
4	双列深沟球轴承	U	外球面球轴承
5	推力球轴承	QJ	四点接触球轴承
6	深沟球轴承	C	长弧面滚子轴承（圆环轴承）

注：在代号后或前加字母或数字表示该类轴承中的不同结构。

表 7.4.3　尺寸系列代号（摘自 GB/T 272—2017）

直径系列代号	向心轴承						推力轴承					
	宽度系列代号						高度系列代号					
	8	0	1	2	3	4	5	6	7	9	1	2
	尺寸系列代号											
7	—	—	17	—	37	—	—	—	—	—	—	—
8	—	08	18	28	38	48	58	68	—	—	—	—
9	—	09	19	29	39	49	59	69	—	—	—	—
0	—	00	10	20	30	40	50	60	70	90	10	—
1	—	01	11	21	31	41	51	61	71	91	11	—
2	82	02	12	22	32	42	52	62	72	92	12	22
3	83	03	13	23	33	—	—	—	73	93	13	23
4	—	04	—	24	—	—	—	—	74	94	14	24
5	—	—	—	—	—	—	—	—	—	95	—	—

表 7.4.4　轴承系列代号（摘自 GB/T 272—2017）

轴承类型	简图	类型代号	尺寸系列代号	轴承系列代号	标准号
圆锥滚子轴承		3	29	329	GB/T 297—2015
		3	20	320	
		3	30	330	
		3	31	331	
		3	02	302	
		3	22	322	
		3	32	332	
		3	03	303	
		3	13	313	
		3	23	323	

续表

轴承类型	简图	类型代号	尺寸系列代号	轴承系列代号	标准号
推力球轴承		5	11	511	GB/T 301—2015
		5	12	512	
		5	13	513	
		5	14	514	
深沟球轴承		6	17	617	GB/T 276—2013
		6	37	637	
		6	18	618	
		6	19	619	
		16	(0) 0	160	
		6	(1) 0	60	
		6	(0) 2	62	
		6	(0) 3	63	
		6	(0) 4	64	

注：表中用"( )"括住的数字在组合代号中省略。

（3）内径代号

轴承的内径代号表示滚动轴承的公称直径，一般用两位阿拉伯数字表示，其表示方法见表 7.4.5。

表 7.4.5　内径代号（摘自 GB/T 272—2017）

轴承公称内径/mm		内径代号	示例
0.6~10（非整数）		用公称内径毫米数直接表示，其与尺寸系列代号之间用"/"分开	深沟球轴承 617/0.6 d = 0.6 mm； 深沟球轴承 618/2.5 d = 2.5 mm
1~9（整数）		用公称内径毫米数直接表示，深沟球轴承及角接触球轴承直径系列 7、8、9 的内径与尺寸系列代号之间用"/"分开	深沟球轴承 625 d = 5 mm； 深沟球轴承 618/5 d = 5 mm； 角接触球轴承 707 d = 7 mm； 角接触球轴承 719/7 d = 7 mm
10~17	10	00	深沟球轴承 6200 d = 10 mm
	12	01	调心球轴承 1201 d = 12 mm
	15	02	圆柱滚子轴承 NU 202 d = 15 mm
	17	03	推力球轴承 51103 d = 17 mm
20~480（22、28、32 除外）		公称内径除以 5 的商数，商数为个位数，需在商数左边加"0"，如"08"	调心滚子轴承 22308 d = 40 mm； 圆柱滚子轴承 NU1096 d = 480 mm
≥500 以及 22、28、32		用公称内径毫米数直接表示，其与尺寸系列代号之间用"/"分开	调心滚子轴承 23/500 d = 500 mm； 深沟球轴承 62/22 d = 22 mm

滚动轴承基本代号示例：

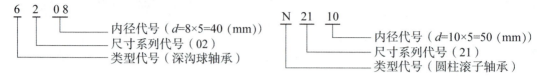

2. 前置代号和后置代号

前置、后置代号是轴承在结构形状、尺寸、公差和技术要求等有改变时，在其基本代号左、右添加的补充代号。

前置代号用字母表示，经常用于表示轴承部件（轴承组件）；后置代号用字母（或加数字）表示，后置代号表示轴承的特性及排列顺序。代号及其含义的具体内容可查阅有关国家标准。

3. 滚动轴承的标记

根据各类轴承的相应标记规定，轴承的标记由三部分组成，即轴承名称、轴承代号和标准编号，其标记格式为：

|轴承名称||轴承代号||标准编号|

标记示例："滚动轴承 31214 GB/T 297—2015"表示圆锥滚子轴承，内径 $d = 70$ mm，宽度系列代号为 1，直径系列代号为 2 的标记。

根据滚动轴承的标记，查阅有关国家标准，即可查出代号及其含义的具体内容。

三、滚动轴承的画法（GB/T 4459.7—2017）

GB/T 4459.7—2017 规定了滚动轴承的通用画法、特征画法和规定画法。本部分适用于在装配图中不需要确切地表示其形状和结构的标准滚动轴承，非标准滚动轴承也可参照采用。

1. 基本规定

①通用画法、特征画法及规定画法中的各种符号、矩形线框和轮廓线均用粗实线绘制。

②绘制滚动轴承时，其矩形线框或外形轮廓的大小应与滚动轴承的外形尺寸一致，并与所属图样采用同一比例。

③在剖视图中，用通用画法或特征画法绘制滚动轴承时，一律不画剖面符号（剖面线）；在采用规定画法绘制滚动轴承的剖视图时，轴承的滚动体不画剖面线，其各套圈等一般应画成方向和间隔相同的剖面线，在不致引起误解时，也允许省略不画；当其他零件或附件（偏心套、紧定套、挡圈等）与滚动轴承配套使用时，其剖面线应与轴承套圈的剖面线呈不同方向或不同间隔，在不致引起误解时，也允许省略不画。

④采用通用画法或特征画法绘制滚动轴承时，在同一图样中一般只采用其中一种画法。

2. 通用画法

在剖视图中，当不需要确切地表示滚动轴承的外形轮廓、载荷特性和结构特征时，可用矩形线框及位于线框中央正立的十字形符号表示，十字形符号不应与矩形线框接触。通用画法一般应绘制在轴的两侧。

3. 特征画法

在剖视图中，如需较形象地表示滚动轴承的结构特征，则可采用在矩形线框内画出其结构要素符号的方法表示。特征画法应绘制在轴的两侧。

在垂直于滚动轴承轴线的投影面的视图上，无论滚动体的形状（球、柱、针等）及尺寸如何，均可按图7.4.2所示的方法绘制。

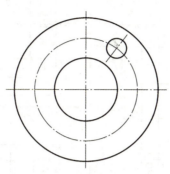

图7.4.2 滚动轴承轴线垂直于投影面的特征画法

4. 规定画法

必要时，在滚动轴承的产品图样、产品样本、产品标准、用户手册和使用说明书中可采用规定画法绘制滚动轴承。

采用规定画法绘制滚动轴承的剖视图时，轴承的滚动体不画剖面线，其内、外圈可画成方向和间隔相同的剖面线，在不致引起误解时，也可省略不画。

在装配图中，滚动轴承的保持架及倒角等可省略不画。规定画法一般绘制在轴的一侧，另一侧按通用画法绘制。

通用画法、特征画法及规定画法的尺寸比例示例见表7.4.6。

QR code 25
标准件－滚动轴

表7.4.6 常用滚动轴承的画法（摘自GB/T 4459.7—2017）

轴承类型	通用画法	特征画法	规定画法
深沟球轴承 （GB/T 276—2013）			

续表

轴承类型	通用画法	特征画法	规定画法
圆锥滚子轴承 （GB/T 297—2015）			
推力球轴承 （GB/T 301—2015）			
三种画法的选用	当不需要确切地表示滚动轴承的外形轮廓、载荷特性和结构特征时采用	当需要较形象地表示滚动轴承的结构特征时采用	在滚动轴承的产品图样、产品样本、产品标准、用户手册和使用说明书中采用

  任务实施步骤

用通用画法、特征画法和规定画法绘制"滚动轴承 6000 GB/T 276—2013"的图形，并绘制相应滚动轴承的装配图，如图 7.4.3 和图 7.4.4 所示。

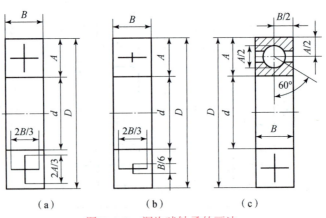

图 7.4.3　深沟球轴承的画法

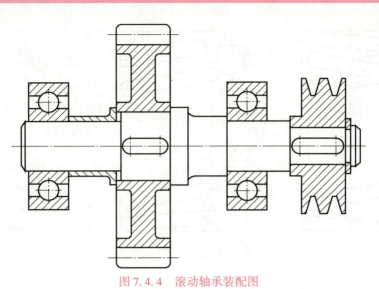

图 7.4.4 滚动轴承装配图

任务 5 绘制圆柱螺旋压缩弹簧的视图

 涉及新知识点

弹簧是机械中用途广泛的常用零件，它主要用于减振、夹紧、自动复位、测力和储存能量等方面。弹簧的特点是在弹性变形范围内去掉外力后能立即恢复原状。弹簧的种类很多，常见的有圆柱螺旋压缩弹簧、平面涡卷弹簧和板弹簧等，如图 7.5.1 所示。本书仅介绍普通圆柱压缩弹簧的画法和尺寸计算。

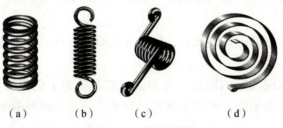

(a)　　　　(b)　　　　(c)　　　　(d)

图 7.5.1　常见弹簧

(a) 压缩弹簧；(b) 拉伸弹簧；(c) 扭转弹簧；(d) 平面涡卷弹簧

一、圆柱螺旋压缩弹簧各部分名称及尺寸计算（GB/T 1805—2001）

圆柱螺旋压缩弹簧的规定画法如图 7.5.2 所示，其各部分名称及代号如图 7.5.2 (b) 所示。

(1) 线径 d

用于缠绕弹簧的钢丝直径。

(2) 弹簧中径 D

弹簧内径和外径的平均值，也是规格直径：

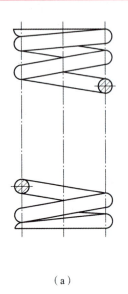 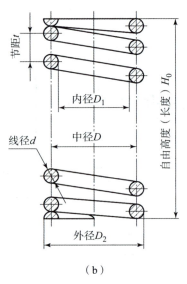 

(a) (b) (c)

图 7.5.2　圆柱螺旋压缩弹簧的规定画法
（a）视图画法；（b）剖视画法；（c）示意画法

$$D = (D_1 + D_2)/2 = D_1 + d = D_2 - d$$

（3）弹簧内径 D_1
弹簧内圈直径：

$$D_1 = D_2 - 2d$$

（4）弹簧外径 D_2
弹簧外圈直径：

$$D_2 = D_1 + 2d$$

（5）节距 t
螺旋弹簧两相邻有效圈的轴向距离，一般 $t = (D_2/3) \sim (D_2/2)$。

（6）有效圈数 n
用于计算弹簧总变形量的簧圈数量，称为有效圈数（即具有相等节距的圈数）。

（7）支承圈数 n_2
弹簧端部用于支承或固定的圈数，称为支承圈数。为了使螺旋压缩弹簧工作时受力均匀，保证轴线垂直于支承端面，两端常并紧且磨平。并紧且磨平的圈数仅起支承作用，即支承圈。支承圈数 $n_2 = 2.5$ 用得较多，即两端各并紧 $1\frac{1}{4}$。

（8）总圈数 n_1
沿螺旋线两端间的螺旋圈数，称为总圈数。总圈数 n_1 等于有效圈数 n 和支承圈数 n_2 的总和，即 $n_1 = n + n_2$。

（9）自由高度（长度） H_0
弹簧无负荷作用时的高度（长度），即 $H_0 = nt + 2d$。

（10）展开长度 L
制造弹簧时簧丝的长度，即 $L \approx \pi D n_1$。

二、圆柱螺旋压缩弹簧的规定画法（GB/T 4459.4—2003）

①在平行于螺旋弹簧轴线的投影面的视图中，其各圈的轮廓应画成直线。

②螺旋弹簧均可画成右旋，对必须保证的旋向要求应在"技术要求"中注明。

③有效圈数在4圈以上的螺旋弹簧，中间各圈可以省略，允许每端只画两圈（不包括支承圈），中间用通过弹簧钢丝断面中心的两条细点画线连起来。当中间部分省略后，允许适当地缩短图形的长（高）度，如图7.5.2（a）和图7.5.2（b）所示。

④在装配图中，螺旋弹簧被剖切，弹簧中间各圈采取省略画法后，弹簧后面被挡住的零件轮廓不必画出，其可见部分应从弹簧的外轮廓线或弹簧钢丝剖面的中心线画起，如图7.5.3（a）和图7.5.3（b）所示。

⑤在装配图中，当弹簧钢丝线径在图上小于或等于2 mm时，可采用示意画法，如图7.5.3（c）所示；如果是断面，可以涂黑表示，如图7.5.3（b）所示。

QR code 26 弹簧

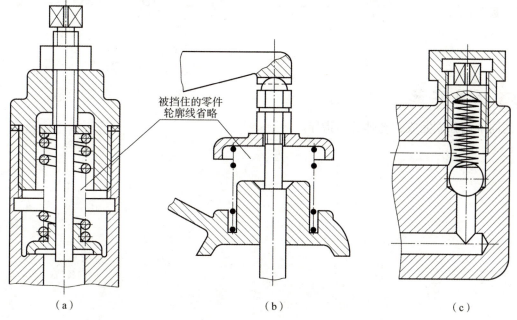

图7.5.3 装配图中圆柱螺旋压缩弹簧的画法
（a）剖视画法；（b）涂黑画法；（c）示意画法

任务实施步骤

已知圆柱螺旋压缩弹簧的线径 $d=6$ mm，弹簧外径 $D_1=36$ mm，节距 $t=12$ mm，有效圈数 $n=6$，支承圈数 $n_2=2.5$，右旋，试画出该弹簧的轴向剖视图。

对于两端并紧、磨平的圆柱螺旋压缩弹簧，其作图步骤如图7.5.4所示。国家标准规定，不论弹簧的支承圈数是多少或末端并紧情况如何，均可按支承圈数为2.5圈时的画法绘制。左旋弹簧和右旋弹簧均可画成右旋，但左旋要注明"LH"。

①计算弹簧中径 $D=D_1+d=36+6=42$（mm）；计算自由高度 $H_0=n_1+2d=6\times12+2\times$

$6 = 84$ （mm）。按自由高度 H_0 和弹簧中径 D，作矩形 $ABCD$，如图 7.5.4（a）所示。

② 根据线径 d，画出支承圈部分的四个圆和两个半圆的弹簧钢丝剖面，如图 7.5.4（b）所示。

③ 根据节距 t，作有效圈部分的圈数（省略中间各圈），如图 7.5.4（c）所示。

④ 按右旋方向作相应圆的公切线，并画剖面线，如图 7.5.4（d）所示。

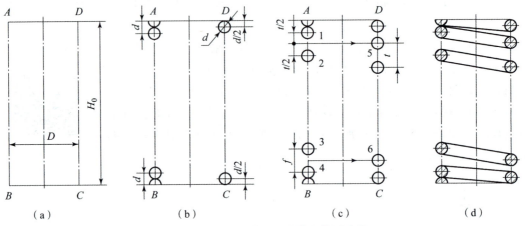

图 7.5.4　圆柱螺旋压缩弹簧的作图步骤

 项目实施

请同学们独立完成，老师巡回指导。

项目八　从动轴零件图的识读和绘制

从动轴零件图及其实物分别如图 8.0.1 和图 8.0.2 所示。

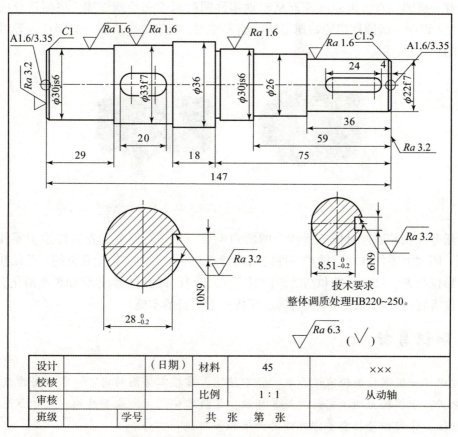

图 8.0.1　从动轴零件图

图 8.0.2　从动轴实物

QR code 1　导入视频

项目描述

圆柱齿轮减速机是一种相对精密的机械,使用它的目的是降低转速、增加转矩,主要用于带式输送机及各种运输机械,也可用于其他通用机械的传动机构中。它具有承载能力高、寿命长、体积小、效率高、重量轻等优点,用于输入轴与输出轴呈垂直方向布置的传动装置中。圆柱齿轮减速器广泛应用于冶金、矿山、起重、运输、水泥、建筑、化工、纺织、印染和制药等领域。

本项目以一级圆柱直齿齿轮减速器从动轴为载体,如图8.0.3所示。本项目以任务为导向,围绕着一级圆柱直齿齿轮减速器从动轴零件图的识读和绘制讲述,将项目分成2个任务:任务1 识读一级圆柱齿轮减速器从动轴零件图,任务2 绘制一级圆柱齿轮减速器从动轴零件图。

(a)　　　　　　　　(b)

图8.0.3　一级圆柱直齿齿轮减速器教学实物模型

每个任务互相关联,对任务所涉及的新知识点一一进行罗列,先后讲述了零件图的作用、组成、四大类零件欣赏、轴类零件的结构特点和绘制方法、轴上常见的工艺结构、表面粗糙度、形位公差、尺寸标准和基准。读者完成每个任务的过程就是将知识点消化吸收的过程,最后读者将所学的知识点融会贯通,完成整个项目的实施。

通过识读一级圆柱齿轮减速器从动轴零件图,掌握零件图的内容、零件图的视图选择和尺寸分析;掌握轴上的工艺结构及其标注;掌握零件图上的表面结构、尺寸公差及几何公差的标注;掌握识读轴套类零件图的方法和步骤。

将之前所学知识应用到实践,具备识读和绘制轴套类零件图的技能。

培养学生敬业精神和大国工匠精神。

任务1　识读一级圆柱齿轮减速器从动轴零件图

QR code 2 四大类
零件图欣赏

一、零件图的概述

1. 零件图的作用

零件图是表达零件结构形状、尺寸大小及技术要求的图样，也是在制造和检验机器零件时所用的图样。在生产过程中，通常根据零件图来进行生产准备、加工制造及检验。因此，它是设计部门提交给生产部门的重要技术文件，是制造和检验的依据。

QR code 3
零件图概述

任何机器或部件都是由若干零件按一定要求装配而成的，我们常将机械类零件分为四大类：轴套类零件、轮盘类零件、箱体类零件、叉架类零件。本书从项目八到项目十一，主要讲述四大类零件的识读和绘制。图8.0.1所示为从动轴零件图，图8.0.2所示为从动轴的实物图。

2. 零件图的组成

（1）一组视图

通常可以选择各种实用的图形来表达零件的结构形状。

（2）完整的尺寸

零件图中应正确、完整、清晰、合理地注出制造零件所需的全部尺寸，符合合理标注要求，不多标、不少标、不重标。

（3）技术要求

零件图中必须用规定的代号、数字、字母与文字注解说明制造和检验零件时在技术指标上应达到的要求，如表面粗糙度、尺寸公差、形位公差、材料和热处理、检验方法以及其他特殊要求等。技术要求的文字一般注写在标题栏上方图纸空白处。

（4）标题栏

标题栏应配置在图框的右下角，它一般由更改区、签字区、其他区、名称以及代号区组成，填写的内容主要有零件的名称、材料、数量、比例、图样代号以及设计者、审核者、批准者的姓名、日期等。标题栏的尺寸和格式已经标准化，可参见国家标准或企业标准。绘制零件图时，应使用本教材项目一中学生用简单标题栏。

二、零件表达方案的选择

零件的表达方案选择应首先考虑看图方便，并根据零件的结构特点选用适当的表示方法。由于零件的结构形状是多种多样的，所以在画图前应对零件进行结构形状分析，结合零件的工作位置和加工位置，选择最能反映零件形状特征的视图作为主视图，并选好其他视图，以确定一组最佳的表达方案。

选择表达方案的原则是：在完整、清晰地表示零件形状的前提下，力求制图简便，少选用图个数。

1. 零件形状结构分析

零件分析是认识零件的过程，是确定零件表达方案的前提。零件的结构形状及其工作位置或加工位置不同，视图选择也往往不同。因此，在选择视图之前，应首先对零件进行形体分析和结构分析，并了解零件的工作状态和加工情况，以便确切地表达零件的结构形状，反映零件的设计和工艺加工要求。

2. 主视图的选择

主视图是表达零件形状最重要的视图，其选择是否合理将直接影响其他视图的选择和看图是否简便，甚至影响到画图时图幅的合理布局。一般来说，零件主视图的选择应满足"合理位置"和"形状特征"两个基本原则。

（1）合理位置原则

所谓"合理位置"通常是指零件的加工位置和工作位置。

①加工位置是零件在加工时所处的位置。主视图应尽量表示零件在机床上加工时所处的位置，这样在加工时可以直接进行图物对照，既便于看图和测量尺寸，又可减少差错。如轴套类零件的加工，大部分工序是在卧式车床或磨床上进行的，因此通常要按加工位置（即轴线水平放置）画其主视图。如图8.1.1所示布局有利于操作者读图。

②工作位置是零件在装配体中所处的位置。零件主视图的放置应尽量与零件在机器或部件中的工作位置一致，这样便于根据装配关系来考虑零件的形状及有关尺寸，且便于校对。如图8.1.2所示的车床尾架零件的主视图就是按工作位置选择的，这样有利于按装配图进行拆卸和安装。对于工作位置歪斜放置的零件，因为不便于绘图，故应将零件放正。

QR code 4 普车车外螺纹加工视频

 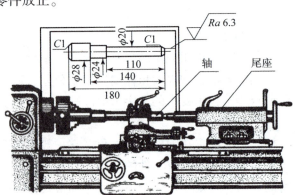

图8.1.1 轴类零件的加工位置

（2）形状特征原则

确定了零件的安放位置后，还要确定主视图的投影方向。形状特征原则就是将最能反映零件形状特征的方向作为主视图的投影方向，即主视图要较多地反映零件各部分的形状及它们之间的相对位置，以满足表达零件清晰的要求。图8.1.2所示为确定机床尾架主视图投影方向的比较。由图8.1.2可知，图8.1.2（a）的表达效果显然比图8.1.2（b）的表达效果要好得多。

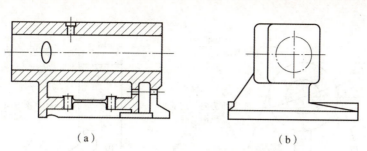

图 8.1.2　确定主视图投影方向的比较

3. 选择其他视图

通常仅用一个主视图是不能完全反映零件的结构形状的，必须选择其他视图，包括剖视图、断面图、局部放大图和简化画法等各种表达方法。主视图确定后，对其表达未尽的部分，再选择其他视图予以完整表达。具体选用时，应注意以下几点：

①根据零件的复杂程度及内、外结构形状，全面地考虑还应需要的其他视图，使每个所选视图具有明确的表达重点，避免不必要的重复，在明确表达零件的前提下使视图数量最少。

②优先考虑采用基本视图，当有内部结构时应尽量在基本视图上作剖视；对尚未表达清楚的局部结构和倾斜部分结构，可增加必要的局部（剖）视图、局部放大图和斜剖视图；有关的视图应尽量保持直接的投影关系，配置在相关视图附近。

③按照视图表达零件形状要正确、完整、清晰和简便的要求，进一步综合、比较、调整、完善，选出最佳的表达方案。

三、正确选择尺寸基准

零件图尺寸标注既要保证设计要求，又要满足工艺要求，即首先应当正确选择尺寸基准。

所谓尺寸基准，就是指零件装配到机器上或在加工测量时，用以确定其位置的一些面、线或点，它可以是零件上的对称平面、安装底平面、端面、零件的接合面、主要孔和轴的轴线等。

1. 选择尺寸基准的目的

（1）确定零件在机器中的位置或零件上几何元素的位置，以符合设计要求。

（2）在制作零件时，确定测量尺寸的起点位置，便于加工和测量，以符合工艺要求。

2. 尺寸基准的分类

根据基准作用不同，一般将基准分为设计基准、工艺基准和测量基准三类。

（1）设计基准

根据零件结构特点和设计要求而选定的基准，称为设计基准。零件有长、宽、高三个方向，每个方向都要有一个设计基准，该基准又称为主要基准，如图 8.1.3 所示。

对于轴套类和轮盘类零件，实际设计中经常采用的是轴向基准和径向基准，而不用长、宽、高基准，如图 8.1.4 所示。

（2）工艺基准

在加工时，确定零件装夹位置和刀具位置的一些基准以及检测时所使用的基准，称为工艺基准。工艺基准有时可能与设计基准重合，当该基准不与设计基准重合时又称为辅助基准。当零件同一方向有多个尺寸基准时，主要基准只有一个，其余均为辅助基准，辅助基准必有一个尺寸与主要基准相联系，该尺寸称为联系尺寸。如图 8.1.3 中的 40、11、30，

图 8.1.4 中的 110。

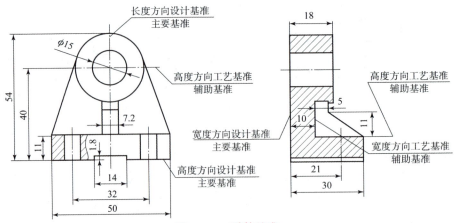

图 8.1.3　零件基准

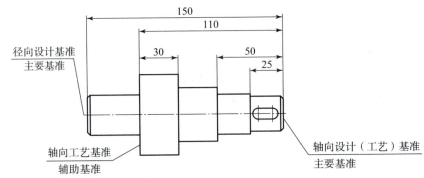

图 8.1.4　轴类零件尺寸基准

（3）测量基准

测量某些尺寸时，确定零件在量具中位置所依据的点、线、面称为测量基准。

3. 尺寸基准的形式

①线基准：回转面的轴线、某些重要的轮廓线。

②面基准：某些较大的平面，如主要加工面、接触面、安装面和对称面。

③点基准：球心、极坐标原点。

轴类零件尺寸基准的形式包括链状式、坐标式和综合式，如图 8.1.5 所示。

四、零件图技术要求

零件图的技术要求一般包括表面粗糙度、尺寸公差、形状和位置公差、热处理和表面镀涂层及零件制造检验、试验的要求等。上述要求应依照有关国家标准规定正确书写。下面分别讲解。

五、粗糙度

1. 表面粗糙度的定义

表面粗糙度是指零件加工表面实际存在的、具有较小的波峰和波谷的微观的几何形状特征。

QR code 5
表面粗糙度

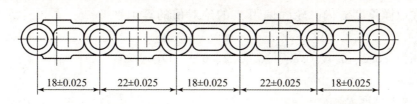

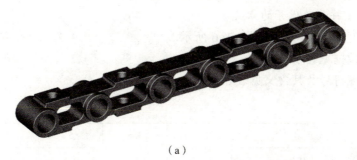

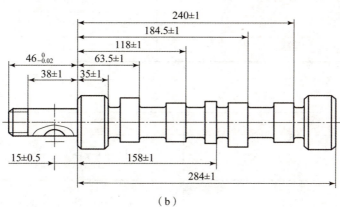

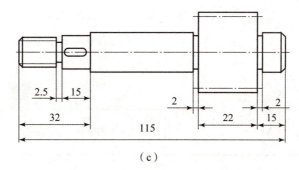

图 8.1.5 轴类零件尺寸基准的形式
（a）链状式；（b）坐标式；（c）综合式

$\lambda > 10$ mm：宏观几何形状误差；

$\lambda = 1 \sim 10$ mm：表面波纹度；

$\lambda < 1$ mm：表面粗糙度。

2. 表面粗糙度的参数及其数值

①轮廓算术平均偏差 Ra：

$$Ra = \frac{1}{L}\int_0^L |Z(X)|\,\mathrm{d}X$$

Ra 是在取样长度 L 内,轮廓偏距 Z 的绝对值的算术平均值。

Ra 常用值:0.2、0.4、0.8、1.6、3.2、6.3、12.5、25、50(单位:μm)

②轮廓最大高度 Rz。

3. 表面粗糙度符号及代号的意义

①表面粗糙度的标注符号如图 8.1.6 所示。

各标注代号数据见表 8.1.1。

②表面粗糙度符号及其含义见表 8.1.2。

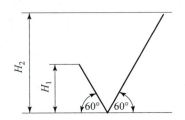

图 8.1.6 粗糙度的标注符号
$H_1 \approx 1.4h$;$H_2 = 2H_1$;
h—字高;线—细实线

表 8.1.1 标注代号数据表　　　　　　　　　　mm

数字与字母高度	2.5	3.5	5	7	10
符号线宽、字母线宽	0.25	0.35	0.5	0.7	1
高度 H_1	3.5	5	7	10	14
高度 H_2	8	11	15	21	30

表 8.1.2 表面粗糙度符号及其含义

符号	意义及说明
∨	用任何方法获得的表面(单独使用无意义)
∨	用去除材料的方法获得的表面
∨	用不去除材料的方法获得的表面
∨ ∨ ∨	横线上用于标注有关参数和说明
∨ ∨ ∨	表示所有表面具有相同的表面粗糙度要求

③表面结构要求在图形符号中的注写位置如图 8.1.7 所示。

a——粗糙度高度参数代号及其数值(单位为 μm);

b——加工要求、镀覆、涂覆、表面处理或其他说明等;

c——取样长度(单位为 mm)或波纹度(单位为 μm);

d——加工纹理方向符号;

e——加工余量(单位为 mm);

图 8.1.7 补充要求的注写位置

④Ra 的代号及意义示例。

$\sqrt{Ra\ 3.2}$——用去除材料的方法获得的表面粗糙度,Ra 的限值为 3.2 μm。

$\sqrt{\overset{铣}{Ra\,3.2}}$ ——用铣削去除材料的方法获得的表面粗糙度，Ra 的限值为 3.2 μm。

$\sqrt{\overset{铣}{\underset{X}{Ra\,3.2}}}$ ——用铣削去除材料的方法获得的表面粗糙度，Ra 的限值为 3.2 μm；X 表示表面加工纹理方向。

$\sqrt{Rz\,25}$ ——用不去除材料的方法获得的表面粗糙度，Rz 的限值为 25 μm。

4．粗糙度标注方法

①在同一张图样上，每一表面一般只标注一次代（符）号，并按规定分别注在可见轮廓线、尺寸界线、尺寸线及其延长线上。

②符号尖端必须从材料外指向加工表面。若不易标时，用箭头外引，如图 8.1.8 所示；还可用代号表示，如 $\sqrt{Y}$，并在图后说明 $\sqrt{Y} = \sqrt{Ra\,3.2}$。

③可标注在尺寸线上，粗糙度参数值的方向与尺寸数字方向一致。

④当零件所有表面或未标注表面为同一代（符）号时，可在图形右下角统一标注，其代（符）号应比图形上的代（符）号大 1.4 倍，后加（$\sqrt{}$）。

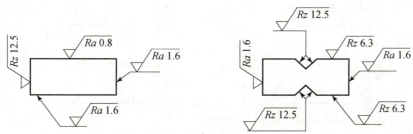

图 8.1.8　粗糙度标注实例

5．表面粗糙度参数值的选用原则

①优先采用第一系列。
②根据零件与零件的接触状况、配合要求、相对运动速度等来选定。
③根据零件加工的经济性来选定。

在满足使用要求的前提下，零件表面粗糙度的高度参数值应尽可能大，以降低加工成本，常用加工方法表面粗糙度 Ra 的数值见表 8.1.3。

表 8.1.3　常用加工方法表面粗糙度 Ra 的数值

表面特征	表面粗糙度（Ra）数值	加工方法举例
明显可见刀痕	$\sqrt{Ra\,100}$　$\sqrt{Ra\,50}$　$\sqrt{Ra\,25}$	粗车、粗刨、粗铣、钻孔
微见刀痕	$\sqrt{Ra\,12.5}$　$\sqrt{Ra\,6.3}$　$\sqrt{Ra\,3.2}$	半精车、精刨、精铣、粗铰、粗磨

续表

表面特征	表面粗糙度（Ra）数值	加工方法举例
看不见加工痕迹，微辨加工方向	$\sqrt{Ra\ 1.6}$ $\sqrt{Ra\ 0.8}$ $\sqrt{Ra\ 0.4}$	精车、精磨、精铰、研磨
暗光泽面	$\sqrt{Ra\ 0.2}$ $\sqrt{Ra\ 0.1}$ $\sqrt{Ra\ 0.05}$	研磨、珩磨、超精磨

六、极限与配合

1. 基限与配合概念

（1）互换性

在一批相同规格的零件或部件中，任取一件，不经修配或其他加工，就能顺利装配，并能够达到预期使用要求，我们把这批零件或部件所具有的这种性质称为互换性。

（2）基本术语

基本尺寸：设计时确定的尺寸称为基本尺寸，如图 8.1.9 中的 $\phi 50$。

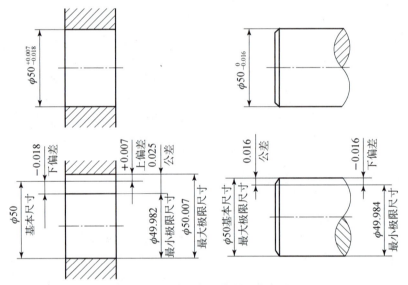

图 8.1.9　公差与配合的基本概念

最大极限尺寸：零件实际尺寸所允许的最大值，如孔 $\phi 50.007$、轴 $\phi 50$。

最小极限尺寸：零件实际尺寸所允许的最小值，如孔 $\phi 49.982$、轴 $\phi 49.984$。

上偏差：最大极限尺寸和基本尺寸的差。孔的上偏差代号为 ES，如孔 $\phi 50$、+0.007；轴的上偏差代号为 es，如 $\phi 50$、+0。

下偏差：最小极限尺寸和基本尺寸的差。孔的下偏差代号为 EI，如 $\phi 50$、-0.018；轴的上偏差代号为 ei，如 $\phi 50$、-0.016。

公差：允许尺寸的变动量，公差等于最大极限尺寸和最小极限尺寸的差，为正值，+0.007 -（-0.018）= 0.025

公差带图：用零线表示基本尺寸，上方为正，下方为负；用矩形的高度表示尺寸的变化范围（公差），矩形的上边代表上偏差，矩形的下边代表下偏差，距零线近的偏差为基本偏差，矩形的高度代表公差范围，如图 8.1.10 所示。

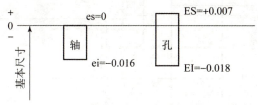

图 8.1.10　公差带图

（3）标准公差和基本偏差系列

标准公差是由国家标准规定的公差值，其大小由两个因素决定，一个是公差等级，另一个是基本尺寸。国家标准（GB/T 1800）将公差划分为 20 个等级，分别为 IT01、TI0、IT1、IT2、IT3、…、IT17、IT18。其中 IT01 精度最高，IT18 精度最低。

轴和孔的基本偏差系列代号各有 28 个，用字母或字母组合表示，孔的基本偏差代号用大写字母表示，轴的基本偏差代号用小写字母表示，如图 8.1.11 所示。基本偏差决定公差带在 0 线上下的位置，标准公差决定公差带的高度。

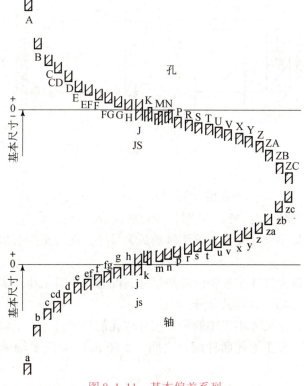

图 8.1.11　基本偏差系列

（4）配合类别

基本尺寸相同，相互接合的轴和孔公差带之间的关系称为配合。按配合性质不同可分为间隙配合、过盈配合和过渡配合，如图 8.1.12 所示。

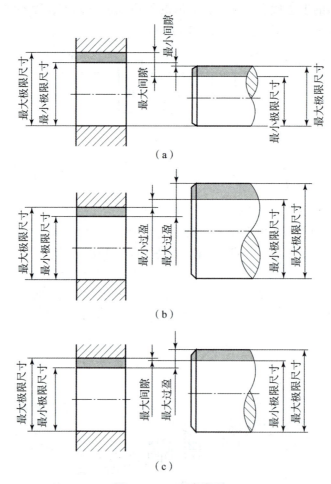

图 8.1.12 配合类别
(a) 间隙配合；(b) 过盈配合；(c) 过渡配合

$$\delta = 孔的实际尺寸 - 轴的实际尺寸$$

当 $\delta \geq 0$ 时，为间隙配合；当 $\delta \leq 0$ 时，为过盈配合。

间隙配合：孔的最小尺寸大于或等于轴的最大尺寸，配合至少有最小间隙，如转动轴与不动孔零件的配合。

过盈配合：孔的最大尺寸小于轴的最小尺寸，配合至少有最小过盈，如火车轮与轴的配合，过盈量大的使外力都不能将其分开。

过渡配合：孔的最小尺寸小于轴的最大尺寸或孔的最大尺寸大于轴的最小尺寸，配合有最小间隙或最小过盈，介于上述两种配合之间，如图 8.1.14 所示轴承内圈与轴、轴承外圈与轴承座套的配合。

采用基准制是为了统一基准件的极限偏差，从而达到减少零件加工定值刀具和量具的规格数量的目的，国家标准规定了两种配合制度：基孔制（H）和基轴制（h），如图 8.1.13 所示。

基孔制是以孔为标准，选择轴基本偏差代号。

基轴制是以轴为基准，选择孔基本偏差代号。

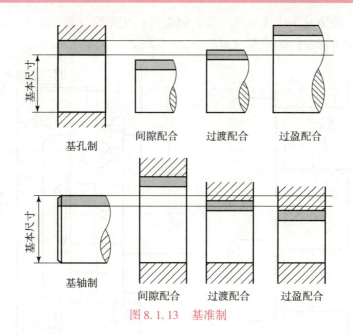

图 8.1.13 基准制

2. 偏差代号的标注

在零件图中线性尺寸的偏差有三种标注形式：只标注上、下偏差（图 8.1.14（a））；只标注偏差代号（图 8.1.14（b））；既标注偏差代号，又标注上、下偏差（图 8.1.14（c）），但偏差用括号括起来。在装配图上一般只标注配合代号，配合代号用分数表示，其中分子为孔的偏差代号，分母为轴的偏差代号，如图 8.1.14 所示。

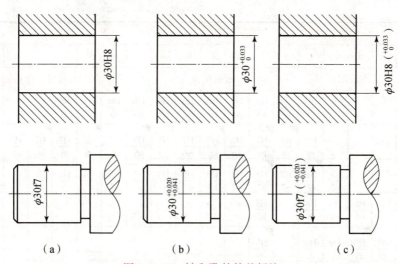

图 8.1.14 轴和孔的偏差标注
（a）基本偏差代号；（b）上下偏差值；（c）全标注

装配图标注如图 8.1.14（a）所示，与标准部件轴承配合时，只标注配合孔或轴，如图 8.1.15（b）所示。

3. 配合的选择

（1）基准制配合的选择

实际生产中选用基孔制配合还是基轴制配合，要从机器的结构、工艺要求、经济性等方面的因素考虑，一般情况下应优先选用基孔制配合，优先配合表如表8.1.4所示。若与标准件形成配合，则应按标准件确定基准制配合。

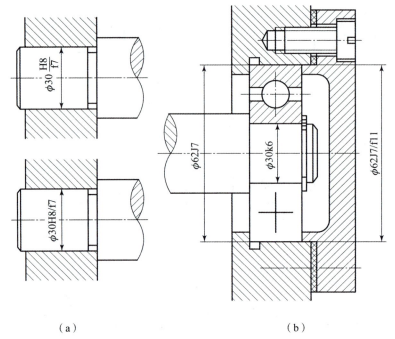

（a） （b）

图 8.1.15　装配图中配合偏差标注

表 8.1.4　基孔制配合表

基准孔	轴																				
	a	b	c	d	e	f	g	h	js	k	m	n	p	r	s	t	u	v	x	y	z
	间隙配合								过渡配合				过盈配合								
H6						$\frac{H6}{f5}$	$\frac{H6}{g5}$	$\frac{H6}{h5}$	$\frac{H6}{js5}$	$\frac{H6}{k5}$	$\frac{H6}{m5}$	$\frac{H6}{n5}$	$\frac{H6}{p5}$	$\frac{H6}{r5}$	$\frac{H6}{s5}$	$\frac{H6}{t5}$					
H7						$\frac{H7}{f6}$	$\frac{H7}{g6}$	$\frac{H7}{h6}$	$\frac{H7}{js6}$	$\frac{H7}{k6}$	$\frac{H7}{m6}$	$\frac{H7}{n6}$	$\frac{H7}{p6}$	$\frac{H7}{r6}$	$\frac{H7}{s6}$	$\frac{H7}{t6}$	$\frac{H7}{u6}$	$\frac{H7}{v6}$	$\frac{H7}{x6}$	$\frac{H7}{y6}$	$\frac{H7}{z6}$
H8			$\frac{H8}{c7}$			$\frac{H8}{f7}$	$\frac{H8}{g7}$	$\frac{H8}{h7}$	$\frac{H8}{js7}$	$\frac{H8}{k7}$	$\frac{H8}{m7}$	$\frac{H8}{n7}$	$\frac{H8}{p7}$	$\frac{H8}{r7}$	$\frac{H8}{s7}$	$\frac{H8}{t7}$	$\frac{H8}{u7}$				
				$\frac{H8}{d8}$	$\frac{H8}{e8}$			$\frac{H8}{h8}$													
H9			$\frac{H9}{c9}$	$\frac{H9}{d9}$	$\frac{H9}{e9}$	$\frac{H9}{f9}$		$\frac{H9}{h9}$													
H10			$\frac{H10}{c10}$	$\frac{H10}{d10}$				$\frac{H10}{h10}$													
H11	$\frac{H11}{a11}$	$\frac{H11}{b11}$	$\frac{H11}{c11}$	$\frac{H11}{d11}$				$\frac{H11}{h11}$													
H12		$\frac{H12}{b12}$						$\frac{H12}{h12}$													

注：①H6/n5、H7/p6 在基本尺寸小于或等于 3 mm 和 H8/r7 在小于或等于 100 mm 时为过渡配合；
　　②用黑三角标示的配合为优先配合。

(2) 公差等级的选择

考虑到孔的加工较轴的加工困难，因此选用公差等级时，通常孔比轴低一级。

(3) 公差带和配合的优先选用

国家标准规定了优先、常用和一般用途的公差带及与之相应的常用和优先选用的配合，应优先选用基孔制配合，因为孔加工困难。

七、几何公差（GB/T 1182—2008）

1. 概念

几何公差是指实际被测要素相对于图样上给定的理想形状、理想位置的允许变动量。

2. 几何公差特征及符号

按国家标准 GB/T 1182—2008 规定几何公差符号共 19 个，包括 6 种形状公差、5 种方向公差、6 种位置公差及 2 种跳动公差，具体项目见表 8.1.5。

表 8.1.5　几何公差的名称和符号

公差类型	几何特征	符号	有或无基准要求	公差类型	几何特征	符号	有或无基准要求
形状公差	直线度	—	无	位置公差	位置度	⊕	有或无
	平面度	▱	无		同心度（用于中心点）	◎	有
	圆度	○	无				
	圆柱度	⌭	无		同轴度（用于轴线）	◎	有
	线轮廓度	⌒	无				
	面轮廓度	⌒	无				
方向公差	平行度	∥	有		对称度	═	有
	垂直度	⊥	有		线轮廓度	⌒	有
	倾斜度	∠	有		面轮廓度	⌒	有
	线轮廓度	⌒	有	跳动公差	圆跳动	↗	有
	面轮廓度	⌒	有		全跳动	↗↗	有

3. 几何公差的标注

国家标准规定，几何公差用代号标注，代号由框格、项目符号、公差数值、基准要素、指引线和其他符号组成，当被测要素为表面或线时，指引线箭头应明显与尺寸线错开，如图 8.1.16（a）所示。

当被测要素为轴心线、球心或中心线时，指引线箭头应与尺寸线对齐，如图 8.1.16（b）所示。

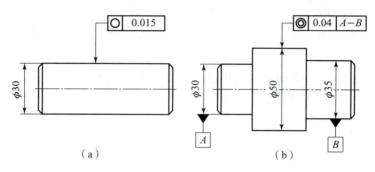

图 8.1.16 几何公差的标注

4. 几何公差读图

如图 8.1.17 所示：

① ↗ 0.03 B 表示 SR750 的球面对于 φ16 轴线（B 基准）的圆跳动公差为 0.03 mm。

② ◎ φ0.1 B 表示 M18×1-6H 螺纹孔对于 φ16 的轴线（B 基准）的同轴度公差为 φ0.1 mm。

③ ⌀ 0.005 B 表示该阀杆杆身 φ16 的轴线（B 基准）的圆柱度公差为 0.005 mm。

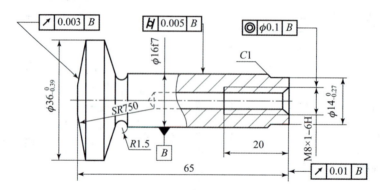

图 8.1.17 几何公差标注示例

八、其他技术要求

除前述几项基本的技术要求外，技术要求还应包括对表面的特殊加工及修饰、对表面缺陷的限制、对材料性能的要求，以及对加工方法、检验和实验方法的具体指示等，其中有些项目可单独写成技术文件。

1. 热处理要求

热处理对于金属材料的机械性能的改善与提高有显著作用，因此在设计机器零件时常提出热处理要求。如：轴类零件的调质处理 HB180～220、齿轮轮齿的淬火 42～45HRC 等，可提高强度和改善性能。

2. 对表面涂层、修饰的要求

有的零件表面需要做防腐处理，如镀硬铬、镀锌及进行发蓝处理等。

任务2　绘制一级圆柱齿轮减速器从动轴零件图

涉及新知识点

一、轴套类零件结构特征

轴类零件主要由大小不同的同轴心回转体（圆柱、圆锥）组成，具有轴向尺寸大于径向尺寸的特点。

1. 结构特点

轴的各部分结构名称

①轴颈——由轴承支承的轴段。

②轴头——支承传动零件的轴段。

③轴身——轴颈与轴头之间的轴段。

④轴肩——截面发生变化的位置。

2. 种类

如图8.2.1所示，按轴类零件结构形式不同，一般按形状可分为光轴、阶梯轴和曲轴三类；按实体结构分为实心轴、空心轴等；按运动分为转轴和定轴。

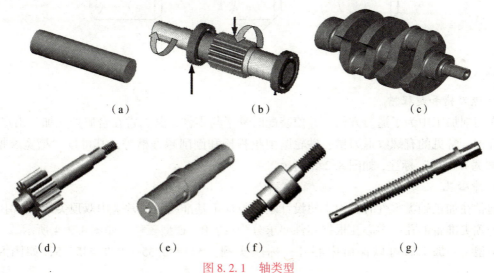

图8.2.1　轴类型

(a) 光轴；(b) 阶梯轴；(c) 曲轴；(d) 实心轴；(e) 空心轴；(f) 转轴；(g) 定轴

二、轴套类零件结构

轴主要用来支承传动零件（如带轮、齿轮等）和传递动力；套一般装在轴上或机体孔中，用于定位、支承、导向或保护传动零件。

轴类零件结构有轴肩、键槽、螺纹、销孔、中心孔、倒角、退刀槽、砂轮越程槽等，这些都是由设计和加工要求决定的，多数已标准化。

机械加工工艺结构主要有倒圆、例角、越程槽、退刀槽、凸台和凹坑、中心孔等。

1. 倒角与倒圆

为避免轴肩、孔肩等转折处由于应力集中而产生裂纹，常以圆角过渡；为了装配方便和安全，在轴孔端面处加工成45°或接近其他角度数的倒角，45°时用 C 表示，与轴向尺寸 n 连注成 Cn，例如 $C2$，即 $2\times45°$，如图 8.2.2 所示。

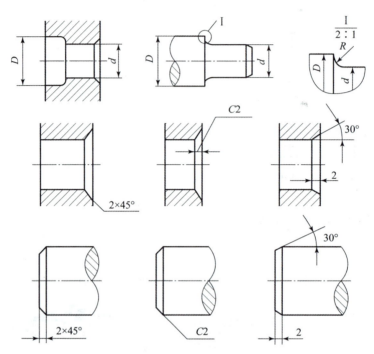

图 8.2.2　轴孔的倒圆与倒角

2. 退刀槽和越程槽

在切削加工中为了退刀方便，并使装配时易于与零件靠紧，常在台肩处先加工出退刀槽和越程槽。常见的有螺纹退刀槽、砂轮磨削越程槽和刨削越程槽等，其可按"槽宽×槽深"或"槽宽×直径"标注，如图 8.2.3 所示。

3. 中心孔

通常在加工轴类零件时，为了使设计基准与加工基准统一，常采用双顶尖加工，中心孔就是为顶尖准备的孔。中心孔根据零件要求分为 A、B、C 型三种，如图 8.2.4 所示。

A 型——加工后可以保留中心孔，标注实例：A1.8/3.35 GB/T 4459.5，如图 8.2.5 所示。

B 型——加工后要求保留中心孔，标注实例：B2.5/8 GB/T 4459.5。

C 型——加工后不允许保留中心孔。

4. 局部放大图

当机件上某些细小结构在视图中表达的还不够清楚，或不便于标注尺寸时，可将这些部分用大于原图形所采用的比例画出，这种图称为局部放大图，如图 8.2.6 所示。

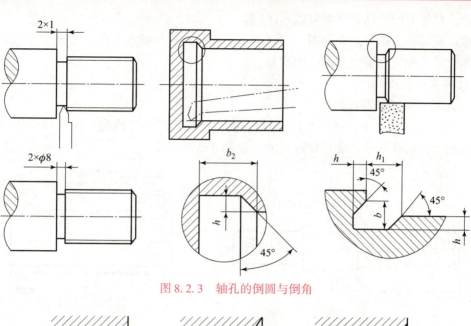

图 8.2.3 轴孔的倒圆与倒角

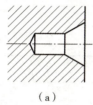
(a)
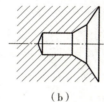
(b)
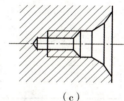
(c)

图 8.2.4 中心孔类型
(a) A 型；(b) B 型；(c) C 型

图 8.2.5 中心孔标注示例

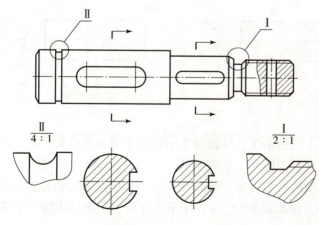

图 8.2.6 局部放大图

局部放大图必须标注，标注方法是：在视图上画一细实线圆，标明放大部位，在放大图的上方注明所用的比例，即图形大小与实物大小之比（与原图上的比例无关），如果放大图不止一个，则还要用罗马数字编号以示区别。

注意：局部放大图可画成视图、剖视图、断面图，它与被放大部位的表达方法无关。局部放大图应尽量配置在被放大部位的附近。

5．轴的其他画法

（1）较长机件的折断画法

较长的机件（轴、杆、型材等），当沿长度方向的形状一致或按一定规律变化时，可断开缩短绘制，但必须按原来实长标注尺寸，如图8.2.7所示。

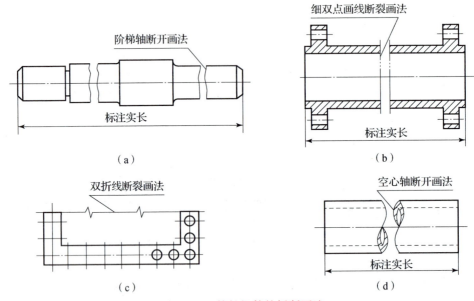

图8.2.7　较长机件的折断画法

（2）圆柱与圆筒的断裂处画法

机件断裂边缘常用波浪线画出，圆柱断裂边缘常用花瓣形画出，显得更加明显，如图8.2.8所示。

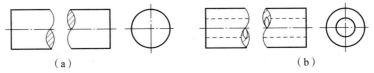

图8.2.8　圆柱与圆筒的断裂处画法

（3）简化画法

①圆柱、圆锥面上因钻小孔、铣键槽等出现的交线允许简化，但必须有一个视图已清楚地表达了孔、槽的形状，如图8.2.9所示。

②机件上较小的结构及斜度等，如果在一个图形中已表达清楚，则其他视图中该部分的投影应当简化或省略，如图8.2.10（a）所示。此外，当图形不能充分表达平面时，可用平面符号（相交两细实线）表示，如图8.2.10（b）所示。

③网状物、编织物或机件上的滚花部分，可在轮廓线之内示意地画出一部分粗实线，并加旁注或在技术要求中注明这些机构的具体要求，如图8.2.11所示。

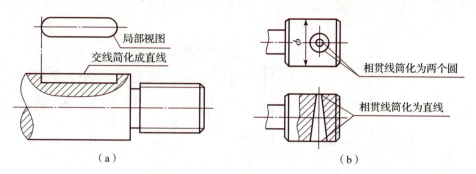

图 8.2.9　孔、键槽的简化画法

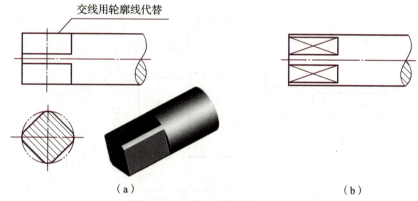

图 8.2.10　较小结构的简画画法

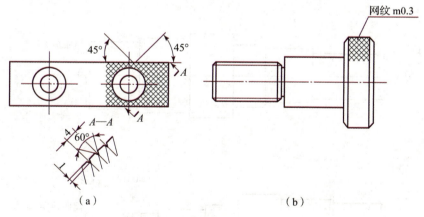

图 8.2.11　网状物及滚花的示意画法

三、阶梯轴加工工艺

表面加工特点：断面、中心孔、外圆和键槽。

加工顺序：下料→车两端面，钻中心孔→粗车各外圆→调质→修研中心孔→半精车各外圆，车退刀槽，倒角→划键槽加工线→铣键槽→检验。

轴加工主要工序如图 8.2.12 所示。

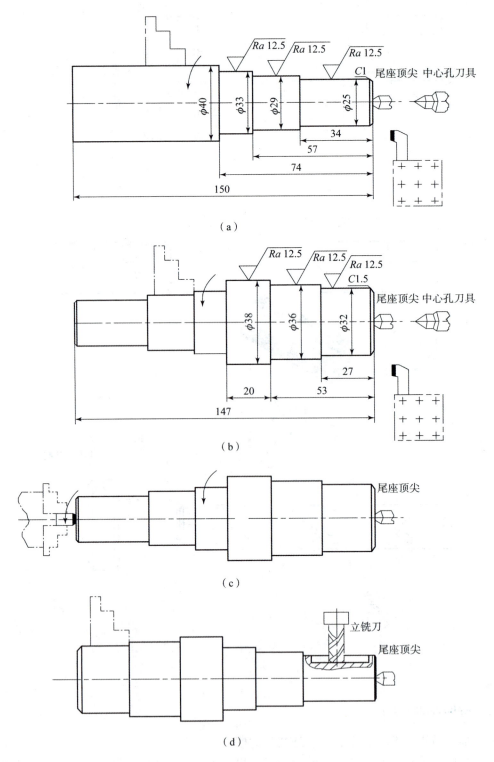

图 8.2.12 轴主要加工工序

① 如图 8.2.12（a）所示，车床粗加工轴，左端夹具夹紧、找正，再夹紧，车右端面，钻中心孔，分别车外圆 $\phi33 \times 74$、$\phi29 \times 57$、$\phi25 \times 34$，外倒角 $C1$。

②如图8.2.12（b）所示，掉头，右端夹具夹紧，车左端面，钻中心孔，分别车外圆 $\phi 38 \times 20$、$\phi 36 \times 53$、$\phi 32 \times 27$，外倒角 $C1.5$。

③如图8.2.12（c）所示，钻中心孔，其他省略。

④如图8.2.12（d）所示，铣键槽。

四、合理标注尺寸

1. 结构上的重要尺寸必须直接注出

重要尺寸是指零件上对机器的使用性能和装配质量有关的尺寸，这类尺寸应从设计基准直接注出。如图8.2.13中的高度尺寸 32 ± 0.01 为重要尺寸，应从高度方向主要基准直接注出，以保证精度要求。

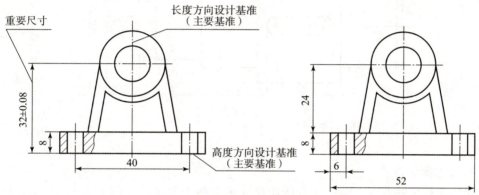

图8.2.13　重要尺寸从设计基准直接注出
(a) 合理；(b) 不合理

2. 避免出现封闭的尺寸链

封闭的尺寸链是指一个零件同一方向上的尺寸像车链一样，一环扣一环首尾相连，成为封闭形状的情况。如图8.2.14所示，各分段尺寸与总体尺寸间形成封闭的尺寸链，在机器生产中这是不允许的，因为各段尺寸加工不可能绝对准确，总有一定尺寸误差，而各段尺寸误差的和不可能正好等于总体尺寸的误差。因此，在标注尺寸时，应将次要的轴段尺寸空出不注（称为开口环），如图8.2.15（a）所示。这样，其他各段加工的误差都积累至这个不要求检验的尺寸上，而全长及主要轴段的尺寸则因此得到保证。如需标注开口环的尺寸，则可将其注成参考尺寸，如图8.2.15（b）所示（参考尺寸加括号）。

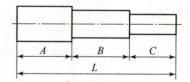

图8.2.14　封闭的尺寸链

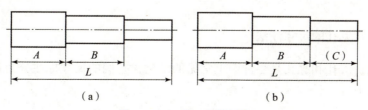

图8.2.15　开口环的标注

3. 考虑零件加工、测量和制造的要求

(1) 考虑加工看图方便

不同加工方法所用尺寸分开标注,以便于看图加工,图 8.2.16 所示为把车削与铣削所需要的尺寸分开标注。

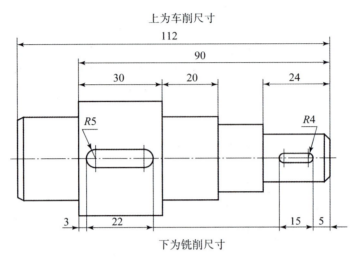

图 8.2.16　按加工方法标注尺寸

(2) 考虑测量方便

尺寸标注有多种方案,但要注意所注尺寸是否便于测量,如图 8.2.17 所示结构,各种不同标注方案中,不便于测量的标注方案是不合理的。

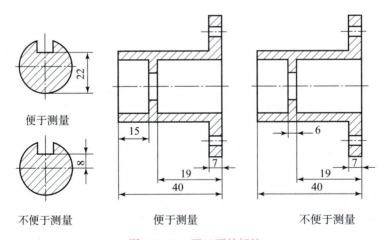

图 8.2.17　开口环的标注

五、零件上常见孔的尺寸注法

光孔、锪孔、沉孔和螺孔是零件图上常见的结构,它们的尺寸标注分为普通注法和旁注法,参见表 8.2.1。

表 8.2.1 常见孔的尺寸注法

结构类型		简化注法		一般注法
螺孔	通孔	3×M6−6H	3×M6−6H	3×M6−6H
	不通孔	3×M6 6H▼18 孔▼25	3×M6−6H▼18 孔▼25	3×M6−6H，18，25
光孔	圆柱孔	3×φ6 ▼25	3×φ6 ▼25	3×φ6，25
	锥销孔	锥销孔φ4 配作	锥销孔φ4 配作	锥销孔φ4 配作
沉孔	锥形沉孔	4×φ6 ∨φ10×90°	4×φ6 ∨φ10×90°	90°，10，4×φ6
	柱形沉孔	4×φ6 ⌴φ12▼5	4×φ6 ⌴φ12▼5	φ12，5，4×φ6

项目实施

1. 绘制阶梯轴零件图的步骤

（1）主视图

先选比例1∶1，布局如项目图8.1所示。

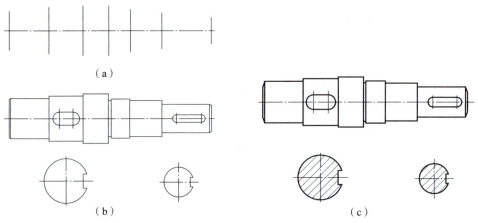

项目图8.1 轴画图步骤

从左到右依次画圆柱台阶，先细线。倒角查表，由轴直径 $\phi30$ mm 选 $C1$、$\phi22$ mm 选 $C1.5$，如项目图8.1（b）所示。

（2）后断面图

轴键槽尺寸查表，由轴直径 $\phi33$ mm 装齿轮，键槽宽 10 mm，槽深 5 mm；由轴直径 $\phi22$ mm 装齿轮，键槽宽 6 mm，槽深 3.5 mm。如项目图8.1（b）所示。

（3）检查、修改、加深（见项目图8.1（c））

2. 尺寸标注（见项目图8.2）

①尺寸径向以中心线为基准。

②轴向尺寸根据加工工艺定，采用综合型尺寸配置，主要尺寸以左端面为基准，采用基准型尺寸配置。

③键槽深度标注，为测量检验方便，采用测量基准定位，不标深度 5 mm，而标 33 − 5 = 28（mm）。

④轴两端中心孔选 A 型，加工后可以保留中心孔，标注 A1.6/3.35 GB/T 4459.5。

3. 技术要求及标注

①尺寸公差。

左端和中间装轴承处选过渡配合，查表知 $\phi30$ mm 选 js6，键槽装齿轮处 $\phi33$ mm、$\phi22$ mm 选 f7。

键槽选正常配合，查表，轴 $\phi33$ mm 选 N9。

②粗糙度按新国标标注，轴外表面与齿轮轴承配合处选 $Ra1.6$ μm，普通车削加工较经济，其他标 $Ra3.2$ μm、$Ra6.3$ μm 等。

③选材及热处理，查表，转轴选优质中碳钢45，轴整体调质处理 HB220～250。

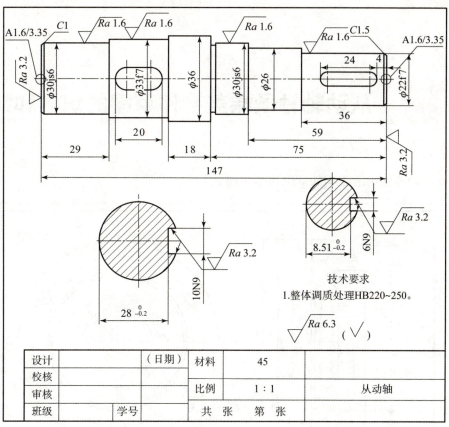

项目图 8.2　从动轴尺寸公差与技术要求标注

4. 识读

请读者看任务 2 的读图内容。

项目九　从动轴轴承端盖零件草图的识读和绘制

减速器从动轴轴承端盖零件草图如图 9.0.1 所示。

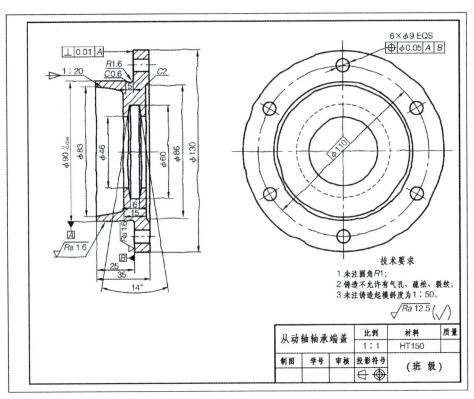

图 9.0.1　减速器从动轴轴承端盖零件草图

项目描述

圆柱齿轮减速机是一种相对精密的机械，使用它的目的是降低转速，增加转矩，主要用于带式输送机及各种运输机械，也可用于其他通用机械的传动机构中。它具有承载能力强、寿命长、体积小、效率高、重量轻等优点，用于输入轴与输出轴呈垂直方向布置的传动装置中。圆柱齿轮减速器广泛应用于冶金、矿山、起重、运输、水泥、建筑、化工、纺织、印染、制药等领域。

一级圆柱直齿齿轮减速器的端盖有两种，一种是可通端盖，一种是闷盖，本项目以一级圆柱直齿齿轮减速器从动轴的可通端盖为载体，如图 9.0.2 所示，以任务为导向，围绕着一

项目九　从动轴轴承端盖零件草图的识读和绘制

级圆柱直齿齿轮减速器从动轴的可通端盖零件图的识读和绘制讲述，将项目分成2个任务：任务1　绘制从动轴轴承端盖零件草图，任务2　识读手轮零件图。

每个任务互相关联，对任务所涉及的新知识点一一进行罗列，先后讲述了轮盘类零件的特点、轮盘类零件的结构特征、轮辐肋板剖切画法、对称机件的简化画法、轴承端盖的结构特点及视图表达、绘制零件草图。读者完成每个任务的过程就是将知识点消化吸收的过程，最后读者将所学的知识点融会贯通，完成整个项目的实施。

图9.0.2　减速器从动轴端盖模型

 知识目标

通过识读一级圆柱直齿齿轮减速器从动轴可通端盖的零件图，掌握轮盘类零件图的表达方案、零件图的绘制方法和步骤；能正确识读中等复杂程度的轮盘类零件图。

 能力目标

将之前所学知识应用到实践，具备识读和绘制中等复杂程度轮盘类零件图的技能。

 素养目标

培养学生敬业精神和大国工匠精神。

任务1　绘制从动轴轴承端盖闷盖零件草图

 涉及新知识点

一、轮盘类零件的特点

轮盘类零件在机器设备上使用较多，包括齿轮、轴承端盖、法兰盘、带轮以及手轮等，其主体结构一般由直径不同的回转体组成，径向尺寸比轴向尺寸大，常有退刀槽、凸台、凹坑、倒角、圆角、轮齿、轮辐、肋板、螺孔、键槽和作为定位或连接用的孔等。常见的轮盘类零件如图9.1.1所示。

二、轮盘类零件结构特征

轮盘类零件其毛坯大多为铸件或锻件，轮与轴配合，通过键、销连接成一体，通常传递扭矩。盘盖可起支承、定位和密封作用。

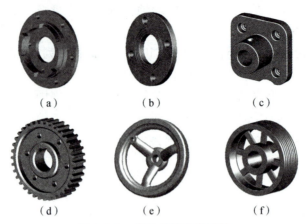

图9.1.1 常见的轮盘类零件
(a) 轴承端盖；(b) 法兰盘；(c) 尾架端盖；(d) 齿轮；(e) 手轮；(f) 带轮

1. 结构特点

轮盘类零件包括端盖、阀盖、齿轮等，这类零件的基本形体一般为回转体或其他几何形状的扁平的盘状体，通常还带有各种形状的凸缘、均布的圆孔和肋等局部结构。轮盘类零件在工作中的要求主要是轴向定位、防尘和密封。

盘状回转体，径向尺寸大于轴向尺寸，零件上常均布有孔、肋、槽等结构。轮一般由轮毂、轮辐和轮缘三部分组成，如图9.1.2所示。

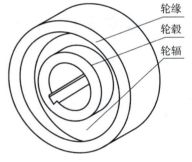

图9.1.2 轮结构

2. 表达方案

一个主视图采用全剖，一个左视图按不剖绘制，表达外形。

三、轮辐肋板剖切画法

如图9.1.3所示，为了反映剖切后的主体，肋板剖切不按剖视画，肋板不对称按对称画，小孔剖切不到时按剖切旋转过去。

四、对称机件的简化画法

在不致引起误解时，对于对称机件的视图可以只画一半或四分之一，并在对称中心线的两端画出两条与其垂直的平行细实线，如图9.1.4所示。

五、轴承端盖的结构特点及视图表达

端盖属于轮盘类的典型零件，该零件是减速器的轴承端盖，因其可通，故又称透盖。

1. 结构特点

端盖零件的基本形体为同轴回转体，结构可分成圆柱筒和圆盘两部分，其轴向尺寸比径向尺寸小。圆柱筒中有带锥度的内孔（腔），边沿没有缺口，说明轴承是脂润滑；圆柱筒的

外圆柱面与轴承座孔相配合。圆盘上有六个圆柱沉孔,沿圆周均匀分布,作用是装入螺纹紧固件,连接轴承端盖与箱体,因此又称安装孔。圆盘中心的圆孔内有密封槽,用以安装毛毡密封圈,防止箱体内润滑油外泄和箱外杂物侵入箱体内。

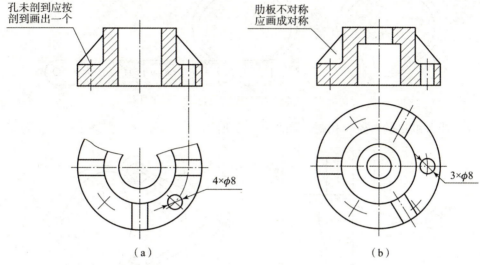

图9.1.3 均匀分布的肋板、孔的剖切画法

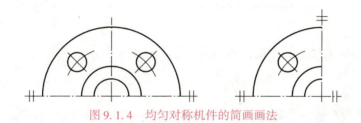

图9.1.4 均匀对称机件的简画画法

2. 表达方案

①根据轴承端盖零件的结构特点,主视图沿轴线水平放置,符合工作位置原则。

②采用主、左两个基本视图表达。主视图采用全剖视图,主要表达端盖的圆柱筒、密封槽及圆盘的内部轴向结构和相对位置;左视图则主要表达轴承端盖的外形轮廓和六个均布圆柱沉孔的位置及分布情况。

3. 零件尺寸的测量

(1) 测量零件尺寸的方法

①测量尺寸的常用量具有:钢板尺、外卡钳和内卡钳(三者可以配合使用),如图9.1.5所示。

图9.1.5 钢板尺及内、外卡钳

(a) 钢板尺;(b) 内、外卡钳

用外卡钳和钢板尺配合测量外径，如图9.1.6所示。

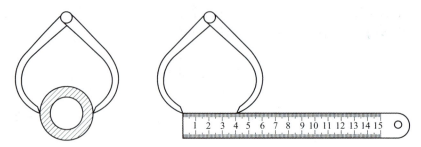

图9.1.6　外卡钳和钢板尺配合使用测量外径

用内、外卡钳测量内径、孔距，如图9.1.7所示。

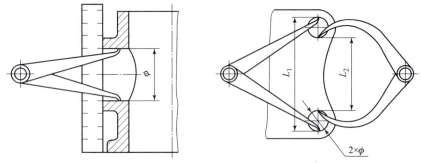

图9.1.7　用内、外卡钳测量内径、孔距

② 如测量较精确的尺寸，则用游标卡尺，如图9.1.8所示。

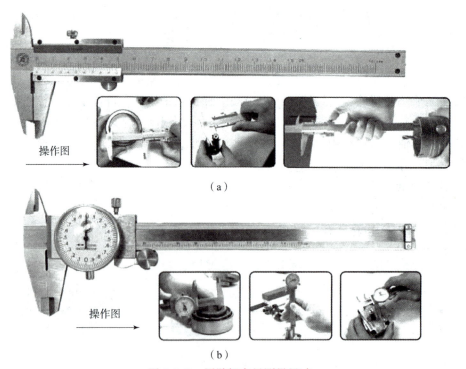

图9.1.8　用游标卡尺测量尺寸

（a）游标卡尺（可分别测量长度、外径、内径和高度）；（b）带表卡尺（可分别测量长度、外径、内径和高度）；

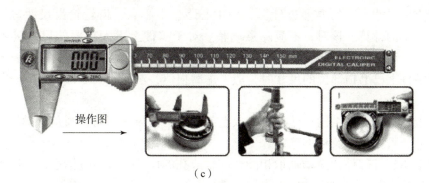

（c）

图9.1.8　用游标卡尺测量尺寸（续）

（c）数显游标卡尺（可分别测量长度、外径、内径和高度）

该项目中轴承端盖的测量方法及尺寸如图9.1.9所示。

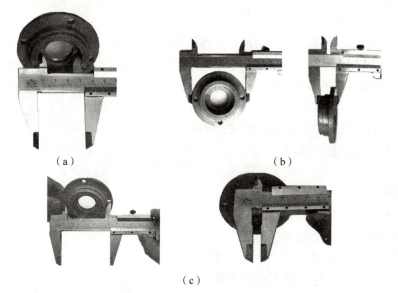

图9.1.9　轴承端盖的测量方法及尺寸

（a）测得端盖孔径为 $\phi 83$ mm；（b）测得径向最大尺寸为 $\phi 130$ mm，轴向最大尺寸为 40 mm；
（c）测得均布小孔的定位尺寸为 $\phi 119 - \phi 9$（小圆直径）$= \phi 110$（mm）

用外径千分尺及圆角规测量圆角，如图9.1.10所示。

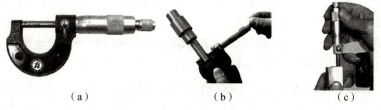

图9.1.10　用外径千分尺及圆角规测量圆角

（2）测量尺寸应注意事项

①要正确使用测量工具和选择测量基准，以减少测量误差；不要用较精密的量具测量粗糙表面，以免磨损，影响量具的精确度。尺寸一定要集中测量，逐个填写尺寸数值。

②对于重要尺寸，有的要通过计算，如中心距、中心高、齿轮轮齿尺寸等，要精确测量，并予以必要的计算、核对，不应随意调整。对于零件上不太重要的尺寸（不加工面尺寸、加工面 一般尺寸），可将所测的尺寸数值圆整到整数。

③测量零件上已磨损部位的尺寸时，应考虑磨损值，参照相关零件或有关资料，经分析确定。

④零件上已标准化的结构尺寸，例如放毡圈油封的密封槽倒角、圆角、键槽、螺纹退刀槽等结构尺寸，可查阅有关标准确定。

⑤零件上与标准部件如滚动轴承相配合的轴或孔的尺寸，可通过标准部件的型号查表确定。标准结构要素测得尺寸后，应查表取标准值。

六、绘制零件草图

1. 绘制零件草图

(1) 绘制零件草图的要求

零件草图是根据零件实物，通过目测估计各部分的尺寸比例，徒手画出的零件图，然后在此基础上把测量的尺寸数字填入图中。零件草图常在测绘现场画出，是其后绘制零件图的重要依据，因此，它应具备零件图的全部内容，而绝非"潦草之图"。画出的草图要达到以下几点要求：

①严格遵守机械制图国家标准。
②目测时要基本保证零件各部分的比例关系。
③视图正确，符合投影规律。
④字体工整，尺寸齐全，数字准确无误。
⑤线型粗细分明，图样清晰、整齐。
⑥技术要求完整，并有图框和标题栏。

(2) 绘制零件草图的方法及步骤

①了解零件的名称、用途及由什么材料制成。
②分析零件的结构，确定视图表达方案。
③定图幅，布置视图的位置。

选绘图比例为 1:1，在图纸上定出各视图的位置，并画主要轴线、中心线等图形定位线，如图 9.1.11 (a) 所示。

④画视图：

a. 由外向内、由左向主、由大到小，用细实线按投影关系先画外面的圆盘部分，再画圆柱筒轮廓，最后画六个均布圆柱沉孔。

b. 在主视图上画内腔及密封槽部分，密封槽在左视图中的细虚线也可以省略不画。

c. 详细画出端盖外部和内部的结构形状，补充细节，擦去多余图线。

d. 检查无误后，加粗轮廓线并画剖面线，完成一组视图，如图 9.1.11 (b) 所示。

2. 尺寸标注

(1) 选择尺寸基准：径向尺寸基准为整体轴线，轴向尺寸基准为圆盘左端面。

(2) 标注尺寸线及尺寸界线：分别以轴向和径向尺寸基准标注端盖的定形尺寸、定位尺寸和总体尺寸，如图 9.1.11 (c) 所示。

(3) 集中测量尺寸数值或查相关标准并填入图中，如图 9.1.11 (d) 所示。

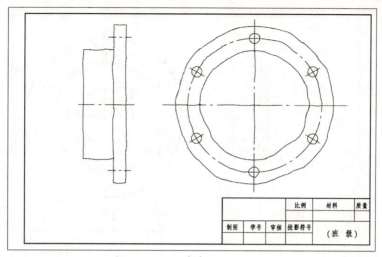

(a)

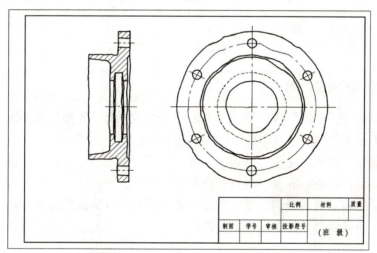

(b)

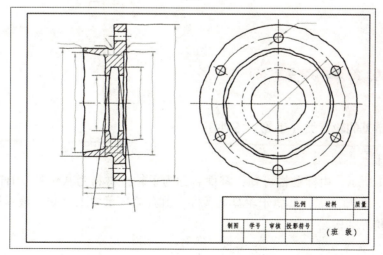

(c)

图 9.1.11 绘制轴承端盖零件图草图

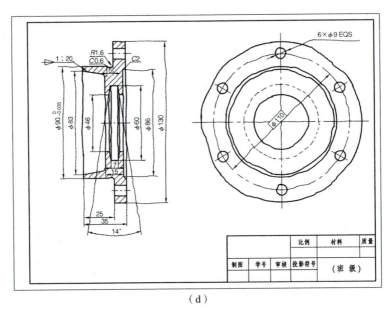

（d）

图9.1.11　绘制轴承端盖零件图草图（续）

七、由零件草图画零件图

零件草图完成后，应经校核、整理，再依此绘制零件图。需要安排一次大作业，请读者完成，这里不再详细叙述。校核零件草图的方法如下：

①表达方案是否正确、完整、清晰、简练。

②尺寸标注是否正确、齐全、清晰、合理。

③技术要求的确定是否既满足零件的性能和使用要求，又比较经济合理。校核后进行必要的修改补充，即可根据零件草图绘制零件图。

任务2　识读手轮零件图

 涉及新知识点

一、识读常见的轮盘类（手轮）零件图

1. 读标题栏

如图9.2.1所示，由标题栏可知，零件名称为手轮，材料为灰铸铁（HT150），绘图比例为1∶1，第一角画法等，其属于轮盘类零件；由有关技术要求可知，该零件是铸造毛坯，因此有铸造圆角等结构。

2. 分析视图表达方案

如图9.2.1所示的手轮采用了主、左两个基本视图，还有一个局部放大图。主视图轴线水平放置，符合加工位置原则。

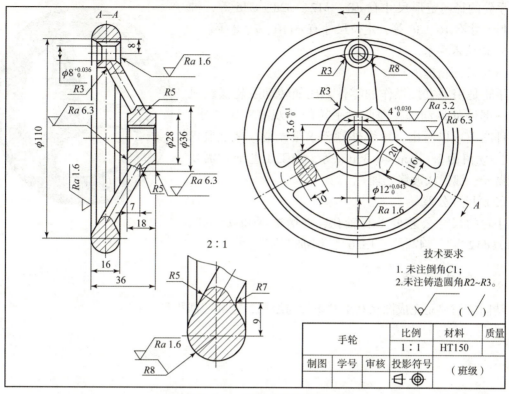

图 9.2.1 识读手轮零件图

3. 主视图

主视图采用相交平面剖切的全剖视图,表达了手柄的轮缘、轮辐和轮毂的轴向结构形状。因为轮辐为均布结构,故剖切时处理成上下对称图形,且按不剖处理。局部剖视图表达了轮缘上孔的形状。

4. 对于均布肋板和轮辐,国标有规定画法

左视图表达了轮缘上均匀分布三条截面尺寸变化的轮辐,还表达了手柄安装孔的结构、位置以及轮毂、轮辐、轮缘各部分之间的位置关系;重合断面图表达了轮辐的截面形状;局部放大图表达了轮缘的详细结构。

通过分析,可以想象出手轮的形状,如图 9.2.2 所示。轮毂的内表面加工有键槽,轮辐是用来连接轮毂与轮缘的,截面为椭圆形。轮缘为复杂截面绕轮轴旋转形成的环状结构,如图 9.2.2 所示。

5. 读尺寸标注

(1) 尺寸基准

从径向 $\phi110$、$\phi28$、$\phi36$ 等尺寸可确定零件的径向基准是 $\phi12$ 孔的轴线;从轴向 18、36 等尺寸可确定轴向的主要基准是右端面。

(2) 主要尺寸

从基准出发,弄清哪些是主要尺寸。在图 9.2.1 中,轮毂与轮缘的直径 $\phi28$、$\phi110$ 以及轮毂与轮缘的尺寸 18、16 属于规格尺寸,都是手轮的重要尺寸。

(3) 零件的定形、定位尺寸

手轮的径向定形尺寸有 φ8、φ12、φ28、φ36 等，轴向定形尺寸有 16、36 等，定位尺寸有 φ110、7、8 等。

6. 读技术要求

（1）表面粗糙度

手轮是用手直接操作的零件，比如转动手轮操纵机床某一部件的运动等，因此对手轮的外观有一定要求。从零件图中可以看出，轮缘外侧要求很光滑，精度要求较高，Ra 值为 1.6 μm、6.3 μm 等，加工工艺通常需要使用抛光、镀镍或镀铬处理。

（2）尺寸公差

手轮的尺寸公差要求有轴孔、键槽槽深和安装孔，分别为 $\phi 12^{+0.043}_{\ 0}$、$4^{+0.030}_{\ 0}$、$13.6^{+0.1}_{\ 0}$ 和 $\phi 8^{+0.036}_{\ 0}$。

图 9.2.2　手轮立体图

 项目实施

请同学们独立完成图 9.0.1 的识读与绘制，老师巡回指导。

项目十　减速器箱座零件图的识读和绘制

项目描述

　　圆柱齿轮减速机是一种相对精密的机械，使用它的目的是降低转速，增加转矩，主要用于带式输送机及各种运输机械，也可用于其他通用机械的传动机构中。它具有承载能力高、寿命长、体积小、效率高、重量轻等优点，用于输入轴与输出轴呈垂直方向布置的传动装置中。圆柱齿轮减速器广泛应用于冶金、矿山、起重、运输、水泥、建筑、化工、纺织、印染、制药等领域。

　　箱体类零件主要用于支承、包容其他零件，机器或部件的外壳、机座及主体等均属于箱体类零件。一级圆柱直齿齿轮减速器有箱盖和箱座两种，本项目以一级圆柱直齿齿轮减速器的箱座为载体，如图10.0.1（b）所示，以任务为导向，围绕着一级圆柱直齿齿轮减速器箱座零件图的识读和绘制讲述，将项目分成2个任务：任务1　识读减速器箱体类零件图，任务2　绘制减速器箱体类零件图。

　　每个任务互相关联，对任务所涉及的新知识点一一进行罗列，先后讲述了箱体类零件的结构特点、箱体类零件表达方案、箱体类零件的工艺结构、绘制箱体类零件图的方法。读者完成每个任务的过程就是将知识点消化吸收的过程，最后读者将所学的知识点融会贯通，完成整个项目的实施。

知识目标

　　通过读一级圆柱直齿齿轮减速器绘制减速器箱体类零件图，掌握箱体类零件的结构特点及表达方案；熟练掌握识读箱体类零件图的方法及步骤；画出标有合理尺寸及铸造工艺参数的零件图。掌握斜度的含义、规定画法和标注。

能力目标

具备识读和绘制箱体类零件的能力。

素养目标

培养学生敬业精神和大国工匠精神，以及严谨的工作作风。

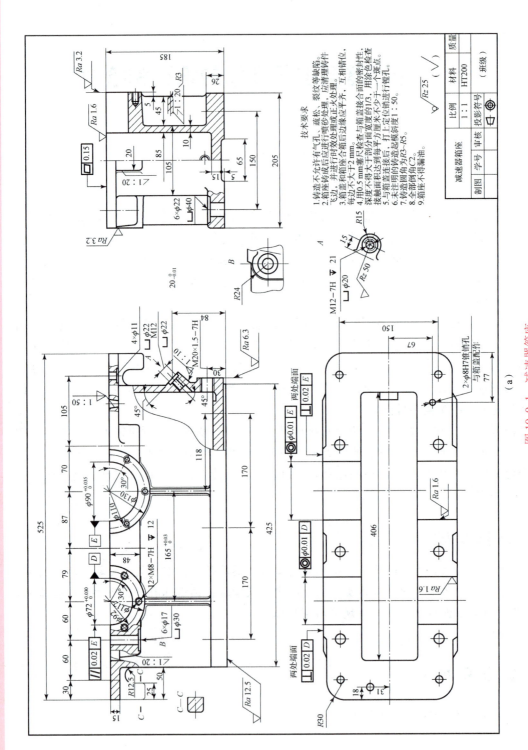

图 10.0.1 减速器箱座
(a) 减速器箱座零件图

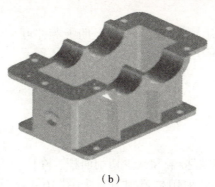

(b)

图 10.0.1 减速器箱座（续）

(b) 减速器箱座立体图

任务 1 识读减速器箱体类零件图

 涉及新知识点

一、箱体零件的结构特点

箱体类零件主要用于支承、包容其他零件，机器或部件的外壳、机座及主体等均属于箱体类零件。此类零件的结构往往较为复杂，一般带有腔、轴孔、肋板、凸台、沉孔及螺孔等结构。支承孔处常设有加厚凸台或加强肋，表面过渡线较多。

箱体类零件主要有箱体、油泵机体、减速器箱座等零件，如图 10.1.1 所示。

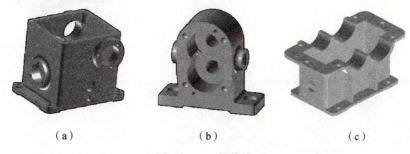

(a)　　　　　　　　　(b)　　　　　　　　　(c)

图 10.1.1 箱体类型

(a) 箱体；(b) 油泵机体；(c) 减速器箱座

二、箱体类零件的表达方案

①箱体类零件多数经过较多工序加工而成，各工序的加工位置不尽相同。绘制箱体类零件时，通常以最能反映形状特征及结构相对位置的一面作为主视图的投射方向，以自然安放位置或工作位置作为主视图的摆放位置。

②主视图选定后，根据箱体的外部结构形状和内部结构形状确定该箱体还需要的其他

视图。

③箱体上的一些局部结构,如螺孔、凸台及肋板等,可采用局部剖视图、局部视图和断面图等表达。

三、箱体类零件结构

1. 箱体上的机械加工工艺结构

(1) 凸台和凹坑

为了保证两零件表面的良好接触和减少切削面积、降低加工成本,设计铸件时直接铸成凸台或凹坑(鱼眼坑),也可采用锪孔加工,如图 10.1.2 所示。沉孔结构尺寸注法见表 10.1.1。

QR code 1 零件机械加工工艺和铸造工艺

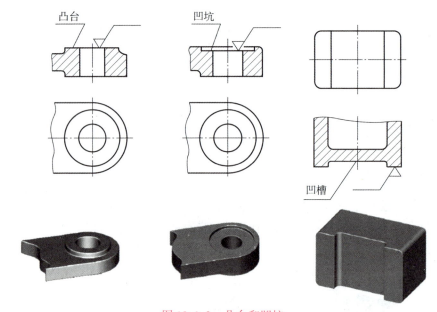

图 10.1.2 凸台和凹坑

表 10.1.1 沉孔结构尺寸注法

结构	普通标注	旁注法		说明
(圆柱形沉孔图)	$\phi35$, 12, $6\times\phi21$	$6\times\phi21$ ⌴$\phi35$▼12	$6\times\phi21$ ⌴$\phi35$▼12	$6\times\phi21$ 表示直径为 21 的六个孔;圆柱形沉孔的直径 $\phi35$ 及深度 12 均需注出
(锥形沉孔图)	90°, $\phi41$, $6\times\phi21$	$6\times\phi21$ ∨$\phi41\times90°$	$6\times\phi21$ ∨$\phi41\times90°$	锥形沉孔的直径 $\phi41$ 及锥角 90° 均需标出

续表

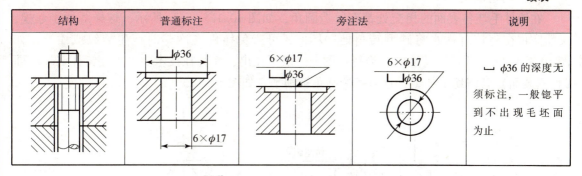

(2) 孔

箱体上有各种不同形式和不同用途的孔，多数是用钻头加工而成的。用钻头钻盲孔时，由于钻头顶部有120°的圆锥面，所以盲孔总有一个120°的圆锥面，扩孔时也有一个锥角为120°的圆台面，如图10.1.3所示。用钻头钻孔时，要求钻头尽量垂直于被钻孔的零件表面，以保证钻孔准确和避免钻头折断，同时还要保证工具能有最方便的工作条件，如图10.1.3所示。对于铸造件可先加工表面，后钻孔。

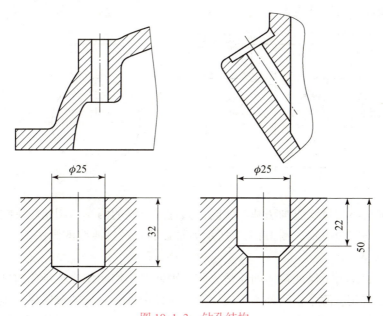

图 10.1.3 钻孔结构

2. 铸造零件的工艺结构

(1) 拔模斜度

用铸造方法制造零件的毛坯时，为了便于将木模从砂型中取出，一般沿木模拔模的方向作成约1∶20的斜度，叫作拔模斜度，因而铸件上也有相应的斜度，如图10.1.4（a）所示。这种斜度在图上可以不标注，也可不画出，如图10.1.4（b）所示，但必须在技术要求中注明。

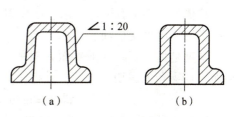

图 10.1.4 拔模斜度

（2）铸造圆角

在铸件毛坯各表面的相交处都有铸造圆角，如图10.1.5（a）所示，这样既便于起模，又能防止在浇铸时铁水将砂型转角处冲坏，还可避免铸件在冷却时产生裂纹或缩孔，如图10.1.5（b）所示。铸造圆角半径在图上一般不注出，而写在技术要求中。铸件毛坯底面（作安装面）常需切削加工，这时铸造圆角被削平，如图10.1.5（a）所示。

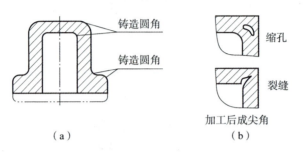

图10.1.5　铸造圆角
(a) 铸造圆角；(b) 铸造缺陷

铸件表面由于圆角的存在，使铸件表面的连接曲面变得不是很明显，如图10.1.6所示，这种不明显的曲面称为过渡线。

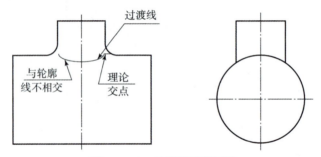

图10.1.6　过渡线及其画法

过渡线的画法与相贯线线画法基本相同，只是过渡线的两端与圆角轮廓线之间应留有空隙，不相交，用细实线表示。图10.1.7所示为常见的几种过渡线的画法。

（3）铸件壁厚

在浇铸零件时，为了保证箱体的质量，防止因壁厚不均而使冷却结晶速度不同，在壁厚处产生疏松以致缩孔、薄厚相间处产生裂纹等，应使铸件、箱体的壁厚保持大致均匀或逐渐变化，避免突然改变壁厚产生局部肥大现象，如图10.1.8所示。其壁厚有时在图中可不注，而在技术要求中注写，如"未注明壁厚为5 mm"。

3. 斜度

箱体类零件除有铸造圆角、起模斜度和肋板等结构外，还有销孔用来装定位销，在轴孔里装有轴承用来支承轴。

斜度是指一直线（或平面）对另一直线（或平面）的倾斜程度，其大小用两直线（或平面）间夹角的正切来表示，并把比值化为1∶n的形式，即

$$\text{斜度} = \tan\alpha = H : L = 1 : (L/H) = 1 : n$$

斜度符号按图10.1.9所示绘制，符号斜线的方向应与斜度方向一致。

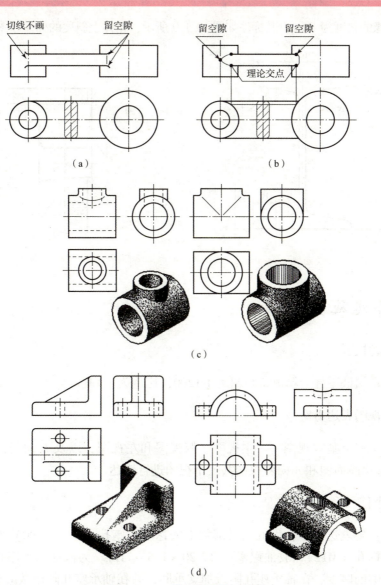

图 10.1.7　常见的几种过渡线

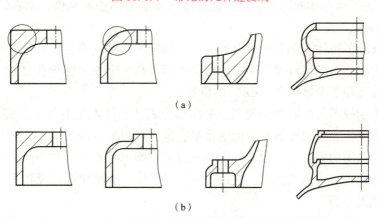

图 10.1.8　铸件壁厚的变化
（a）错误；（b）正确

工字钢翼缘的斜度为 1∶6，其标注如图 10.1.9 所示，箱体上斜度的标注如图 10.1.10 所示。

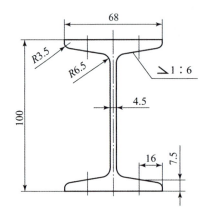

图 10.1.9　工字钢翼缘斜度的标注

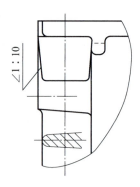

图 10.1.10　箱体上斜度的标注

任务实施步骤

一、读标题栏

从标题栏得知该零件为箱座，材料为 HT200，比例为 1∶1。

二、分析视图表达方案

该箱体用了三个基本视图——主视图、俯视图和左视图，以及 B 向局部视图、重合断面图、C—C 移出断面图和 A 向斜视图共七个视图进行表达。

三、读视图

主视图：主要表达外形，用五处局部剖来表达轴承座孔（φ72、φ90）两个半圆孔、螺栓连接孔、油标孔（M12）、放油螺塞孔（M20×1.5 − 7H）。为保证轴承座孔的刚度，应使轴承座孔有足够的厚度，在轴承座孔附近加支承肋，并在轴承座孔附近做出凸台。在凸台上有 17 个光孔。为了检查油面高度，以保证箱体内有适当的油面高度，常在低速级附近油面较稳定处安置油标。

俯视图：反映了箱体上部和底板上面的外部结构形状及其安装孔的分布情况，同时也反映了啮合腔的大小。另外还可看出 4 个轴承座孔两旁凸台上 6 个螺栓孔（φ17）的位置以及凸缘上 4 个螺栓孔和 2 个锥销孔（φ8）的位置。

左视图：半剖视图再加局部剖视图，未剖部分表达箱体左边的外形，底板上作局部剖，表达安装孔的形式，底板的安装孔表面应锪平，这样可以减少加工面积。剖开部分表达轴承座孔和装轴承端盖用的螺钉孔，肋板的细节通过重合断面图表达。此外还表达了底板上的凹槽，此凹槽的作用是减少加工面积，它进一步反映了啮合腔的情况以及轴承座孔的相对位置关系（其轴线相互平行）。

其他视图：A 向斜视图表达油尺孔的斜凸台，B 向局部视图表达轴承座孔两旁凸台底部锪平的螺栓孔。

四、读尺寸标注

请读者自行分析尺寸基准、定形尺寸、定位尺寸和总体尺寸。

五、读技术要求

请读者自行分析表面粗糙度、尺寸公差和几何公差。

任务2　绘制减速器箱体类零件图

绘制减速器箱座，模型如图 10.0.1 所示。

①主视方向和主视图选择。

箱体类零件加工位置多变，选择主视图时，主要考虑形状特征或工作位置。减速器箱体按形状特征选，考虑工作位置与箱盖一致，且各种螺栓孔等细节多，采用局部剖视；左视图采用半剖视，反映两个半孔；主视图采用局部剖视。

②布局。

据外形尺寸长（525 mm）×宽（205 mm）×高（285 mm），用细实线和细点画线画外形，如图 10.2.1 所示。

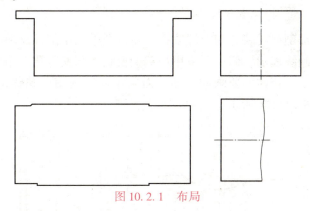

图 10.2.1　布局

③画主要形状，俯视图中为空腔，如图 10.2.2 所示。

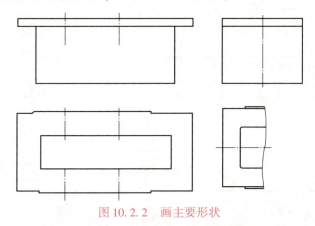

图 10.2.2　画主要形状

④画各视图主要形状，定各个孔等中心线。上部 4 个轴承座孔两旁凸台上 6 个 $\phi17$ 螺栓孔，在主视图上局部剖画 1 个即可；下部 4 个 $\phi9$ 前后对称，只画 2 个，左右两侧各 1 个，如图 10.2.3 所示。

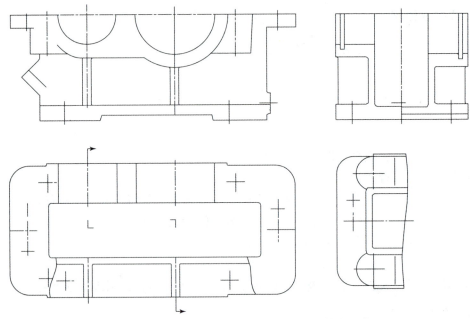

图 10.2.3　画各视图主要形状，是各个孔等中心线

⑤主视图采用局部剖视反映孔和内螺纹孔。左视图采用半剖视反映两个不等的装轴承半孔，相同孔可用细点画线表示。俯视图采用局部剖反映下部安装孔，箱体底部为易于放油铸造成斜坡，用虚线表示。箱体不要画仰视图，而采用局部视图反映铸造凸台结构（改善受力结构并省材），如图 10.2.4 所示。

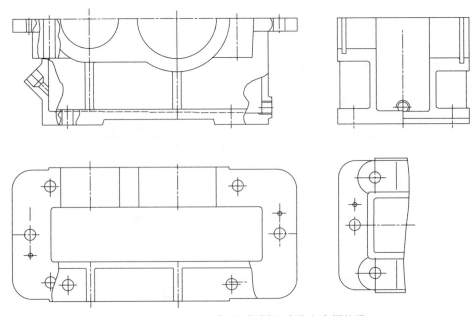

图 10.2.4　主视图采用局部剖反映孔和内螺纹孔

⑥检查、修改、描深轮廓，画剖面线，如图 10.2.5 所示。

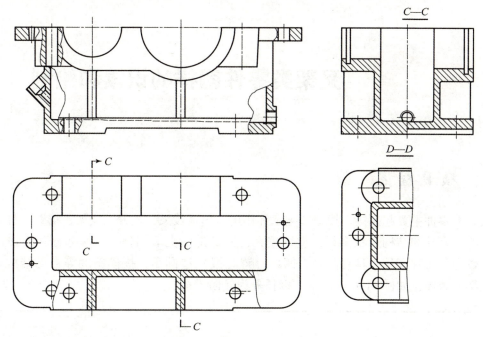

图 10.2.5　检查、修改、描深轮廓

⑦标尺寸、技术要求。

 项目实施

请同学们独立完成，老师巡回指导。

项目十一 叉架类零件图样的识读和绘制

项目描述

叉架类零件主要起连接、拨动和支承等作用，包括拨叉、连杆、支架、摇臂、杠杆等零件。叉架类零件的结构形状多样，差别较大，但都是由支承部分、工作部分和连接部分组成，多数为不对称零件，具有凸台、凹坑、铸（锻）造圆角、拔模斜度等常见结构。本项目以支架为载体，如图11.0.1所示，以任务为导向讲述。

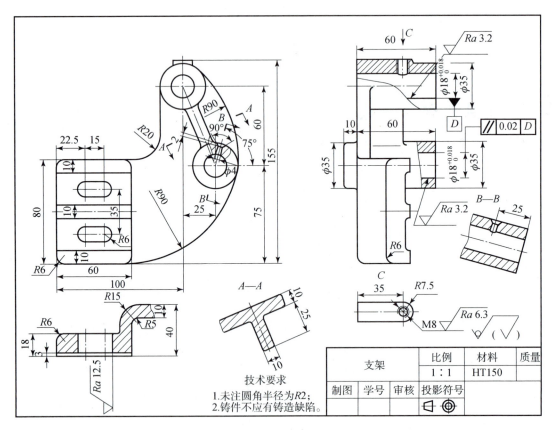

(a)

图11.0.1 支架

(a) 支架零件图

(b)

图 11.0.1 支架（续）

(b) 支架三维图

知识目标

掌握叉架类零件结构特点和视图表达方法。

能力目标

读懂支架零件图，理解叉架类零件的特点及表达方案；掌握叉架类零件图的识读方法及步骤。

素养目标

提高职业技能，培养吃苦耐劳的职业道德及分析、解决问题的能力。

涉及新知识点

一、叉架类零件结构特征

1. 叉架类零件特点

叉架类零件包括各种用途的拨叉和支架，如图 11.0.2 所示。拨叉主要用在机床、内燃机等各种机器的操纵机构上，操纵机器、调节速度；支架主要起支承和连接作用。

此类零件多数由铸造或模锻制成毛坯，经机械加工而成，结构大多比较复杂，一般分为工作部分（与其他零配合或连接的套筒、叉口、支承板等）和联系部分（高度方向尺寸较小的棱柱体，其上常有凸台、凹坑、销孔、螺纹孔、螺栓过孔和成型孔等结构）。

叉架类零件种类较多，如各种拨叉、连杆、摇杆、支架、支座等，如图 11.0.2 所示。

(a)　　　　　　　　(b)

(c)　　　　　　　　(d)

(e)　　　　(f)　　　　(g)

图 11.0.2　叉架零件实体

2. 视图表达方法

①零件一般水平放置，选择零件形状特征明显的方向作为主视图的投影方向。

②除主视图外，一般还需 1～2 个基本视图才能将零件的主要结构表达清楚。

③常用局部视图、局部剖视图表达零件上的凹坑、凸台等，阶梯剖视用于表达多处内部结构，肋板、杆体常用断面图表示其断面形状，同时用斜视图表示零件上的倾斜结构。

二、叉架类零件的表达方案

①叉架类零件一般都是铸件或锻件毛坯，毛坯形状较为复杂，需经不同的机械加工，且加工位置难以分出主次。在选择主视图时，主要按形状特征和加工位置（或自然位置）确定。

②叉架类零件的结构形状较为复杂，一般都需要两个以上的视图。由于它的某些结构形状不平行于基本投影面，所以常用斜视图、斜剖视图和断面图来表达。对零件上的一些内部结构形状，可采用局部剖视；对某些较小的结构，也可采用局部放大图。当零件的主要部分不在同一平面上时，可采用斜视图或旋转剖视图表达。

三、读支架零件图

主视图采用局部剖视图，表达该支架各部分的位置关系和轴孔上的螺钉孔；左视图采用局部剖视图，表达两个轴孔的形状和连接板的外形，可以看到该零件表面过渡线较多；A—

A移出断面图表达肋板的断面形状，B—B移出断面图反映了螺钉孔的定位尺寸25；从C向的局部视图得知，该支架的顶部有一个凸台，凸台螺纹孔的定位尺寸为35。

通过分析想象支架的立体形状，如图11.0.1（b）所示。

四、读尺寸标注

该支架长度方向的主要基准是安装板左端面，注出尺寸100；宽度方向的主要基准是圆柱的前端面；高度方向的主要基准是 $\phi 18^{+0.018}_{0}$ 轴孔的轴线。孔中心线间以及孔中心线到平面的尺寸要直接注出，如60、75、35、22.5、15、25。定形尺寸要采用形体分析法标注尺寸，以便于制作模样。

五、读技术要求

请读者自行分析图10.0.1中的尺寸、表面粗糙度、形位公差、极限偏差等技术要求。

项目实施

请同学们独立完成，老师巡回指导。

项目十二　减速器装配图的识读和绘制

项目描述

QR code 1
减速器拆卸视频

装配图是表达机器或部件的图样，主要表达其工作原理和装配关系。在机器设计过程中，装配图的绘制位于零件图之前，并且装配图与零件图的表达内容不同，它主要用于机器或部件的装配、调试、安装和维修等场合，也是生产中的一种重要的技术文件。

在产品或部件的设计过程中，一般是先设计画出装配图，然后再根据装配图进行零件设计画出零件图；但是在产品或部件的制造过程中，通常先根据零件图进行零件加工和检验，再按照依据装配图所制定的装配工艺规程将零件装配成机器或部件；在产品或部件的使用、维护及维修过程中，也经常要通过装配图来了解产品或部件的工作原理及构造。

本项目以一级圆柱直齿齿轮减速器为载体，如图 12.0.1 和图 12.0.2 所示，以任务为导向，围绕着一级圆柱直齿齿轮减速器装配图的识读和绘制讲述，将项目分成 3 个任务：任务 1　绘制减速器从动轴系的装配示意图，任务 2　识读减速器装配图，任务 3　抄绘一级圆柱直齿齿轮减速器装配图。每个任务互相关联，对任务所涉及的新知识点一一进行罗列，先后讲述了装配图的作用和内容、机器零部件的装配关系、装配图的不同表达画法、配合尺寸公差标注要求、零部件序号编排要求、装配工艺结构、识读与绘制装配图的方法和步骤。读者完成每个任务的过程就是将知识点消化吸收的过程，最后读者将所学的知识点融会贯通，完成整个项目的实施。

图 12.0.1　一级圆柱直齿齿轮减速器三维模型

图 12.0.2　一级圆柱直齿齿轮减速器教学实物模型

项目十二 减速器装配图的识读和绘制

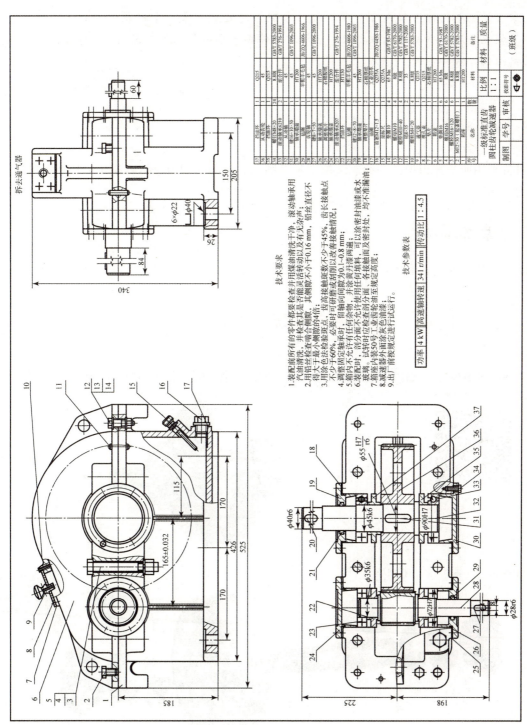

图 12.0.3 一级标准圆柱直齿齿轮减速器装配图

知识目标

掌握装配图的作用和内容、理解机器零部件的装配关系、掌握装配图的不同表达画法、掌握配合尺寸公差的标注要求；理解零部件序号编排要求和工艺结构；掌握识读与绘制装配图的方法和步骤。

能力目标

具备利用所学知识识读与绘制装配图示意图和装配图的能力，培养学生分析和解决问题的能力。

素养目标

培养学生敬业精神和大国工匠精神，以及严谨的工作作风。

任务1　绘制减速器从动轴系的装配示意图

一级圆柱直齿齿轮减速器从动轴系装配示意图及其装配图分别如图 12.1.1 和图 12.1.2 所示。

QR code 2 减速器从动轴系

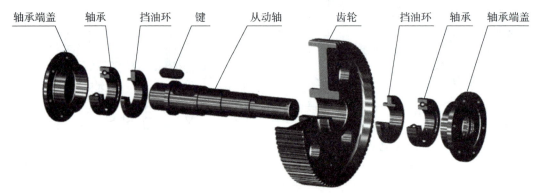

图 12.1.1　一级圆柱直齿齿轮减速器从动轴系装配示意图

项目十二　减速器装配图的识读和绘制

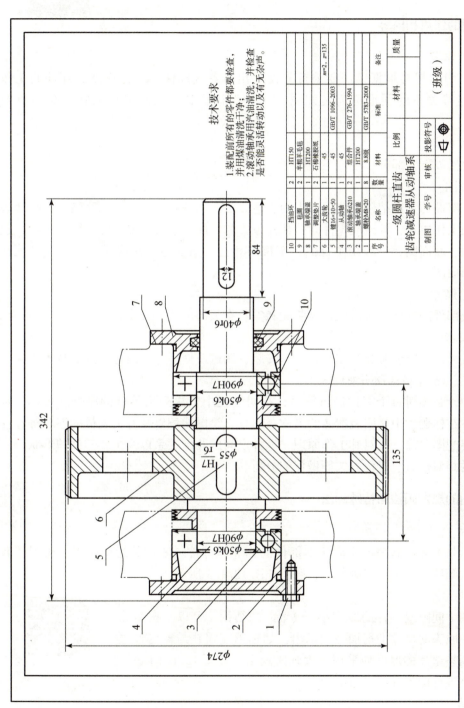

图 12.1.2　一级圆柱直齿齿轮减速器从动轴轴系装配图

涉及新知识点

一、装配图的作用和内容

1. 装配图的作用

在实际工作中，需要根据设计要求首先设计出机器或部件，表达机器或部件的工作原理及装配和连接关系的图形称为装配图，它是设计、制造、使用和维修产品的重要依据。

2. 装配图的内容

装配图应包括以下四部分。

（1）一组视图

根据产品或部件的具体结构，选用适当的表达方法，用一组视图正确、完整、清晰地表达产品或部件的工作原理、各组成零件间的相互位置和装配关系及主要零件的结构形状，包括视图、剖视图、断面图，一般用主视图、俯视图和左视图表达，并依据需要配合其他视图、剖视图和断面图。

（2）必要的尺寸

表示机器或部件的性能、规格以及与装配和安装有关的尺寸。

（3）技术要求

用符号、代号或文字说明装配体在装配、安装、调试及使用等方面应达到的技术指标。

（4）标题栏、零件序号及明细栏

在装配图中，必须对每个零件进行编号，在明细栏中依次列出零件的序号、名称、数量、材料等，并在标题栏中写明装配体的名称、图号、绘图比例以及有关人员的签名等。在绘制从动轴系装配图之前，需对其工作原理、零件之间的装配关系以及主要零件的形状、零件与零件之间的相对位置、定位方式等做仔细分析。

二、装配图的规定画法和特殊画法

1. 假想画法

当需要表示与本部件有关但不属于本部件的相邻零部件或零件的运动范围、极限位置时，可用细双点画线在假想位置画出其轮廓，如图 12.1.3 所示。

2. 夸大画法

对于装配图中间隙或零件的厚度小于 2 mm 的结构，可以不按实际尺寸画，允许在原来的尺寸上稍加夸大画出，如轴承端盖孔与输出轴之间的间隙以及调整垫片的厚度均采用夸大画法画出，如图 12.1.3 所示，而实际尺寸在该零件的零件图上给出。

3. 简化画法

对于装配图中重复出现且有规律分布的零件组，如轴承端盖与箱座之间的螺钉连接，可仅详细画出一组或几组，其余只需用细点画线表示其位置即可。零件的某些工艺结构，如圆角、倒角、退刀槽等在装配图中允许不画，螺栓头部和螺母也允许按简化画法画出（在标

QR code 3 从动轮系
剖开画法

准件和常用件的项目中已详细介绍）。

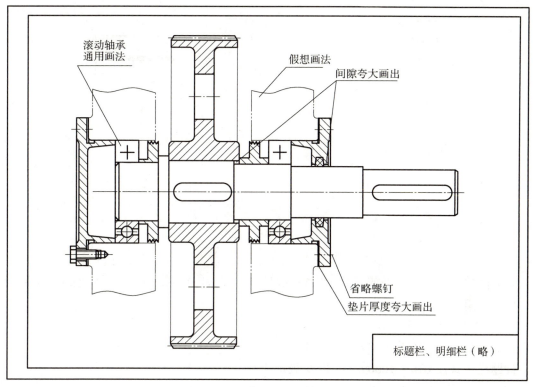

图 12.1.3　减速器从动轴装配图

4. 拆卸画法

当装配体上某些零件的位置和基本连接关系等在某个视图中已经表达清楚时，为了避免遮盖某些零件的投影，可假想在其他视图上将这些零件拆去不画，当需要说明时，可在所得视图上方注出"拆去×××"字样。

三、装配图的零、部件编号与明细栏

1. 装配图中零、部件序号及其编排方法（GB/T 4458.2—1984）

（1）一般规定

①装配图中所有的零、部件都必须编写序号。

②装配图中一个部件可只编写一个序号，同一装配图中相同的零、部件只编写一个。

③装配图中零、部件序号要与明细栏中的序号一致。

（2）序号的编排方法

①装配图中编写零、部件序号的常用方法如图 12.1.4 所示。

②同一装配图中编写零、部件序号的形式应一致。

③指引线应自所指部分的可见轮廓引出，并在末端画一圆点。如所指部分轮廓内不便画圆点，则可在指引线末端画一箭头，并指向该部分的轮廓，如图 12.1.4（d）所示。

④指引线可画成折线，但只可曲折一次。

⑤一组紧固件装配关系清楚的零件组，可采用公共指引线，如图 12.1.4（e）～图

12.1.4（i）所示。

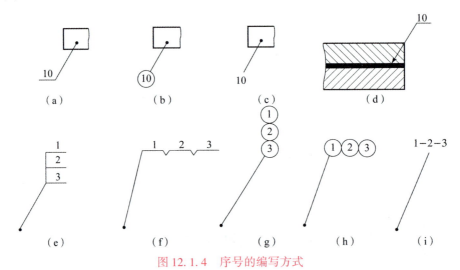

图 12.1.4 序号的编写方式

⑥零件的序号应沿水平或垂直方向按顺时针或逆时针方向排列，序号要连续，间隔应尽量相等，一幅装配图中方向要一致。

2．图中的标题栏及明细栏

（1）标题栏（GB/T 10609.2—2009）

标题栏格式按 GB/T 10609.1—2009 规定绘制。

（2）明细栏 GB/T 10609.2—2009

明细栏按 GB/T 10609.2—2009 规定绘制，如图 12.1.5 所示。

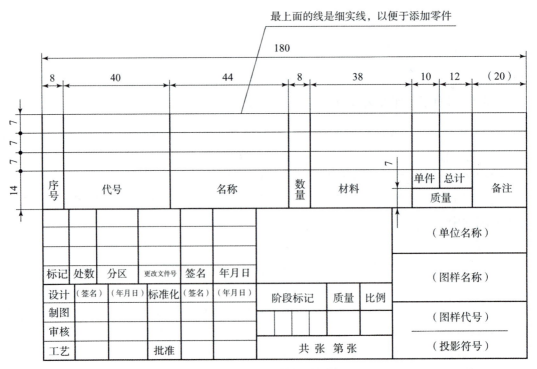

图 12.1.5 标题栏与明细栏

绘制细栏时要注意以下问题：

①序号按自下而上的顺序填写，如向上延伸位置不够，可在标题栏紧靠左边自下而上延续。

②技术要求写在标题栏和明细栏上方。

③备注栏可填写该项的附加说明或其他有关的内容。

四、装配图的尺寸标注

由于装配图主要是用来表达零、部件的装配关系的，所以在装配图中不需要注出每个零件的全部尺寸，而只需注出一些必要的尺寸。这些尺寸按其作用不同，可分为以下五类。以滑动轴承座讲解。

1. 规格尺寸

规格尺寸是表明装配体规格和性能的尺寸，是设计和选用产品的主要依据。如图 12.1.6 所示滑动轴承装配图中主视图内孔尺寸 $\phi 50H8$ 是轴承座的规格尺寸，它确定了用户根据轴尺寸可选配滑动轴承座。

2. 装配尺寸

（1）装配

装配尺寸包括零件间有配合关系的配合尺寸以及零件间的相对位置尺寸，如图 12.1.6 所示装配图中 86H8/f8、$\phi 60H8/k7$ 等。

（2）配合

由从动轴系装配图可以看出，齿轮与轴、轴承与轴及轴承座孔之间都是相互接触的，我们把这种公称尺寸相同且相互接合的孔和轴公差带之间的关系称为配合。当孔的尺寸与相配合的轴的尺寸之差为正时，轴、孔之间形成间隙；差为负时，形成过盈。

①配合性质。

据轴孔配合松紧度要求的不同，国家标准规定了三种配合性质：

a. 间隙配合，指具有间隙（包括最小间隙等于零）的配合。间隙配合孔的公差带在轴的公差带之上，如图 12.1.7 所示。

b. 过盈配合，指具有过盈（包括最小过盈等于零）的配合。从动轴系装配图中轴与齿轮的配合就属于过盈配合。过盈配合孔的公差带在轴的公差带之下，如图 12.1.8 所示。

c. 过渡配合，指可能具有间隙或过盈的配合。过渡配合孔的公差带与轴的公差带相互交叠，如图 12.1.9 所示。

②配合制度。

国家标准规定了基孔制和基轴制两种配合制度，"公差配合与测量技术"这门课程中有详细讲解。

3. 安装尺寸

安装尺寸是机器或部件安装到基座或其他工作位置时所需的尺寸，如图 12.1.6 所示装配图中两孔中心距 176 及 $2 \times \phi 20$。

4. 外形尺寸

外形尺寸是指反映装配体总长、总宽、总高的外形轮廓尺寸，如图 12.1.6 所示滑动轴承装配图中的 236、76、121。

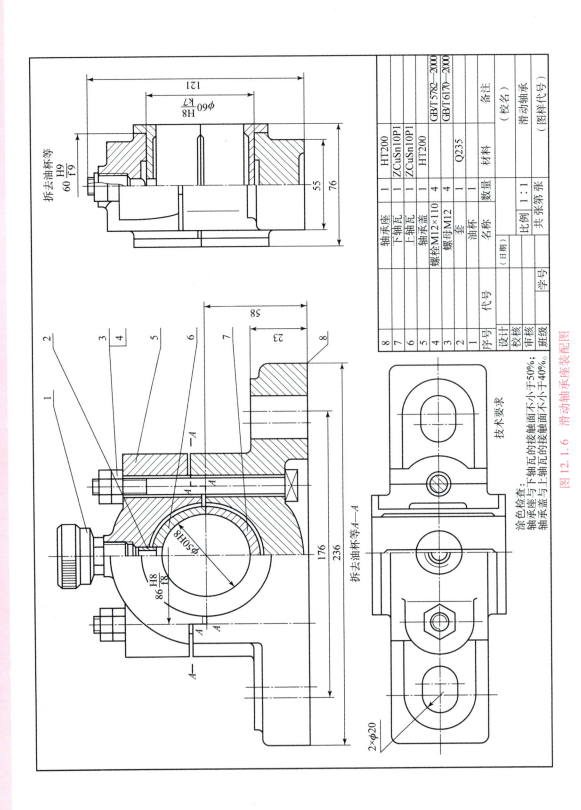

图 12.1.6 滑动轴承座装配图

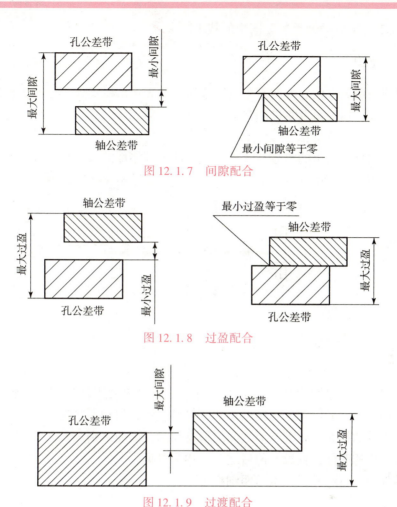

图 12.1.7　间隙配合

图 12.1.8　过盈配合

图 12.1.9　过渡配合

5. 其他重要尺寸

其他重要尺寸是指除以上四类尺寸外，在装配或使用中必须说明的尺寸，如运动零件的位移尺寸等。

以上五类尺寸并非装配图中每张装配图上都需要全部标注，有时同一个尺寸可同时兼有几种含义，所以装配图上的尺寸标注要根据具体的装配体情况来确定。

五、装配图的技术要求

装配图的技术要求一般用文字注写在图样下方的空白处。技术要求因装配体的不同，其具体的内容有很大不同，但技术要求一般应包括以下几个方面。

1. 装配要求

装配要求是指装配后必须保证的精度以及装配时的要求等。

2. 检验要求

检验要求是指装配过程中及装配后必须保证其精度的各种检验方法。

3. 使用要求

使用要求是对装配体的基本性能、维护、保养和使用时的要求。

如图12.1.2所示滑动轴承装配图中的技术要求。

六、装配示意图

装配示意图是用具有代表性的符号或图线简明地表示出机器或部件的工作原理、传动关系、零件间的装配连接关系及零件的名称、数量的图样。

装配示意图有以下特点：

①装配示意图只用简单的符号和线条表达部件中各零件的大致形状和装配关系。从动轴系装配示意图如图12.1.10所示，图中符号及图线可参考相关国家标准。

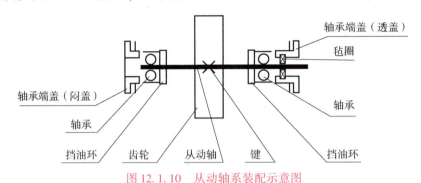

图12.1.10　从动轴系装配示意图

②一般零件可用简单图形画出其大致轮廓。形状简单的零件如螺钉、轴等可用单线表示，其中常用的标准件可用国标规定的示意图符号表示，如轴承、键等。

③相邻两零件的接触面或配合面之间应留有间隙，以便区别。

④零件可看作透明体，且没有前后之分，均为可见。

⑤全部零件应进行编号，并填写明细栏。

任务实施步骤

要完成此任务，首先要对减速器从动轴系进行分析，了解其组成、工作原理及用途；其次，拆卸零件，为防止零件丢失、便于复位及绘制装配图，可边拆卸边绘制部件的装配示意图；再次，画出所有专用件及常用件的零件草图；最后，由零件草图及装配示意图绘制装配图。如果需要，则拆画各零件的零件图，其步骤如下：

一、了解、分析部件

如图12.1.10所示，从动轴系由从动轴、齿轮、键、轴承、挡油环、轴承端盖等零件组成，其中从动轴、挡油环及轴承端盖为专用件，齿轮为常用件，键及轴承为标准件。

二、拆卸零件及画装配示意图

选用常用拆卸工具如扳手、螺丝刀、手钳、锤子等工具进行拆卸。拆卸零件前要研究拆卸方法和拆卸顺序，不可拆的部分尽量不要拆，不能采用破坏性拆卸方法。

拆卸前要测量一些重要尺寸，如运动部件的极限位置和装配间隙等。拆卸后要对零件进行编号、清洗，并妥善保管，以免损坏丢失。

三、画零件草图

对所有非标准零件，均要绘制零件草图。零件草图应包括零件图的所有内容。

应用所学知识绘制从动轴、轴套、挡油环等零件的零件草图。轴承、键及密封圈为标准件，查表确定标记，不用绘制其零件草图。

四、画装配图

1. 视图表达

为了表达从动轴系的工作原理、各零件之间的装配关系以及各零件的主要结构，将从动轴系的轴线水平放置，并用通过轴线的剖切平面将轴系剖开，绘制全剖的主视图，以表达从动轴系的结构特征。

2. 确定比例，选择图幅

根据从动轴系的大小和各零件的结构复杂程度，确定采用 1∶1 的比例绘图。考虑图形大小、尺寸标注、标题栏、明细栏及技术要求所需的位置，确定采用横放的 A3 图幅。

3. 绘制装配图

（1）绘制从动轴

国标关于装配图基本画法的规定：对于紧固件以及轴、连杆、球、键、销等实心零件，若按纵向剖切，且剖切平面通过其对称平面或轴线，则这些零件均按不剖绘制。根据此规定绘制从动轴的图形如图 12.1.11 所示。

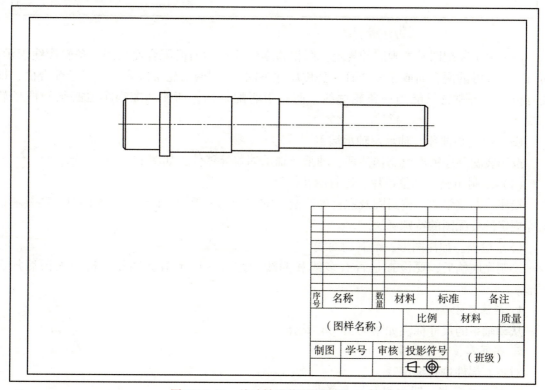

图 12.1.11　从动轴系装配图绘制（一）

（2）绘制键及齿轮

齿轮的左侧面与轴肩对齐，键的图形与轴上键槽的图形重合，如图12.1.12所示。

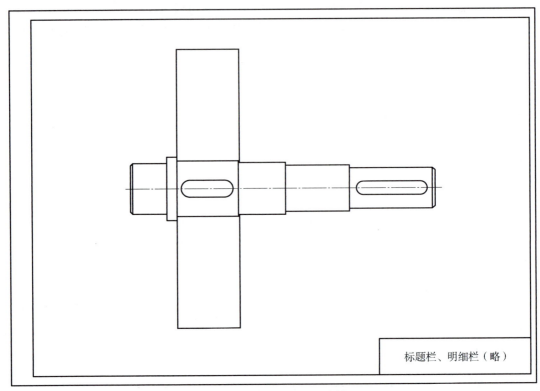

图 12.1.12　从动轴系装配图绘制（二）

国标关于装配图基本画法的规定：两相邻零件的接触面或配合面只用一条轮廓线表示；而对于未接触的两表面或非配合面（公称尺寸不同），用两条轮廓线表示。对于配合面，即使有很大的间隙也只能画一条轮廓线；而对于非配合面，即使间隙很小也必须画两条轮廓线。

（3）绘制挡油环、轴承及轴承端盖

按照装配顺序依次绘制挡油环、轴承及轴承端盖等零件，如图12.1.13所示。

（4）绘制箱座、调整垫片、密封圈及螺钉

箱座、调整垫片、密封圈及螺钉的绘制如图12.1.13所示。在绘制装配图时，还要考虑国标规定的装配图的特殊画法。

（5）检查、加深图形，绘制剖面线

绘制完底稿后，要检查是否有多线和漏线的地方、图形有无错误，检查无误后加深图形。

4. 标注尺寸

从动轴系的尺寸标注如图12.1.14所示。

5. 编写零、部件序号

对零、部件进行编序。

6. 填写标题栏、明细栏和技术要求

按国家标准中推荐使用的格式绘制标题栏和明细栏。明细栏中包括序号、代号、名称、数量、材料、质量（单件、总计）、备注等内容，如从动轴系装配图 12.1.14 所示。

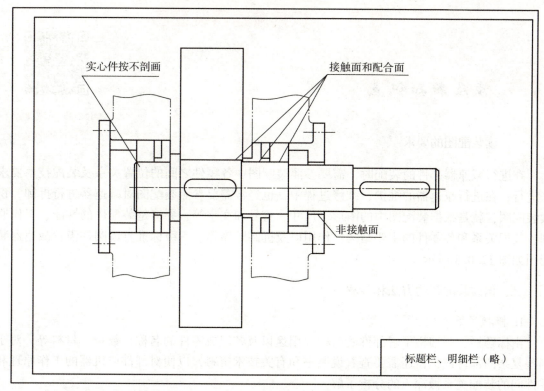

图 12.1.13　从动轴系装配图绘制（三）

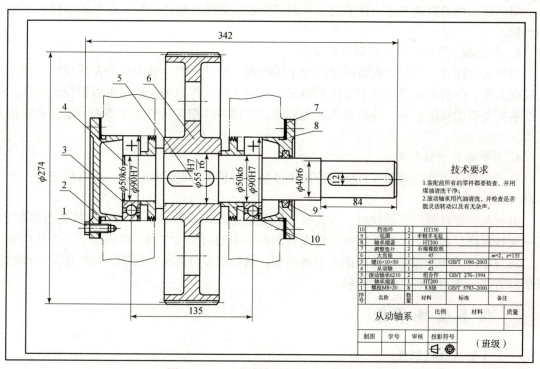

图 12.1.14　从动轴系装配图绘制（四）

任务 2　识读减速器装配图

 涉及新知识点

QR code 4 减速器
安装模拟视频

一、读装配图的要求

在进行减速器部件的装配时，需要参照装配图中各零件之间的位置关系及装配技术要求来进行；在进行减速器的维护、维修过程中，也经常需要参照装配图对减速器进行拆卸。识读装配图，就是根据装配图中的图形、尺寸、符号和文字等，弄清楚装配体的性能、工作原理、装配关系和各零件的主要结构、作用以及拆卸顺序等。一级标准直齿圆柱齿轮减速器装配图如图 12.0.3 所示。

二、识读装配图的方法和步骤

1. 概括了解

由标题栏、明细栏了解部件的名称、用途以及各组成零件的名称、数量、材料等，对于一些复杂的部件或机器还需要查看说明书和有关技术资料，以便对部件或机器的工作原理和零件间的装配关系做深入的分析了解。

2. 分析各视图及其所表达的内容

明确装配图的表达方法、投影关系和剖切位置，并结合标注的尺寸想象出零件的主要结构形状。

3. 弄懂工作原理和零件间的装配关系

对照各视图进一步研究机器或部件的工作原理、装配关系。看图时应先从反映工作原理的视图入手，分析机器或部件中零件的情况，从而了解工作原理；然后再根据投影规律，从反映装配关系的视图着手，分析各条装配轴线，弄清零件相互间的配合要求、定位和连接方式等。

4. 分析零件的结构形状

在弄懂部件工作原理和零件间的装配关系后，分析零件的结构形状，可有助于进一步了解部件的结构特点。

分析某一零件的结构形状时，首先要在装配图中找出反映该零件形状特征的投影轮廓；接着可按视图间的投影关系及同一零件在各剖视图中的剖面线方向、间隔必须一致的画法规定，将该零件的相应投影从装配图中分离出来；最后根据分离出的投影，按形体分析和结构分析的方法，弄清零件的结构形状。

 任务实施步骤

一、了解、分析部件

读图 12.0.3，首先看标题栏和明细栏，了解减速器的结构组成。可知，该装配体是一级标准直齿圆柱齿轮减速器，其用途是在减速的同时增加扭矩。其共由 35 种零件组成，其中 16 种是标准件。还能够了解到各种零件的名称、数量、材料以及标准件的规格；对应零件序号，通过对视图的浏览，了解装配图的表达情况及装配体的复杂程度；从绘图比例和外形尺寸了解部件的大小。

二、分析工作原理

读图 12.0.3，该减速器的动力自齿轮轴 28 输入，通过一对齿轮的啮合传动，由从动轴 32 输出，进而达到改变转速（由 341 r/min 降至 76 r/min）和运动方向的目的。

三、分析装配与连接关系

读图 12.0.3，减速器主要由箱体、箱盖、主动轴系和从动轴系等组成。

1. 主动轴系装配线

在主动轴系中，齿轮与轴成一体为齿轮轴，两端分别装有挡油环、轴承和轴承端盖。与轴承内圈配合的轴公差带为 k6，为过渡配合；与轴承外圈配合的孔公差带为 H7，为间隙配合。

2. 从动轴系装配线

从动轴与齿轮之间用键连接，采用 H7/r6 过盈配合，其两端分别装有挡油环、轴承和轴承端盖。与轴承内圈配合的轴公差带为 k6，为过渡配合；与轴承外圈配合的孔公差带为 H7，为间隙配合。

3. 箱座与箱盖的装配关系

箱座 1 与箱盖 6 之间用销 11 定位，采用序号为 3、4、5 和 12、13、14 的两种螺栓连接方式，共 10 组。

4. 视孔盖与箱盖

读图 12.0.3，视孔盖 8 与箱盖 6 之间用螺栓 10 连接。

四、分析表达方案

读图 12.0.3，减速器装配图由主视图、俯视图和左视图组成。

1. 主视图

主视图反映减速器部件的工作位置及主要装配关系，表达减速器的主体结构特征及通气器、观察窗、油标尺、起盖螺钉、油塞、定位销、轴承端盖及其连接螺钉的位置，并且表达了箱座、箱盖及轴承端盖的外形结构；采用 6 个局部剖，表示箱座和箱盖的壁厚，轴承端盖两侧凸缘处及箱座与箱盖凸缘处的螺栓连接，起盖螺钉、螺塞、油标尺、观察窗等的内部结构、连接方法等，并且表达了箱座的外形及箱盖上吊耳的位置。

2. 俯视图

俯视图采用沿箱座与箱盖接合面剖开的局部剖视图。国标关于装配图特殊画法的规定：沿着零件接合面剖开，在零件接合面上不画剖面线，但被切部分（如本项目中的螺栓、销、轴承端盖、挡油环等）必须画出剖面线。其主要表达了减速器主、从动轴系各零件的主要结构形状、位置和装配关系（主、从动轴及一对啮合齿轮等）及各螺栓和定位销的位置等。

3. 左视图

左视图采用断裂画法（输入轴和输出轴）、局部剖（箱座与箱盖定位销连接的结构及减速器安装孔的结构）、拆卸画法（拆去通气器）来表达减速器的主体结构特征。

五、分析主要零件的结构及尺寸

读图 12.0.3，为深入了解部件，还应进一步分析零件的主要结构形状、用途及尺寸。

①利用剖面线的方向和间距来分析。国标规定，同一零件的剖面线在各个视图上的方向和间距应一致。

②利用规定画法来分析。如实心件在装配图中规定沿轴线剖开，不画剖面线，据此能很快地将实心轴、手柄、螺纹连接件、键、销等区分出来。

③利用零件序号，对照明细栏进行分析。零件结构及尺寸请读者自行分析。

六、分析尺寸

读图 12.0.3，其尺寸如下：

①规格（性能）尺寸：两齿轮啮合的中心距 165 ±0.032。

②总体尺寸（外形尺寸）：减速器的总长 525、总宽 423（198 + 225）和总高 340 尺寸。

③安装尺寸：减速器箱座上安装孔长度方向的定位尺寸为 170，孔的前后中心距为 150，孔的直径为 ϕ22。

④配合尺寸（装配尺寸）：轴与齿轮之间的配合尺寸为 ϕ55 H7/r6，轴与轴承之间的配合尺寸为 ϕ45k6 和 ϕ35k6，轴承与轴承座孔之间的配合尺寸为 ϕ90H7 和 ϕ72H7。

⑤其他重要尺寸：减速器的中心高度 185、齿轮轴外伸输入端长度 60、从动轴外伸输出轴端长度 84 等。

任务 3　抄绘一级圆柱直齿齿轮减速器装配图

 涉及新知识点

QR code 5 装配图的接合面

一、装配图的表达方法

装配图的重点是将装配体的结构、工作原理和零件间的装配关系正确、清晰地表示清楚。除了零件图的画法外，国家标准对装配图的画法也做了一些具体规定。

1. 一般规定画法

（1）零件间接触面、配合面的画法

相邻两个零件的接触面和基本尺寸相同的配合面，只画一条轮廓线，如图 12.3.1（a）所示；但若相邻两个零件的基本尺寸不相同，则无论间隙大小，均要画成两条轮廓线，如图 12.3.1（b）所示。

图 12.3.1 接触面和非接触面画法

（2）装配图中剖面符号的画法

为了便于读图，装配图中相邻两个金属零件的剖面线必须以不同方向或不同的间隔画出，如图12.3.2所示。要特别注意的是，在装配图中，所有剖视、剖面图中同一零件的剖面线方向、间隔须一致。另外，在装配图中，宽度小于或等于2 mm的窄剖面区域，可全部涂黑表示，如图中的垫片。

（3）规定画法

在装配图中，对于紧固件及轴、球、手柄、键、连杆等实心零件，若沿纵向剖切且剖切平面通过其对称平面或轴线，则这些零件均按不剖绘制。如需表明零件的凹槽、键槽、销孔等结构，可用局部剖视表示。如图12.3.2中所示的轴、螺钉和键均按不剖绘制。为表示轴和齿轮间的键连接关系，可采用局部剖视。

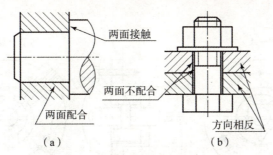

图 12.3.2 规定画法

2. 特殊画法

为使装配图能简便、清晰地表达出部件中某些组成部分的形状特征，国家标准还规定了以下特殊画法和简化画法。

（1）拆卸画法（或沿零件结合面的剖切画法）

在装配图的某一视图中，为表达一些重要零件的内、外部形状，可假想拆去一个或几个零件后绘制该视图。如图12.0.3减速器装配图左视图中的视孔盖，俯视图采用的是沿箱盖和箱体接合面剖切画法。

（2）假想画法

在装配图中，为了表达与本部件有装配关系但又不属于本部件的相邻零、部件时，可用双点画线画出相邻零、部件的部分轮廓。如图12.3.3所示主视图中与转子油泵相邻的零件即是用双点画线画出的。

在装配图中，当需要表达运动零件的运动范围或极限位置时，也可用双点画线画出该零件在极限位置处的轮廓，如图12.3.4所示。

（3）单独表达某个零件的画法

在装配图中，当某个零件的主要结构在其他视图中未能表示清楚，而该零件的形状对部件的工作原理和装配关系的理解起着十分重要的作用时，可单独画出该零件的某一视图。如图12.3.3中转子油泵的B向视图。注意，这种表达方法要在所画视图上方注出该零件及其视图的名称。

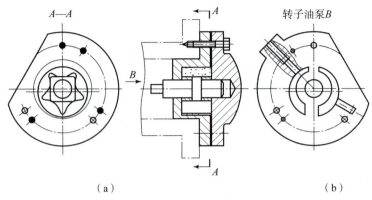

图 12.3.3　转子油泵

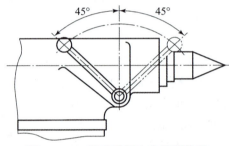

图 12.3.4　运动手柄左右极限位置

3. 简化画法

①对于装配图中若干相同的零、部件组，如螺栓连接等，可详细地画出一组，其余只需用细点画线表示其位置即可。

②在装配图中，对薄的垫片等不易画出的零件可将其涂黑，如图 12.3.5 所示。

③在装配图中，零件的工艺结构，如小圆角、倒角、退刀槽、起模斜度等可不画出，如图 12.3.5 所示。

二、装配工艺结构

在设计和绘制装配图时，应考虑装配结构的合理性，以保证机器或部件的使用及零件的加工、装拆方便。

1. 接触面与配合面的结构

①为了避免装配时表面互相发生干涉，两零件在同一方向上只应有一个接触面。接触面的画法如图 12.3.6 所示。

②轴颈和孔配合时，应在孔的接触端面制作倒角或在轴肩根部切槽，以保证零件间接触良好，如图 12.3.7 所示。

2. 便于装拆的合理结构

①滚动轴承的内、外圈在进行轴向定位设计时，必须考虑到拆卸的方便，如图 12.3.8 所示。

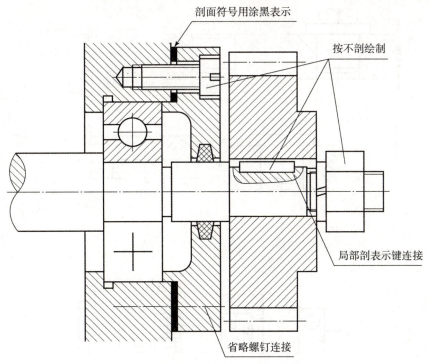

图 12.3.5 运动手柄左右极限位置

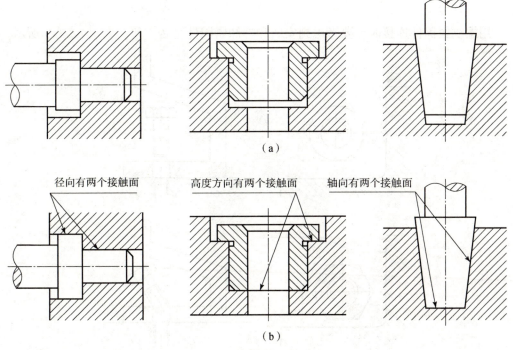

图 12.3.6 接触面的画法
（a）正确；（b）错误

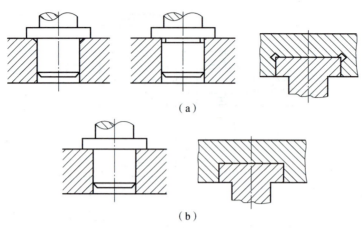

图 12.3.7 接触面转角处的结构
（a）正确；（b）错误

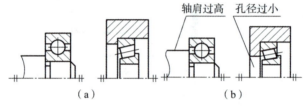

图 12.3.8 滚动轴承端面接触结构
（a）合理；（b）不合理

②用螺纹紧固件连接时，要考虑到安装和拆卸紧固件是否方便，如图 12.3.9 所示。

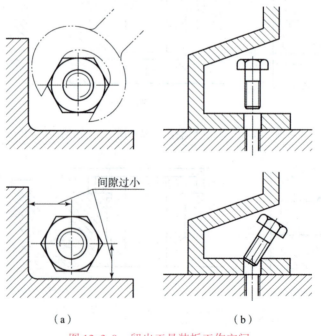

图 12.3.9 留出工具装拆工作空间
（a）合理；（b）不合理

3. 密封装置

为了防止灰尘、杂屑等进入轴承，并防止润滑油的外溢和阀门以及管路中气、液体的泄漏，通常采用密封装置，如图 12.3.10 所示。

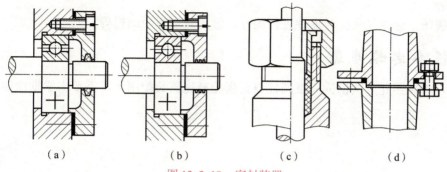

图 12.3.10　密封装置

4. 防松装置

为防止机器因工作振动而致使螺纹紧固件松开，常采用双螺母、弹簧垫圈、止动垫圈、开口销等防松装置，如图 12.3.11 所示。

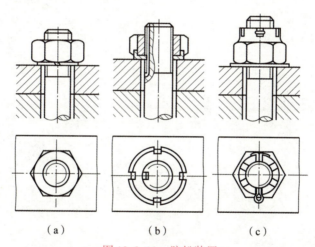

图 12.3.11　防松装置
（a）摩擦弹簧垫圈防松；（b）止动垫圈防松；（c）机械开口销防松

螺纹连接按防松的原理不同，可分为摩擦防松与机械防松。如采用双螺母、弹簧垫圈的防松装置属于摩擦防松装置；采用开口销、止动垫圈的防松装置属于机械防松装置。

三、绘制装配图的方法和步骤

1. 进行部件分析

对要绘制的机器或部件的工作原理、装配关系及主要零件的形状、零件与零件之间的相对位置、定位方式等进行深入细致的分析。

2. 确定主视图方向

主视图的选择应能较好地表达部件的工作原理和主要装配关系，并尽可能按工作位置放置，使主要装配轴线处于水平或垂直位置。

3. 确定其他视图

针对主视图还没有表达清楚的装配关系和零件间的相对位置，应选用其他视图给予补充（剖视、断面、拆去某些零件、剖视中再套用剖视），以期将装配关系表达清楚。

4. 整理

整理视图，标注尺寸，对零件进行编号，绘制并填写明细栏等。

 任务实施步骤

请学习者按照此方法识读一级圆柱直齿齿轮减速器装配图，不需要本学期绘制。

附 录

附录 A 公称尺寸 ≤500 mm 的轴的基本偏差数值（摘自 GB/T 1800.1—2009）

公称尺寸/mm		基本偏差														
		上极限偏差 es										下极限偏差 ei				
		所有标准公差等级											5, 6	7	8	4~7	≤3 >7
大于	至	a	b	c	cd	d	e	ef	f	fg	g	h	js	j			k
—	3	−270	−140	−60	−34	−20	−14	−10	−6	−4	−2	0		−2	−4	−6	0	0
3	6	−270	−140	−70	−46	−30	−20	−14	−10	−6	−4	0		−2	−4	—	+1	0
6	10	−280	−150	−80	−56	−40	−25	−18	−13	−8	−5	0		−2	−5	—	+1	0
10	14	−290	−150	−95	—	−50	−32	—	−16	—	−6	0		−3	−6	—	+1	0
14	18																	
18	24	−300	−160	−110	—	−65	−40	—	−20	—	−7	0		−4	−8	—	+2	0
24	30																	
30	40	−310	−170	−120	—	−80	−50	—	−25	—	−9	0	偏差等于 ±IT_n/2	−5	−10	—	+2	0
40	50	−320	−180	−130														
50	65	−340	−190	−140	—	−100	−60	—	−30	—	−10	0		−7	−12	—	+2	0
65	80	−360	−200	−150														
80	100	−380	−220	−170	—	−120	−72	—	−36	—	−12	0		−9	−15	—	+3	0
100	120	−410	−240	−180														
120	140	−460	−260	−200	—	−145	−85	—	−43	—	−14	0		−11	−18	—	+3	0
140	160	−520	−280	−210														
160	180	−580	−310	−230														
180	200	−660	−340	−240	—	−170	−100	—	−50	—	−15	0		−13	−21	—	+4	0
200	225	−740	−380	−260														
225	250	−820	−420	−280														
250	280	−920	−480	−300	—	−190	−110	—	−56	—	−17	0		−16	−26	—	+4	0
280	315	−1 050	−540	−330														
315	355	−1 200	−600	−360	—	−210	−125	—	−62	—	−18	0		−18	−28	—	+4	0
355	400	−1 350	−680	−400														
400	450	−1 500	−760	−440	—	−230	−135	—	−68	—	−20	0		−20	−32	—	+5	0
450	500	−1 650	−840	−480														

续表

公称尺寸/mm		基本偏差											
		下极限偏差 ei											
		所有标准公差等级											
大于	至	m	n	p	r	s	t	u	v	x	y	z	za	zb	zc
—	3	+2	+4	+6	+10	+14	—	+18	—	+20	—	+26	+32	+40	+60
3	6	+4	+8	+12	+15	+19	—	+23	—	+28	—	+35	+42	+50	+80
6	10	+6	+10	+15	+19	+23	—	+28	—	+34	—	+42	+52	+67	+97
10	14	+7	+12	+18	+23	+28	—	+33	—	+40	—	+50	+64	+90	+130
14	18	+7	+12	+18	+23	+28	—	+33	+39	+45	—	+60	+77	+108	+150
18	24	+8	+15	+22	+28	+35	—	+41	+47	+54	+63	+73	+98	+136	+188
24	30	+8	+15	+22	+28	+35	+41	+48	+55	+64	+75	+88	+118	+160	+218
30	40	+9	+17	+26	+34	+43	+48	+60	+68	+80	+94	+112	+148	+200	+274
40	50	+9	+17	+26	+34	+43	+54	+70	+81	+97	+114	+136	+180	+242	+325
50	65	+11	+20	+32	+41	+53	+66	+87	+102	+122	+144	+172	+226	+300	+405
65	80	+11	+20	+32	+43	+59	+75	+102	+120	+146	+174	+210	+274	+360	+480
80	100	+13	+23	+37	+51	+71	+91	+124	+146	+178	+214	+258	+335	+445	+585
100	120	+13	+23	+37	+54	+79	+104	+144	+172	+210	+254	+310	+400	+525	+690
120	140	+15	+27	+43	+63	+92	+122	+170	+202	+248	+300	+365	+470	+620	+800
140	160	+15	+27	+43	+65	+100	+134	+190	+228	+280	+340	+415	+535	+700	+900
160	180	+15	+27	+43	+68	+108	+146	+210	+252	+310	+380	+465	+600	+780	+1 000
180	200	+17	+31	+50	+77	+122	+166	+236	+284	+350	+425	+520	+670	+880	+1 150
200	225	+17	+31	+50	+80	+130	+180	+258	+310	+385	+470	+575	+740	+960	+1 250
225	250	+17	+31	+50	+84	+140	+196	+284	+340	+425	+520	+640	+820	+1 050	+1 350
250	280	+20	+34	+56	+94	+158	+218	+315	+385	+475	+580	+710	+920	+1 200	+1 550
280	315	+20	+34	+56	+98	+170	+240	+350	+425	+525	+650	+790	+1 000	+1 300	+1 700
315	355	+21	+37	+62	+108	+190	+268	+390	+475	+590	+730	+900	+1 150	+1 500	+1 900
355	400	+21	+37	+62	+114	+208	+294	+435	+530	+660	+820	+1 000	+1 300	+1 650	+2 100
400	450	+23	+40	+68	+126	+232	+330	+490	+595	+740	+920	+1 100	+1 450	+1 850	+2 400
450	500	+23	+40	+68	+132	+252	+360	+540	+660	+820	+1 000	+1 250	+1 600	+2 100	+2 600

注：①公称尺寸小于或等于 1 mm 时，基本偏差 a 和 b 均不采用。
②公差 js7～js11，若 IT_n 值是奇数，则其基本偏差等于 $\pm(IT_n-1)/2$。

附录 B 公称尺寸≤500 mm 的孔的基本偏差数值（摘自 GB/T 1800.1—2009）

公称尺寸 /mm		基本偏差																
		下极限偏差 EI										上极限偏差 ES						
		公差等级																
		所有标准公差等级										6	7	8	≤8	>8	≤8	>8
大于	至	A	B	C	CD	D	E	EF	F	FG	G	H	JS	J			K	M		N	
—	3	+270	+140	+60	+34	+20	+14	+10	+6	+4	+2	0		+2	+4	+6	0	0	−2	−2	−4	−4
3	6	+270	+140	+70	+46	+30	+20	+14	+10	+6	+4	0		+5	+6	+10	−1+Δ	—	−4+Δ	−4	−8+Δ	0
6	10	+280	+150	+80	+56	+40	+25	+18	+13	+8	+5	0		+5	+8	+12	−1+Δ	—	−6+Δ	−6	−10+Δ	0
10	14	+290	+150	+95	—	+50	+32	—	+16	—	+6	0		+6	+10	+15	−1+Δ	—	−7+Δ	−7	−12+Δ	0
14	18																					
18	24	+300	+160	+110	—	+65	+40	—	+20	—	+7	0		+8	+12	+20	−2+Δ	—	−8+Δ	−8	−15+Δ	0
24	30																					
30	40	+310	+170	+120	—	+80	+50	—	+20	—	+9	0		+10	+14	+24	−2+Δ	—	−9+Δ	−9	−17+Δ	0
40	50	+320	+180	+130																		0
50	65	+340	+190	+140	—	+100	+60	—	+30	—	+10	0	偏差等于±IT/2	+13	+18	+28	−2+Δ	—	−11+Δ	−11	−20+Δ	0
65	80	+360	+200	+150																		
80	100	+380	+220	+170	—	+120	+72	—	+36	—	+12	0		+16	+22	+34	−3+Δ	—	−13+Δ	−13	−23+Δ	0
100	120	+410	+240	+180																		
120	140	+460	+260	+200	—	+145	+85	—	+43	—	+14	0		+18	+26	+41	−3+Δ	—	−15+Δ	−15	−27+Δ	0
140	160	+520	+280	+210																		
160	180	+580	+310	+230																		
180	200	+660	+340	+240	—	+170	+100	—	+50	—	+15	0		+22	+30	+47	−4+Δ	—	−17+Δ	−17	−31+Δ	0
200	225	+740	+380	+260																		
225	250	+820	+420	+280																		
250	280	+920	+480	+300	—	+190	+110	—	+56	—	+17	0		+25	+36	+55	−4+Δ	—	−20+Δ	−20	−34+Δ	0
280	315	+1 050	+540	+330																		
315	355	+1 200	+600	+360	—	+210	+125	—	+62	—	+18	0		+29	+39	+60	−4+Δ	—	−21+Δ	−21	−37+Δ	0
355	400	+1 350	+680	+400																		
400	450	+1 500	+760	+440	—	+230	+135	—	+68	—	+20	0		+33	+43	+66	−5+Δ	—	−23+Δ	−23	−40+Δ	0
450	500	+1 650	+840	+480																		

续表

公称尺寸 /mm		基本偏差											Δ 值					
		上极限偏差 ES																
		公差等级																
		≤IT7	标准公差等级 >7										标准公差等级					
大于	至	P~ZC	P	R	S	T	U	V	X	Y	Z	ZA	ZB	ZC	3	4	5	6	7	8
—	3		−6	−10	−14	—	−18	—	−20	—	−26	−32	−40	−60	0	0	0	0	0	0
3	6		−12	−15	−19	—	−23	—	−28	—	−35	−42	−50	−80	1	1.5	1	3	4	6
6	10		−15	−19	−23	—	−28	—	−34	—	−42	−52	−67	−97	1	1.5	2	3	6	7
10	14		−18	−23	−28	—	−33	—	−40	—	−50	−64	−90	−130	1	2	3	3	7	9
14	18							−39	−45		−60	−77	−108	−150						
18	24		−22	−28	−35	—	−41	−47	−54	−63	−73	−98	−136	−188	1.5	2	3	4	8	12
24	30					−41	−48	−55	−64	−75	−88	−118	−160	−218						
30	40	在大于7级的相应数值上增加一个 Δ	−26	−34	−43	−48	−60	−68	−80	−94	−112	−148	−200	−274	1.5	3	4	5	9	14
40	50					−54	−70	−81	−97	−114	−136	−180	−242	−325						
50	65		−32	−41	−53	−66	−87	−102	−120	−146	−172	−226	−300	−405	2	3	5	6	11	16
65	80			−43	−59	−75	−102	−124	−146	−174	−210	−274	−360	−480						
80	100		−37	−51	−71	−91	−124	−146	−178	−214	−258	−335	−445	−585	2	4	5	7	13	19
100	120			−54	−79	−104	−144	−172	−210	−254	−310	−400	−525	−690						
120	140		−43	−63	−92	−122	−170	−202	−248	−300	−365	−470	−620	−800	3	4	6	7	15	23
140	160			−65	−100	−134	−190	−228	−280	−340	−415	−535	−700	−900						
160	180			−68	−108	−146	−210	−252	−310	−380	−465	−600	−780	−1000						
180	200		−50	−77	−122	−166	−236	−284	−350	−425	−520	−670	−880	−1150	3	4	6	9	17	26
200	225			−80	−130	−180	−258	−310	−385	−470	−575	−740	−960	−1250						
225	250			−84	−140	−196	−284	−340	−425	−520	−640	−820	1050	−1350						
250	280		−56	−94	−158	−218	−315	−385	−475	−580	−710	−920	−1200	−1550	4	4	7	9	20	29
280	315			−98	−170	−240	−350	−425	−525	−650	−790	−1000	−1300	−1700						
315	355		−62	−108	−190	−268	−390	−475	−590	−730	−900	−1150	−1500	−1900	4	5	7	11	21	32
355	400			−114	−208	−294	−435	−530	−660	−820	−1000	−1300	−1650	−2100						
400	450		−68	−126	−232	−330	−490	−595	−740	−920	−1100	−1450	−1850	−2400	5	5	7	13	23	34
450	500			−132	−252	−360	−540	−660	−820	−1000	−1250	−1600	−2100	−2600						

注：①公称尺寸小于或等于1 mm时，基本偏差 A 和 B 及大于IT8 的 N 均不采用。
②标准公差≤IT8 的 K、M、N 及≤IT7 的 P~ZC 时，从表的右侧选取 Δ 值。例如，大于18~30 mm 的 K7，Δ = 8 μm，因此 ES = −2 + 8 = +6 (μm)。
③公差带 JS7~JS11，若 IT$_n$ 值是奇数，则偏差 = (±IT$_n$−1)/2。
④特殊情况，大于250~315 mm 的 M6，ES = −9 μm (代替 −11 μm)。

附录C 轴的极限偏差（单位：μm）

公称尺寸/mm		公差带												
		a					b					c			
大于	至	9	10	11	12	13	9	10	11	12	13	8	9	10	11	12
—	3	−270 −295	−270 −310	−270 −330	−270 −370	−270 −410	−140 −165	−140 −180	−140 −200	−140 −240	−140 −280	−60 −74	−60 −85	−60 −100	−60 −120	−60 −160
3	6	−270 −300	−270 −318	−270 −345	−270 −390	−270 −450	−140 −170	−140 −188	−140 −215	−140 −260	−140 −320	−70 −88	−70 −100	−70 −118	−70 −145	−70 −190
6	10	−280 −316	−280 −338	−280 −370	−280 −430	−280 −500	−150 −186	−150 −208	−150 −240	−150 −300	−150 −370	−80 −102	−80 −116	−80 −138	−80 −170	−80 −220
10	14	−290 −333	−290 −360	−290 −400	−290 −470	−290 −560	−150 −193	−150 −220	−150 −260	−150 −330	−150 −420	−95 −122	−95 −138	−95 −165	−95 −205	−95 −275
14	18															
18	24	−300 −352	−300 −384	−300 −430	−300 −510	−300 −630	−160 −212	−160 −244	−160 −290	−160 −370	−160 −490	−110 −143	−110 −162	−110 −194	−110 −240	−110 −320
24	30															
30	40	−310 −372	−310 −410	−310 −470	−310 −560	−310 −700	−170 −232	−170 −270	−170 −330	−170 −420	−170 −560	−120 −159	−120 −182	−120 −220	−120 −280	−120 −370
40	50	−320 −382	−320 −420	−320 −480	−320 −570	−320 −710	−180 −242	−180 −280	−180 −340	−180 −430	−180 −570	−130 −169	−130 −192	−130 −230	−130 −290	−130 −380
50	65	−340 −414	−340 −460	−340 −530	−340 −640	−340 −800	−190 −264	−190 −310	−190 −380	−190 −490	−190 −650	−140 −186	−140 −214	−140 −260	−140 −330	−140 −440
65	80	−360 −434	−360 −480	−360 −550	−360 −660	−360 −820	−200 −274	−200 −320	−200 −390	−200 −500	−200 −660	−150 −196	−150 −224	−150 −270	−150 −340	−150 −450
80	100	−380 −467	−380 −520	−380 −600	−380 −730	−380 −920	−220 −307	−220 −360	−220 −440	−220 −570	−220 −760	−170 −224	−170 −257	−170 −310	−170 −390	−170 −520
100	120	−410 −497	−410 −550	−410 −630	−410 −760	−410 −950	−240 −327	−240 −380	−240 −460	−240 −590	−240 −780	−180 −234	−180 −267	−180 −320	−180 −400	−180 −530
120	140	−460 −560	−460 −620	−460 −710	−460 −860	−460 −1090	−260 −360	−260 −420	−260 −510	−260 −660	−260 −890	−200 −263	−200 −300	−200 −360	−200 −450	−200 −600

续表

公称尺寸/mm		公差带												
		a					b					c			
大于	至	9	10	11	12	13	9	10	11	12	13	8	9	10	11	12
140	160	−520 −620	−520 −680	−520 −770	−520 −920	−520 −1 150	−280 −380	−280 −440	−280 −530	−280 −680	−280 −910	−210 −273	−210 −310	−210 −370	−210 −460	−210 −610
160	180	−580 −680	−580 −740	−580 −830	−580 −980	−580 −1 210	−310 −410	−310 −470	−310 −560	−310 −710	−310 −940	−230 −293	−230 −330	−230 −390	−230 −480	−230 −630
180	200	−660 −775	−660 −845	−660 −950	−660 −1 120	−660 −1 380	−340 −455	−340 −525	−340 −630	−340 −800	−340 −1 060	−240 −312	−240 −355	−240 −425	−240 −530	−240 −700
200	225	−740 −855	−740 −925	−740 −1 030	−740 −1 200	−740 −1 460	−380 −495	−380 −565	−380 −670	−380 −840	−380 −1 100	−260 −332	−260 −375	−260 −445	−260 −550	−260 −720
225	250	−820 −935	−820 −1 005	−820 −1 110	−820 −1 280	−820 −1 540	−420 −535	−420 −605	−420 −710	−420 −880	−420 −1 140	−280 −352	−280 −395	−280 −465	−280 −570	−280 −740
250	280	−920 −1 050	−920 −1 130	−920 −1 240	−920 −1 413	−920 −1 730	−480 −610	−480 −690	−480 −800	−480 −1 000	−480 −1 290	−300 −381	−300 −430	−300 −510	−300 −620	−300 −820
280	315	−1 050 −1 180	−1 050 −1 260	−1 050 −1 370	−1 050 −1 570	−1 050 −1 860	−540 −670	−540 −750	−540 −860	−540 −1 060	−540 −1 350	−330 −411	−330 −460	−330 −540	−330 −650	−330 −850
315	355	−1 200 −1 340	−1 200 −1 430	−1 200 −1 560	−1 200 −1 770	−1 200 −2 090	−600 −740	−600 −830	−600 −960	−600 −1 170	−600 −1 490	−360 −449	−360 −500	−360 −590	−360 −720	−360 −930
355	400	−1 350 −1 490	−1 350 −1 580	−1 350 −1 710	−1 350 −1 920	−1 350 −2 240	−680 −820	−680 −910	−680 −1 040	−680 −1 250	−680 −1 570	−400 −489	−400 −540	−400 −630	−400 −760	−400 −970
400	450	−1 500 −1 655	−1 500 −1 750	−1 500 −1 900	−1 500 −2 130	−1 500 −2 470	−760 −915	−760 −1 010	−760 −1 160	−760 −1 390	−760 −1 730	−440 −537	−440 −595	−440 −690	−440 −840	−440 −1 070
450	500	−1 650 −1 805	−1 650 −1 900	−1 650 −2 050	−1 650 −2 280	−1 650 −2 620	−840 −995	−840 −1 090	−840 −1 240	−840 −1 470	−840 −1 810	−480 −577	−480 −635	−480 −730	−480 −880	−480 −1 110

注：公称尺寸小于1 mm时，各级的a和b均不采用。

续表

公称尺寸/mm		公差带											
		d					e					f		
大于	至	7	8	9	10	11	6	7	8	9	10	5	6	7
—	3	−20 −30	−20 −34	−20 −45	−20 −60	−20 −80	−14 −20	−14 −24	−14 −28	−14 −39	−14 −54	−6 −10	−6 −12	−6 −16
3	6	−30 −42	−30 −48	−30 −60	−30 −78	−30 −105	−20 −28	−20 −32	−20 −38	−20 −50	−20 −68	−10 −15	−10 −18	−10 −22
6	10	−40 −55	−40 −62	−40 −76	−40 −98	−40 −130	−25 −34	−25 −40	−25 −47	−25 −61	−25 −83	−13 −19	−13 −22	−13 −28
10	18	−50 −68	−50 −77	−50 −93	−50 −120	−50 −160	−32 −43	−32 −50	−32 −59	−32 −75	−32 −102	−16 −24	−16 −27	−16 −34
18	30	−65 −86	−65 −98	−65 −117	−65 −149	−65 −195	−40 −53	−40 −61	−40 −73	−40 −92	−40 −124	−20 −29	−20 −33	−20 −41
30	50	−80 −105	−80 −119	−80 −142	−80 −180	−80 −240	−50 −66	−50 −75	−50 −89	−50 −112	−50 −150	−25 −36	−25 −41	−25 −50
50	80	−100 −130	−100 −146	−100 −174	−100 −220	−100 −290	−60 −79	−60 −90	−60 −106	−60 −134	−60 −180	−30 −43	−30 −49	−30 −60
80	120	−120 −155	−120 −174	−120 −207	−120 −260	−120 −340	−72 −94	−72 −107	−72 −126	−72 −159	−72 −212	−36 −51	−36 −58	−36 −71
120	180	−145 −185	−145 −208	−145 −245	−145 −305	−145 −395	−85 −110	−85 −125	−85 −148	−85 −185	−85 −245	−43 −61	−43 −68	−43 −83
180	250	−170 −216	−170 −242	−170 −285	−170 −355	−170 −460	−100 −129	−100 −146	−100 −172	−100 −215	−100 −285	−50 −70	−50 −79	−50 −96
250	315	−190 −242	−190 −271	−190 −320	−190 −400	−190 −510	−110 −142	−110 −162	−110 −191	−110 −240	−110 −320	−56 −79	−56 −88	−56 −108
315	400	−210 −267	−210 −299	−210 −350	−210 −440	−210 −570	−125 −161	−125 −182	−125 −214	−125 −265	−125 −355	−62 −87	−62 −98	−62 −119
400	500	−230 −293	−230 −327	−230 −385	−230 −480	−230 −630	−135 −175	−135 −198	−135 −232	−135 −290	−135 −385	−68 −95	−68 −108	−68 −131

续表

公称尺寸/mm		公差带											
		f		g				h					
大于	至	8	9	4	5	6	7	8	1	2	3	4	5	6
—	3	−6 −20	−6 −31	−2 −5	−2 −6	−2 −8	−2 −12	−2 −16	0 −0.8	0 −1.2	0 −2	0 −3	0 −4	0 −6
3	6	−10 −28	−10 −40	−4 −8	−4 −9	−4 −12	−4 −16	−4 −22	0 −1	0 −1.5	0 −2.5	0 −3	0 −5	0 −8
6	10	−13 −35	−13 −49	−5 −9	−5 −11	−5 −14	−5 −20	−5 −27	0 −1	0 −1.5	0 −2.5	0 −4	0 −6	0 −9
10	18	−16 −43	−16 −59	−6 −11	−6 −14	−6 −17	−6 −24	−6 −33	0 −1.2	0 −2	0 −3	0 −5	0 −8	0 −11
18	30	−20 −53	−20 −72	−7 −13	−7 −16	−7 −20	−7 −28	−7 −40	0 −1.5	0 −2.5	0 −4	0 −6	0 −9	0 −13
30	50	−25 −64	−25 −87	−9 −16	−9 −20	−9 −25	−9 −34	−9 −48	0 −1.5	0 −2.5	0 −4	0 −7	0 −11	0 −16
50	80	−30 −76	−30 −104	−10 −18	−10 −23	−10 −29	−10 −40	−10 −50	0 −2	0 −3	0 −5	0 −8	0 −13	0 −19
80	120	−36 −90	−36 −123	−12 −22	−12 −27	−12 −34	−12 −47	−12 −66	0 −2.5	0 −4	0 −6	0 −10	0 −15	0 −22
120	180	−43 −106	−43 −143	−14 −26	−14 −32	−14 −39	−14 −54	−14 −77	0 −3.5	0 −5	0 −8	0 −12	0 −18	0 −25
180	250	−50 −122	−50 −165	−15 −29	−15 −35	−15 −41	−15 −61	−15 −87	0 −4.5	0 −7	0 −10	0 −14	0 −20	0 −29
250	315	−56 −137	−56 −186	−17 −33	−17 −40	−17 −49	−17 −69	−17 −98	0 −6	0 −8	0 −12	0 −16	0 −23	0 −36
315	400	−62 −151	−62 −202	−18 −36	−18 −43	−18 −54	−18 −75	−18 −107	0 −7	0 −9	0 −13	0 −18	0 −25	0 −36
400	500	−68 −165	−68 −223	−20 −40	−20 −47	−20 −60	−20 −83	−20 −117	0 −8	0 −10	0 −15	0 −20	0 −27	0 −40

续表

公称尺寸/mm		公差带												
^		h							j			js		
大于	至	7	8	9	10	11	12	13	5	6	7	1	2	3
—	3	0 −10	0 −14	0 −25	0 −40	0 −60	0 −100	0 −140	±2	+4 −2	+6 −4	±0.4	±0.6	±1
3	6	0 −12	0 −18	0 −30	0 −48	0 −75	0 −120	0 −180	+3 −2	+6 −2	+8 −4	±0.5	±0.75	±1.25
6	10	0 −15	0 −22	0 −30	0 −58	0 −90	0 −150	0 −220	+4 −2	+7 −2	+10 −5	±0.5	±0.75	±1.25
10	18	0 −18	0 −27	0 −43	0 −70	0 −110	0 −180	0 −270	+5 −3	+8 −3	+12 −6	±0.6	±1	±1.5
18	30	0 −21	0 −33	0 −52	0 −84	0 −130	0 −210	0 −330	+5 −4	+9 −4	+13 −8	±0.75	±1.25	±2
30	50	0 −25	0 −39	0 −62	0 −100	0 −160	0 −250	0 −390	+6 −5	+11 −5	+15 −10	±0.75	±1.25	±2
50	80	0 −30	0 −46	0 −74	0 −120	0 −190	0 −300	0 −460	+6 −7	+12 −7	+18 −12	±1	±1.5	±2.5
80	120	0 −35	0 −54	0 −87	0 −140	0 −220	0 −350	0 −540	+6 −9	+13 −9	+20 −15	±1.25	±2	±3
120	180	0 −40	0 −63	0 −100	0 −160	0 −250	0 −400	0 −630	+7 −11	+14 −11	+22 −18	±1.75	±2.5	±4
180	250	0 −46	0 −72	0 −115	0 −185	0 −290	0 −460	0 −720	+7 −13	+16 −13	+25 −21	±2.25	±3.5	±5
250	315	0 −52	0 −81	0 −130	0 −210	0 −320	0 −520	0 −810	+7 −16	±16	±26	±3	±4	±6
315	400	0 −57	0 −89	0 −140	0 −230	0 −360	0 −570	0 −890	+7 −18	±18	+29 −28	±3.5	±4.5	±6.5
400	500	0 −63	0 −97	0 −155	0 −250	0 −400	0 −630	0 −970	+7 −20	±20	+31 −32	±4	±5	±7.5

续表

公称尺寸/mm		公差带										
		js									k	
大于	至	4	5	6	7	8	9	10	11	12	13	4	5
—	3	±1.5	±2	±3	±5	±7	±12	±20	±30	±50	±70	+3 0	+4 0
3	6	±2	±2.5	±4	±6	±9	±15	±24	±37	±60	±90	+5 +1	+6 +1
6	10	±2	+5 +1	±4.5	±7	±11	±18	±29	±45	±75	±110	+5 +1	+7 +1
10	18	±2.5	±4	±5.5	±9	±13	±21	±35	±55	±90	±135	+6 +1	+9 +1
18	30	±3	±4.5	±6.5	±10	±16	±26	±42	±65	±105	±165	+8 +2	+11 +2
30	50	±3.5	±5.5	±8	±12	±19	±31	±50	±80	±125	±195	+9 +2	+13 +2
50	80	±4	±6.5	±9.5	±15	±23	±37	±60	±95	±150	±230	+10 +2	+15 +2
80	120	±5	±7.5	±11	±17	±27	±43	±70	±110	±175	±270	+13 +3	+18 +3
120	180	±6	±9	±12.5	±20	±31	±50	±80	±125	±200	±315	+15 +3	+21 +3
180	250	±7	±10	±14.5	±23	±36	±57	±92	±145	±230	±360	+18 +4	+24 +4
250	315	±8	±11.5	±16	±26	±40	±65	±105	±160	±200	±405	+20 +4	+27 +4
315	400	±9	±12.5	±18	±28	±44	±70	±115	±180	±285	±445	+22 +4	+29 +4
400	500	±10	±13.5	±20	±31	±48	±77	±125	±200	±315	±485	+25 +5	+32 +5

续表

公称尺寸/mm		公差带										
		k			m				n			
大于	至	6	7	8	4	5	6	7	8	4	5	6	7	8
—	3	+6 0	+10 0	+14 0	+5 +2	+6 +2	+8 +2	+12 +2	+16 +2	+7 +4	+8 +4	+10 +4	+14 +4	+18 +4
3	6	+9 +1	+13 +1	+18 0	+8 +4	+9 +4	+12 +4	+16 +4	+22 +4	+12 +8	+13 +8	+16 +8	+20 +8	+26 +8
6	10	+10 +1	+16 +1	+22 0	+10 +6	+12 +6	+15 +6	+21 +6	+28 +6	+14 +10	+16 +10	+19 +10	+25 +10	+32 +10
10	18	+12 +1	+19 +1	+27 0	+12 +7	+15 +7	+18 +7	+25 +7	+34 +7	+17 +12	+20 +12	+23 +12	+30 +12	+39 +12
18	30	+15 +2	+23 +2	+33 0	+14 +8	+17 +8	+21 +8	+29 +8	+41 +8	+21 +15	+24 +15	+28 +15	+36 +15	+48 +15
30	50	+18 +2	+27 +2	+39 0	+16 +9	+20 +9	+25 +9	+34 +9	+48 +9	+24 +17	+28 +17	+33 +17	+42 +17	+56 +17
50	80	+21 +2	+32 +2	+46 0	+19 +11	+24 +11	+30 +11	+41 +11	—	+28 +20	+33 +20	+39 +20	+50 +20	—
80	120	+25 +3	+38 +3	+54 0	+23 +13	+28 +13	+35 +13	+48 +13	—	+33 +23	+38 +23	+45 +23	+58 +23	—
120	180	+28 +3	+43 +3	+63 0	+27 +15	+33 +15	+40 +15	+55 +15	—	+39 +27	+45 +27	+52 +27	+67 +27	—
180	250	+33 +4	+50 +4	+72 0	+31 +17	+37 +17	+46 +17	+63 +17	—	+45 +31	+51 +31	+60 +31	+77 +31	—
250	315	+36 +4	+56 +4	+81 0	+36 +20	+43 +20	+52 +20	+72 +20	—	+50 +34	+57 +34	+66 +34	+86 +34	—
315	400	+40 +4	+61 +4	+89 0	+39 +21	+46 +21	+57 +21	+78 +21	—	+55 +37	+62 +37	+73 +37	+94 +37	—
400	500	+45 +5	+68 +5	+97 0	+43 +23	+50 +23	+63 +23	+86 +23	—	+60 +40	+67 +40	+80 +40	+103 +40	—

续表

公称尺寸/mm		公差带											
		p					r					s	
大于	至	4	5	6	7	8	4	5	6	7	8	4	5	6
—	3	+9 +6	+10 +6	+12 +6	+16 +6	+20 +6	+13 +10	+14 +10	+16 +10	+20 +10	+24 +10	+17 +14	+18 +14	+20 +14
3	6	+16 +12	+17 +12	+20 +12	+24 +12	+30 +12	+19 +15	+20 +15	+23 +15	+27 +15	+33 +15	+23 +19	+24 +19	+27 +19
6	10	+19 +15	+21 +15	+24 +15	+30 +15	+37 +15	+23 +19	+25 +19	+28 +19	+34 +19	+41 +19	+27 +23	+29 +23	+32 +23
10	18	+23 +18	+26 +18	+29 +18	+36 +18	+45 +18	+28 +23	+31 +23	+34 +23	+41 +23	+50 +23	+33 +28	+36 +28	+39 +28
18	30	+28 +22	+31 +22	+35 +22	+43 +22	+55 +22	+34 +28	+37 +28	+41 +28	+49 +28	+61 +28	+41 +35	+44 +35	+48 +35
30	50	+33 +26	+37 +26	+42 +26	+51 +26	+65 +26	+41 +34	+45 +34	+50 +34	+59 +34	+73 +34	+50 +43	+54 +43	+59 +43
50	65	+40 +32	+45 +32	+51 +32	+62 +32	+78 +32	+49 +41	+54 +41	+60 +41	+71 +41	+87 +41	+61 +53	+66 +53	+72 +53
65	80	+40 +32	+45 +32	+51 +32	+62 +32	+78 +32	+51 +43	+56 +43	+62 +43	+73 +43	+89 +43	+67<to>+59	+72 +59	+78 +59
80	100	+47 +37	+52 +37	+59 +37	+72 +37	+91 +37	+61 +51	+66 +51	+73 +51	+86 +51	+105 +51	+81 +71	+86 +71	+93 +71
100	120	+47 +37	+52 +37	+59 +37	+72 +37	+91 +37	+64 +54	+69 +54	+76 +54	+89 +54	+108 +54	+89 +79	+94 +79	+101 +79
120	140	+55 +43	+61 +43	+68 +43	+73 +43	+100 +43	+75 +63	+81 +63	+88 +63	+103 +63	+126 +63	+104 +92	+110 +92	+117 +92
140	160	+55 +43	+61 +43	+68 +43	+73 +43	+100 +43	+77 +65	+83 +65	+90 +65	+105 +65	+128 +65	+112 +100	+118 +100	+125 +100
160	180	+55 +43	+61 +43	+68 +43	+73 +43	+100 +43	+80 +68	+86 +68	+93 +68	+108 +68	+131 +68	+120 +108	+126 +108	+133 +108
180	200	+64 +50	+70 +50	+79 +50	+96 +50	+122 +50	+91 +77	+97 +77	+106 +77	+123<to>+77	+149 +77	+136 +122	+142 +122	+151 +122
200	225	+64 +50	+70 +50	+79 +50	+96 +50	+122 +50	+94 +80	+100 +80	+109 +80	+126 +80	+152 +80	+144 +130	+150 +130	+159 +130
225	250	+64 +50	+70 +50	+79 +50	+96 +50	+122 +50	+98 +84	+104 +84	+113 +84	+130 +84	+156 +84	+154 +140	+160 +140	+169 +140
250	280	+72 +56	+79 +56	+88 +56	+108 +56	+137 +56	+110 +94	+117 +94	+126 +94	+146 +94	+175 +94	+174 +158	+181 +158	+190 +158
280	315	+72 +56	+79 +56	+88 +56	+108 +56	+137 +56	+114 +98	+121 +98	+130 +98	+150 +98	+179 +98	+186 +170	+193 +170	+202 +170
315	355	+80 +62	+87 +62	+98 +62	+119 +62	+151 +62	+126 +108	+133 +108	+144 +108	+165 +108	+197 +108	+208 +190	+215 +190	+226 +190
355	400	+80 +62	+87 +62	+98 +62	+119 +62	+151 +62	+132 +114	+139 +114	+150 +114	+171 +114	+203 +114	+226 +208	+233 +208	+244 +208
400	450	+88 +68	+95 +68	+108 +68	+131 +68	+165 +68	+146 +126	+153 +126	+166 +126	+189 +126	+223 +126	+252 +232	+259 +232	+272 +232
450	500	+88 +68	+95 +68	+108 +68	+131 +68	+165 +68	+152 +132	+159 +132	+172 +132	+195 +132	+229 +132	+272 +252	+279 +252	+292 +252

续表

公称尺寸/mm		公差带											
		s		t				u				v	
大于	至	7	8	5	6	7	8	5	6	7	8	5	6	7
—	3	+24 +14	+28 +14	—	—	—	—	+22 +18	+24 +18	+28 +18	+32 +18	—	—	—
3	6	+31 +19	+37 +19	—	—	—	—	+28 +23	+31 +23	+35 +23	+41 +23	—	—	—
6	10	+38 +23	+45 +23	—	—	—	—	+34 +28	+37 +28	+43 +28	+50 +28	—	—	—
10	14	+46 +28	+55 +28	—	—	—	—	+41 +33	+44 +33	+51 +33	+60 +33	—	—	—
14	18											+47 +39	+50 +39	+57 +39
18	24	+56 +35	+68 +35	—	—	—	—	+50 +41	+54 +41	+62 +41	+74 +41	+56 +47	+60 +47	+68 +47
24	30			+50 +41	+54 +41	+62 +41	+74 +41	+57 +48	+61 +48	+69 +48	+81 +48	+64 +55	+68 +55	+76 +55
30	40	+68 +43	+82 +43	+59 +48	+64 +48	+73 +48	+87 +48	+71 +60	+76 +60	+85 +60	+99 +60	+79 +68	+84 +68	+93 +68
40	50			+65 +54	+70 +54	+79 +54	+93 +54	+81 +70	+86 +70	+95 +70	+109 +70	+92 +81	+97 +81	+106 +81
50	65	+83 +53	+90 +53	+79 +66	+85 +66	+96 +66	+112 +66	+100 +87	+106 +87	+117 +87	+133 +87	+115 +102	+121 +102	+132 +102
65	80	+89 +59	+105 +59	+88 +75	+94 +75	+105 +75	+121 +75	+115 +102	+121 +102	+132 +102	+148 +102	+133 +120	+139 +120	+150 +120
80	100	+106 +71	+125 +71	+106 +91	+113 +91	+126 +91	+145 +91	+139 +124	+146 +124	+159 +124	+178 +124	+161 +146	+168 +146	+181 +146
100	120	+114 +79	+133 +79	+119 +104	+126 +104	+139 +104	+158 +104	+159 +144	+166 +144	+179 +144	+198 +144	+187 +172	+194 +172	+207 +172

续表

公称尺寸/mm		公差带											
		s		t				u				v		
大于	至	7	8	5	6	7	8	5	6	7	8	5	6	7
120	140	+132 +92	+155 +92	+140 +122	+147 +122	+162 +122	+185 +122	+188 +170	+195 +170	+210 +170	+233 +170	+220 +202	+227 +202	+242 +202
140	160	+140 +100	+163 +100	+152 +134	+159 +134	+174 +134	+197 +134	+208 +190	+215 +190	+230 +190	+253 +190	+246 +228	+253 +228	+268 +228
160	180	+148 +108	+171 +108	+164 +146	+171 +146	+186 +146	+209 +146	+228 +210	+235 +210	+250 +210	+273 +210	+270 +252	+277 +252	+292 +252
180	200	+168 +122	+194 +122	+186 +166	+195 +166	+212 +166	+238 +166	+256 +236	+265 +236	+282 +236	+308 +236	+304 +284	+313 +284	+330 +284
200	225	+176 +130	+202 +130	+200 +180	+209 +180	+226 +180	+252 +180	+278 +258	+287 +258	+304 +258	+330 +258	+330 +310	+339 +310	+356 +310
225	250	+186 +140	+212 +140	+216 +196	+225 +196	+242 +196	+268 +196	+304 +284	+313 +284	+330 +284	+356 +284	+360 +340	+369 +340	+386 +340
250	280	+210 +158	+239 +158	+241 +218	+250 +218	+270 +218	+299 +218	+338 +315	+347 +315	+361 +315	+396 +315	+408 +385	+417 +385	+437 +385
280	315	+222 +170	+251 +170	+263 +240	+272 +240	+292 +240	+321 +240	+373 +350	+382 +350	+402 +350	+431 +350	+448 +425	+457 +425	+477 +425
315	355	+247 +190	+279 +190	+293 +268	+304 +268	+325 +268	+357 +268	+415 +390	+426 +390	+447 +390	+479 +390	+500 +475	+511 +475	+532 +475
355	400	+265 +208	+297 +208	+319 +294	+330 +294	+351 +294	+383 +294	+460 +435	+471 +435	+492 +435	+524 +435	+555 +530	+566 +530	+587 +530
400	450	+295 +232	+329 +232	+357 +330	+370 +330	+393 +330	+427 +330	+517 +490	+530 +490	+553 +490	+587 +490	+622 +595	+635 +595	+658 +595
450	500	+315 +252	+349 +252	+387 +360	+400 +360	+423 +360	+457 +360	+567 +540	+580 +540	+603 +540	+637 +540	+687 +660	+700 +660	+723 +660

续表

公称尺寸/mm		公差带										
		v	x				y			z		
大于	至	8	5	6	7	8	6	7	8	6	7	8
—	3	—	+24 +20	+26 +20	+30 +20	+34 +20	—	—	—	+32 +26	+36 +26	+40 +26
3	6	—	+33 +28	+36 +28	+40 +28	+46 +28	—	—	—	+43 +35	+47 +35	+53 +35
6	10	—	+40 +34	+43 +34	+49 +34	+56 +34	—	—	—	+51 +42	+57 +42	+64 +42
10	14	—	+48 +40	+51 +40	+58 +40	+67 +40	—	—	—	+61 +50	+68 +50	+77 +50
14	18	+66 +39	+53 +45	+56 +45	+63 +45	+72 +45	—	—	—	+71 +60	+78 +60	+87 +60
18	24	+80 +47	+63 +54	+67 +54	+75 +54	+87 +54	+76 +63	+84 +63	+96 +63	+86 +73	+94 +73	+106 +73
24	30	+88 +55	+73 +64	+77 +64	+85 +64	+97 +64	+88 +75	+96 +75	+108 +75	+101 +88	+109 +88	+121 +88
30	40	+107 +68	+91 +80	+96 +80	+105 +80	+119 +80	+110 +94	+119 +94	+133 +94	+128 +112	+137 +112	+151 +112
40	50	+120 +81	+108 +97	+113 +97	+122 +97	+136 +97	+130 +114	+139 +114	+153 +114	+152 +136	+161 +136	+175 +136
50	65	+148 +102	+135 +122	+141 +122	+152 +122	+168 +122	+163 +144	+174 +144	+190 +144	+191 +172	+202 +172	+218 +172
65	80	+166 +120	+159 +146	+165 +146	+176 +146	+192 +146	+193 +174	+204 +174	+220 +174	+229 +210	+240 +210	+256 +210
80	100	+200 +146	+193 +178	+200 +178	+213 +178	+232 +178	+236 +214	+249 +214	+268 +214	+280 +258	+293 +258	+312 +258

续表

公称尺寸/mm		公差带										
^ ^		v	x				y			z		
大于	至	8	5	6	7	8	6	7	8	6	7	8
100	120	+226 +172	+225 +210	+232 +210	+245 +210	+264 +210	+276 +254	+289 +254	+308 +254	+332 +310	+345 +310	+364 +310
120	140	+265 +202	+266 +248	+273 +248	+288 +248	+311 +248	+325 +300	+340 +300	+368 +300	+390 +365	+405 +365	+428 +365
140	160	+291 +228	+298 +280	+305 +280	+320 +280	+343 +280	+365 +340	+380 +340	+403 +340	+440 +415	+455 +415	+487 +415
160	180	+315 +252	+328 +310	+335 +310	+350 +310	+373 +310	+405 +380	+420 +380	+443 +380	+490 +465	+505 +465	+528 +465
180	200	+356 +284	+370 +350	+379 +350	+396 +350	+422 +350	+454 +425	+471 +425	+497 +425	+549 +520	+566 +520	+592 +520
200	225	+382 +310	+405 +385	+414 +385	+431 +385	+457 +385	+499 +470	+516 +470	+542 +470	+604 +575	+621 +575	+647 +575
225	250	+412 +340	+445 +425	+454 +425	+471 +425	+497 +425	+549 +520	+566 +520	+592 +520	+669 +640	+686 +640	+712 +640
250	280	+466 +385	+498 +475	+507 +475	+527 +475	+556 +475	+612 +580	+632 +580	+661 +580	+742 +710	+762 +710	+791 +710
280	315	+506 +425	+548 +525	+557 +525	+577 +525	+606 +525	+682 +650	+702 +650	+731 +650	+822 +790	+842 +790	+871 +790
315	355	+564 +475	+615 +590	+626 +590	+647 +590	+679 +590	+766 +730	+787 +730	+819 +730	+936 +900	+957 +900	+989 +900
355	400	+619 +530	+685 +660	+696 +660	+717 +660	+749 +660	+856 +820	+877 +820	+909 +820	+1 036 +1 000	+1 057 +1 000	+1 089 +1 000
400	450	+692 +595	+767 +740	+780 +740	+803 +740	+837 +740	+960 +920	+983 +920	+1017 +920	+1 140 +1 100	+1 163 +1 100	+1 197 +1 100
450	500	+757 +660	+847 +820	+860 +820	+883 +820	+917 +820	+1 040 +1 000	+1 063 +1 000	+1 097 +1 000	+1 290 +1 250	+1 313 +1 250	+1 347 +1 250

附录 D 孔的极限偏差 （单位：μm）

公称尺寸/mm		公差带											
		A				B				C			
大于	至	9	10	11	12	9	10	11	12	8	9	10	11	12
—	3	+295 +270	+310 +270	+330 +270	+370 +270	+165 +140	+180 +140	+200 +140	+240 +140	+74 +60	+85 +60	+100 +60	+120 +60	+160 +60
3	6	+300 +270	+318 +270	+345 +270	+390 +270	+170 +140	+188 +140	+215 +140	+260 +140	+88 +70	+100 +70	+118 +70	+145 +70	+190 +70
6	10	+316 +280	+338 +280	+370 +280	+430 +280	+186 +150	+208 +150	+240 +150	+300 +150	+102 +80	+116 +80	+138 +80	+170 +80	+230 +80
10	18	+333 +290	+360 +290	+400 +290	+470 +290	+193 +150	+220 +150	+260 +150	+330 +150	+122 +95	+138 +95	+165 +95	+205 +95	+275 +95
18	30	+352 +300	+384 +300	+430 +300	+510 +300	+212 +160	+244 +160	+290 +160	+370 +160	+143 +110	+162 +110	+194 +110	+240 +110	+320 +110
30	40	+372 +310	+410 +310	+470 +310	+560 +310	+232 +170	+270 +170	+330 +170	+420 +170	+159 +120	+182 +120	+220 +120	+280 +120	+370 +120
40	50	+382 +320	+420 +320	+480 +320	+570 +320	+242 +180	+280 +180	+340 +180	+430 +180	+169 +130	+192 +130	+230 +130	+290 +130	+380 +130
50	65	+414 +340	+460 +340	+530 +340	+640 +340	+264 +190	+310 +190	+380 +190	+490 +190	+186 +140	+214 +140	+260 +140	+330 +140	+440 +140
65	80	+434 +360	+480 +360	+550 +360	+660 +360	+274 +200	+320 +200	+390 +200	+500 +200	+196 +150	+224 +150	+270 +150	+340 +150	+450 +150
80	100	+467 +380	+520 +380	+600 +380	+730 +380	+307 +220	+360 +220	+440 +220	+570 +220	+224 +170	+257 +170	+310 +170	+390 +170	+520 +170
100	120	+497 +410	+550 +410	+630 +410	+760 +410	+327 +240	+380 +240	+460 +240	+590 +240	+234 +180	+267 +180	+320 +180	+400 +180	+530 +180
120	140	+560 +460	+620 +460	+710 +460	+860 +460	+360 +260	+420 +260	+510 +260	+660 +260	+263 +200	+300 +200	+360 +200	+450 +200	+600 +200

续表

公称尺寸/mm		公差带											
		A				B				C			
大于	至	9	10	11	12	9	10	11	12	8	9	10	11	12
140	160	+620 +520	+680 +520	+770 +520	+920 +520	+380 +280	+440 +280	+530 +280	+680 +280	+273 +210	+310 +210	+370 +210	+460 +210	+610 +210
160	180	+680 +580	+740 +580	+830 +580	+980 +580	+410 +310	+470 +310	+560 +310	+710 +310	+293 +230	+330 +230	+390 +230	+480 +230	+630 +230
180	200	+775 +660	+845 +660	+950 +660	+1120 +660	+455 +340	+525 +340	+630 +340	+800 +340	+312 +240	+355 +240	+425 +240	+530 +240	+700 +240
200	225	+855 +740	+925 +740	+1 030 +740	+1 200 +740	+495 +380	+565 +380	+670 +380	+840 +380	+332 +260	+375 +260	+445 +260	+550 +260	+720 +260
225	250	+935 +820	+1 005 +820	+1 110 +820	+1 280 +820	+535 +420	+605 +420	+710 +420	+880 +420	+352 +280	+395 +280	+465 +280	+570 +280	+740 +280
250	280	+1 050 +920	+1 130 +920	+1 240 +920	+1 440 +920	+610 +480	+690 +480	+800 +480	+1 000 +480	+381 +300	+430 +300	+510 +300	+620 +300	+820 +300
280	315	+1 180 +1 050	+1 260 +1 050	+1 370 +1 050	+1 570 +1 050	+670 +540	+750 +540	+860 +540	+1 060 +540	+411 +330	+460 +330	+540 +330	+650 +330	+850 +330
315	355	+1 340 +1 200	+1 430 +1 200	+1 560 +1 200	+1 770 +1 200	+740 +600	+830 +600	+960 +600	+1 170 +600	+449 +360	+500 +360	+590 +360	+720 +360	+930 +360
355	400	+1 490 +1 350	+1 580 +1 350	+1 710 +1 350	+1 920 +1350	+820 +680	+910 +680	+1 040 +680	+1 250 +680	+489 +400	+540 +400	+630 +400	+760 +400	+970 +400
400	450	+1 655 +1 500	+1 750 +1 500	+1 900 +1 500	+2 130 +1 500	+915 +760	+1 010 +760	+1 160 +760	+1 390 +760	+537 +440	+595 +440	+690 +440	+840 +440	+1 070 +440
450	500	+1 805 +1 650	+1 900 +1 650	+2 050 +1 650	+2 280 +1 650	+995 +840	+1 090 +840	+1 240 +840	+1 470 +840	+577 +480	+635 +480	+730 +480	+880 +480	+1 110 +480

注：当公称尺寸小于 1 mm 时，各级的 A 和 B 均不采用。

续表

公称尺寸/mm		公差带											
		D					E				F		
大于	至	7	8	9	10	11	7	8	9	10	6	7	8	9
—	3	+30 +20	+34 +20	+45 +20	+60 +20	+80 +20	+24 +14	+28 +14	+39 +14	+54 +14	+12 +6	+16 +6	+20 +6	+31 +6
3	6	+42 +30	+48 +30	+60 +30	+78 +30	+105 +30	+32 +20	+38 +20	+50 +20	+68 +20	+18 +10	+22 +10	+28 +10	+40 +10
6	10	+55 +40	+62 +40	+76 +40	+98 +40	+130 +40	+40 +25	+47 +25	+61 +25	+83 +25	+22 +13	+28 +13	+35 +13	+49 +13
10	18	+68 +50	+77 +50	+93 +50	+120 +50	+160 +50	+50 +32	+59 +32	+75 +32	+102 +32	+27 +16	+34 +16	+43 +16	+59 +16
18	30	+86 +65	+98 +65	+117 +65	+149 +65	+195 +65	+61 +40	+73 +40	+92 +40	+124 +40	+33 +20	+41 +20	+53 +20	+72 +20
30	50	+105 +80	+119 +80	+142 +80	+180 +80	+240 +80	+75 +50	+89 +50	+112 +50	+150 +50	+41 +25	+50 +25	+64 +25	+87 +25
50	80	+130 +100	+146 +100	+174 +100	+220 +100	+290 +100	+90 +60	+106 +60	+134 +60	+180 +60	+49 +30	+60 +30	+76 +30	+104 +30
80	120	+155 +120	+174 +120	+207 +120	+260 +120	+340 +120	+107 +72	+126 +72	+159 +72	+212 +72	+58 +36	+71 +36	+90 +36	+123 +36
120	180	+185 +145	+208 +145	+245 +145	+305 +145	+395 +145	+125 +85	+148 +85	+185 +85	+245 +85	+68 +43	+83 +43	+106 +43	+143 +43
180	250	+216 +170	+242 +170	+285 +170	+355 +170	+460 +170	+146 +100	+172 +100	+215 +100	+285 +100	+79 +50	+96 +50	+122 +50	+165 +50
250	315	+242 +190	+271 +190	+320 +190	+400 +190	+510 +190	+162 +110	+191 +110	+240 +110	+320 +110	+88 +56	+108 +56	+137 +56	+186 +56
315	400	+267 +210	+299 +210	+350 +210	+440 +210	+570 +210	+182 +125	+214 +125	+265 +125	+355 +125	+98 +62	+119 +62	+151 +62	+202 +62
400	500	+293 +230	+327 +230	+385 +230	+480 +230	+630 +230	+198 +135	+232 +135	+290 +135	+385 +135	+108 +68	+131 +68	+165 +68	+223 +68

续表

公称尺寸/mm		公差带											
		G				H							
大于	至	5	6	7	8	1	2	3	4	5	6	7	8	9
—	3	+6 +2	+8 +2	+12 +2	+16 +2	+0.8 0	+1.2 0	+2 0	+3 0	+4 0	+6 0	+10 0	+14 0	+25 0
3	6	+9 +4	+12 +4	+16 +4	+22 +4	+1 0	+1.5 0	+2.5 0	+4 0	+5 0	+8 0	+12 0	+18 0	+30 0
6	10	+11 +5	+14 +5	+20 +5	+27 +5	+1 0	+1.5 0	+2.5 0	+4 0	+6 0	+9 0	+15 0	+22 0	+36 0
10	18	+14 +6	+17 +6	+24 +6	+33 +6	+1.2 0	+2 0	+3 0	+5 0	+8 0	+11 0	+18 0	+27 0	+43 0
18	30	+16 +7	+20 +7	+28 +7	+40 +7	+1.5 0	+2.5 0	+4 0	+6 0	+9 0	+13 0	+21 0	+33 0	+52 0
30	50	+20 +9	+25 +9	+34 +9	+48 +9	+1.5 0	+2.5 0	+4 0	+7 0	+11 0	+16 0	+25 0	+39 0	+62 0
50	80	+23 +10	+29 +10	+40 +10	+56 +10	+2 0	+3 0	+5 0	+8 0	+13 0	+19 0	+30 0	+46 0	+74 0
80	120	+27 +12	+34 +12	+47 +12	+66 +12	+2.5 0	+4 0	+6 0	+10 0	+15 0	+22 0	+35 0	+54 0	+87 0
120	180	+32 +14	+39 +14	+54 +14	+77 +14	+3.5 0	+5 0	+8 0	+12 0	+18 0	+25 0	+40 0	+63 0	+100 0
180	250	+35 +15	+44 +15	+61 +15	+87 +15	+4.5 0	+7 0	+10 0	+14 0	+20 0	+29 0	+46 0	+72 0	+115 0
250	315	+40 +17	+49 +17	+69 +17	+98 +17	+6 0	+8 0	+12 0	+16 0	+23 0	+32 0	+52 0	+81 0	+130 0
315	400	+43 +18	+54 +18	+75 +18	+107 +18	+7 0	+9 0	+13 0	+18 0	+25 0	+36 0	+57 0	+89 0	+140 0
400	500	+47 +20	+62 +20	+83 +20	+117 +20	+8 0	+10 0	+15 0	+20 0	+27 0	+40 0	+63 0	+97 0	+155 0

续表

公称尺寸/mm		公差带											
		H				J			JS				
大于	至	10	11	12	13	6	7	8	1	2	3	4	5	6
—	3	+40 0	+60 0	+100 0	+140 0	+2 −4	+4 −6	+6 −8	±0.4	±0.6	±1	±1.5	±2	±3
3	6	+48 0	+75 0	+120 0	+180 0	+5 −3	±6	+10 −8	±0.5	±0.75	±1.25	±2	±2.5	±4
6	10	+58 0	+90 0	+150 0	+220 0	+5 −4	+8 −7	+12 −10	±0.5	±0.75	±1.25	±2	±3	±4.5
10	18	+70 0	+110 0	+180 0	+270 0	+6 −5	+10 −8	+15 −12	±0.6	±1	±1.5	±2.5	±4	±5.5
18	30	+84 0	+130 0	+210 0	+330 0	+8 −5	+12 −9	+20 −13	±0.75	±1.25	±2	±3	±4.5	±6.5
30	50	+100 0	+160 0	+250 0	+390 0	+10 −6	+14 −11	+24 −15	±0.75	±1.25	±2	±3.5	±5.5	±8
50	80	+120 0	+190 0	+300 0	+460 0	+13 −6	+18 −12	+28 −18	±1	±1.5	±2.5	±4	±6.5	±9.5
80	120	+140 0	+220 0	+350 0	+540 0	+16 −6	+22 −13	+34 −20	±1.25	±2	±3	±5	±7.5	±11
120	180	+160 0	+250 0	+400 0	+630 0	+18 −7	+26 −14	+41 −22	±1.75	±2.5	±4	±6	±9	±12.5
180	250	+185 0	+290 0	+460 0	+720 0	+22 −7	+30 −16	+47 −25	±2.25	±3.5	±5	±7	±10	±14.5
250	315	+210 0	+320 0	+520 0	+810 0	+25 −7	+36 −16	+55 −26	±3	±4	±6	±8	±11.5	±16
315	400	+230 0	+360 0	+570 0	+890 0	+29 −7	+39 −18	+60 −29	±3.5	±4.5	±6.5	±9	±12.5	±18
400	500	+250 0	+400 0	+630 0	+970 0	+33 −7	+43 −20	+66 −31	±4	±5	±7.5	±10	±13.5	±20

续表

公称尺寸/mm		公差带											
		JS							K				M
大于	至	7	8	9	10	11	12	13	4	5	6	7	8	4
—	3	±5	±7	±12	±20	±30	±50	±70	0 −3	0 −4	0 −6	0 −10	0 −14	−2 −5
3	6	±6	±9	±15	±24	±37	±60	±90	+0.5 −3.5	0 −5	+2 −6	+3 −9	+5 −13	−2.5 −6.5
6	10	±7	±11	±18	±29	±45	±75	±110	+0.5 −3.5	+1 −5	+2 −7	+5 −10	+6 −16	−4.5 −8.5
10	18	±9	±13	±21	±35	±55	±90	±135	+1 −4	+2 −6	+2 −9	+6 −12	+8 −19	−5 −10
18	30	±10	±16	±26	±42	±65	±105	±165	0 −6	+1 −8	+2 −11	+6 −15	+10 −23	−6 −12
30	50	±12	±19	±31	±50	±80	±125	±195	+1 −6	+2 −9	+3 −13	+7 −18	+12 −27	−6 −13
50	80	±15	±23	±37	±60	±95	±150	±230	—	+3 −10	+4 −15	+9 −21	+14 −32	—
80	120	±17	±27	±43	±70	±110	±175	±270	—	+2 −13	+4 −18	+10 −25	+16 −38	—
120	180	±20	±31	±50	±80	±125	±200	±315	—	+3 −15	+4 −21	+12 −28	+20 −43	—
180	250	±23	±36	±57	±92	±145	±230	±360	—	+2 −18	+5 −24	+13 −33	+22 −50	—
250	315	±26	±40	±65	±105	±160	±260	±405	—	+3 −20	+5 −27	+16 −36	+25 −56	—
315	400	±28	±44	±70	±115	±180	±285	±445	—	+3 −22	+7 −29	+17 −40	+28 −61	—
400	500	±31	±48	±77	±125	±200	±315	±485	—	+2 −25	+8 −32	+18 −45	+29 −68	—

续表

公称尺寸/mm		公差带											
		M				N					P			
大于	至	5	6	7	8	5	6	7	8	9	5	6	7	8
—	3	−2 −6	−2 −8	−2 −12	−2 −16	−4 −8	−4 −10	−4 −14	−4 −18	−4 −29	−6 −10	−6 −12	−6 −16	−6 −20
3	6	−3 −8	−1 −9	0 −12	+2 −16	−7 −12	−5 −13	−4 −16	−2 −20	0 −30	−11 −16	−9 −17	−8 −20	−12 −30
6	10	−4 −10	−3 −12	0 −15	+1 −21	−8 −14	−7 −16	−4 −19	−3 −25	0 −36	−13 −19	−12 −21	−9 −24	−15 −37
10	18	−4 −12	−4 −15	0 −18	+2 −25	−9 −17	−9 −20	−5 −23	−3 −30	0 −43	−15 −23	−15 −26	−11 −29	−18 −45
18	30	−5 −14	−4 −17	0 −21	+4 −29	−12 −21	−11 −24	−7 −28	−3 −36	0 −52	−19 −28	−18 −31	−14 −35	−22 −55
30	50	−5 −16	−4 −20	0 −25	+5 −34	−13 −24	−12 −28	−8 −33	−3 −42	0 −62	−22 −33	−21 −37	−17 −42	−26 −65
50	80	−6 −19	−5 −24	0 −30	+5 −41	−15 −28	−14 −33	−9 −39	−4 −50	0 −74	−27 −40	−26 −45	−21 −51	−32 −78
80	120	−8 −23	−6 −28	0 −35	+6 −48	−18 −33	−16 −38	−10 −45	−4 −58	0 −87	−32 −47	−30 −52	−24 −59	−37 −91
120	180	−9 −27	−8 −33	0 −40	+8 −55	−21 −39	−20 −45	−12 −52	−4 −67	0 −100	−37 −55	−36<)−61	−28 −68	−43 −106
180	250	−11 −31	−8 −37	0 −46	+9 −63	−25 −45	−22 −51	−14 −60	−5 −77	0 −115	−44 −64	−41 −70	−33 −79	−50 −122
250	315	−13 −36	−9 −41	0 −52	+9 −72	−27 −50	−25 −57	−14 −66	−5 −86	0 −130	−49 −72	−47 −79	−36 −88	−56 −137
315	400	−14 −39	−10 −46	0 −57	+11 −78	−30 −55	−26 −62	−16 −73	−5 −94	0 −94	−55 −80	−51 −87	−41 −98	−62 −151
400	500	−16 −43	−10 −50	0 −63	+11 −86	−33 −60	−27 −67	−17 −80	−6 −103	0 −155	−61 −88	−55 −95	−45 −108	−68 −165

续表

公称尺寸/mm		公差带										
		P	R			S				T			U
大于	至	9	5	6	7	8	5	6	7	8	6	7	8	6
—	3	−6 −31	−10 −14	−10 −16	−10 −20	−10 −24	−14 −18	−14 −20	−14 −24	−14 −28	—	—	—	−18 −24
3	6	−12 −42	−14 −19	−12 −20	−11 −23	−15 −33	−18 −23	−16 −24	−15 −27	−19 −37	—	—	—	−20 −28
6	10	−15 −51	−17 −23	−16 −25	−13 −28	−19 −41	−21 −27	−20 −29	−17 −32	−23 −45	—	—	—	−25 −34
10	18	−18 −61	−20 −28	−20 −31	−16 −34	−23 −50	−25 −33	−25 −36	−21 −39	−28 −55	—	—	—	−30 −41
18	24	−22 −74	−25 −34	−24 −37	−20 −41	−28 −61	−32 −41	−31 −44	−27 −48	−35 −68	—	—	—	−37 −50
24	30										−37 −50	−33 −54	−41 −74	−44 −57
30	40	−26 −88	−30 −41	−29 −45	−25 −50	−34 −73	−39 −50	−38 −54	−34 −59	−43 −82	−43 −59	−39 −64	−48 −87	−55 −71
40	50										−49 −65	−45 −70	−54 −93	−65 −81
50	65	−32 −106	−36 −49	−35 −54	−30 −60	−41 −87	−48 −61	−47 −66	−42 −72	−53 −99	−60 −79	−55 −85	−66 −112	−81 −100
65	80		−38 −51	−37 −56	−32 −62	−43 −89	−54 −67	−53 −72	−48 −78	−59 −105	−69 −88	−64 −94	−75 −121	−96 −115
80	100	−37 −124	−46 −61	−44 −66	−38 −73	−51 −105	−66 −81	−64 −86	−58 −93	−71 −125	−84 −106	−78 −113	−91 −145	−117 −139
100	120		−49 −64	−47 −69	−41 −76	−54 −108	−74 −89	−72 −94	−66 −101	−79 −133	−97 −119	−91 −126	−104 −158	−137 −159

续表

公称尺寸/mm		公差带											
		P	R				S				T		U
大于	至	9	5	6	7	8	5	6	7	8	6	7	8	6
120	140	−43 −143	−57 −75	−56 −81	−48 −88	−63 −126	−86 −104	−85 −110	−77 −117	−92 −155	−115 −140	−107 −147	−122 −185	−163 −188
140	160		−59 −77	−58 −83	−50 −90	−65 −128	−94 −112	−93 −118	−85 −125	−100 −163	−127 −152	−119 −159	−134 −197	−183 −208
160	180		−62 −80	−61 −86	−53 −93	−68 −131	−102 −120	−101 −126	−93 −133	−108 −171	−139 −164	−131 −171	−146 −209	−203 −228
180	200	−50 −165	−71 −91	−68 −97	−60 −106	−77 −149	−116 −136	−113 −142	−105 −151	−122 −194	−157 −186	−149 −195	−166 −238	−227 −256
200	225		−74 −94	−71 −100	−63 −109	−80 −152	−124 −144	−121 −150	−113 −159	−130 −202	−171 −200	−163 −209	−180 −252	−249 −278
225	250		−78 −98	−75 −104	−67 −113	−84 −156	−134 −154	−131 −160	−123 −169	−140 −212	−187 −216	−179 −225	−196 −268	−275 −304
250	280	−56 −186	−87 −110	−85 −117	−74 −126	−94 −175	−151 −174	−149 −181	−138 −190	−158 −239	−209 −241	−198 −250	−218 −299	−306 −338
280	315		−91 −114	−89 −121	−78 −130	−98 −179	−163 −186	−161 −193	−150 −202	−170 −251	−231 −263	−220 −272	−240 −321	−341 −373
315	355	−62 −202	−101 −126	−97 −133	−87 −144	−108 −197	−183 −208	−179 −215	−169 −226	−190 −279	−257 −293	−247 −304	−268 −357	−379 −415
355	400		−107 −132	−103 −139	−93 −150	−114 −203	−201 −226	−197 −233	−187 −244	−208 −297	−283 −319	−273 −330	−294 −383	−424 −460
400	450	−68 −223	−119 −146	−113 −153	−103 −166	−126 −223	−225 −252	−219 −259	−209 −272	−232 −329	−317 −357	−307 −370	−330 −427	−477 −517
450	500		−125 −152	−119 −159	−109 −172	−132 −229	−245 −272	−239 −279	−229 −292	−252 −349	−347 −387	−337 −400	−360 −457	−527 −567

续表

公称尺寸/mm		公差带												
^		U		V			X			Y			Z		
大于	至	7	8	6	7	8	6	7	8	6	7	8	6	7	8
—	3	−18 −28	−18 −32	—	—	—	−20 −26	−20 −30	−20 −34	—	—	—	−26 −32	−26 −36	−26 −40
3	6	−19 −31	−23 −41	—	—	—	−25 −33	−24 −36	−28 −46	—	—	—	−32 −40	−31 −43	−35 −53
6	10	−22 −37	−28 −50	—	—	—	−31 −40	−28 −43	−34 −56	—	—	—	−39 −48	−36 −51	−42 −64
10	14	−26 −44	−33 −60	—	—	—	−37 −48	−33 −51	−40 −67	—	—	—	−47 −58	−43 −61	−50 −77
14	18	−26 −44	−33 −60	−36 −47	−32 −50	−39 −66	−42 −53	−38 −56	−45 −72	—	—	—	−57 −68	−53 −71	−60 −87
18	24	−33 −54	−41 −74	−43 −56	−39 −60	−47 −80	−50 −63	−46 −67	−54 −87	−59 −72	−55 −76	−63 −96	−69 −82	−65 −86	−73 −106
24	30	−40 −61	−48 −81	−51 −64	−47 −68	−55 −88	−60 −73	−56 −77	−64 −97	−71 −84	−67 −88	−75 −108	−84 −97	−80 −101	−88 −121
30	40	−51 −76	−60 −99	−63 −79	−59 −84	−68 −107	−75 −91	−71 −96	−80 −119	−89 −105	−85 −110	−94 −133	−107 −123	−103 −128	−112 −151
40	50	−61 −86	−70 −109	−76 −92	−72 −97	−81 −120	−92 −108	−88 −113	−97 −136	−109 −125	−105 −130	−114 −153	−131 −147	−127 −152	−136 −175
50	65	−76 −106	−87 −133	−96 −115	−91 −121	−102 −148	−116 −135	−111 −141	−122 −168	−138 −157	−133 −163	−144 −190	—	−161 −191	−172 −218
65	80	−91 −121	−102 −148	−114 −133	−109 −139	−120 −166	−140 −159	−135 −165	−146 −192	−168 −187	−163 −193	−174 −220	—	−199 −229	−210 −256
80	100	−111 −146	−124 −178	−139 −161	−1332 −168	−146 −200	−171 −193	−165 −200	−178 −232	−207 −229	−201 −236	−214 −268	—	−245 −280	−258 −312
100	120	−131 −166	−144 −198	−165 −187	−159 −194	−172 −226	−203 −225	−197 −232	−210 −264	−247 −269	−241 −276	−254 −308	—	−297 −332	−310 −364
120	140	−155 −195	−170 −233	−195 −220	−187 −227	−202 −265	−241 −266	−233 −273	−248 −311	−293 −318	−285 −325	−300 −363	—	−350 −390	−365 −428
140	160	−175 −215	−190 −253	−221 −246	−213 −253	−228 −291	−273 −298	−265 −305	−280 −343	−333 −358	−325 −365	−340 −403	—	−400 −440	−415 −478
160	180	−195 −235	−210 −273	−245 −270	−237 −277	−252 −315	−303 −328	−295 −335	−310 −373	−373 −398	−365 −405	−380 −443	—	−450 −490	−465 −528
180	200	−219 −265	−236 −308	−275 −304	−267 −313	−284 −356	−341 −370	−333 −379	−350 −422	−416 −445	−408 −454	−425 −497	—	−503 −549	−520 −592

续表

公称尺寸/mm		公差带												
		U		V			X			Y			Z		
大于	至	7	8	6	7	8	6	7	8	6	7	8	6	7	8
200	225	−241 −287	−258 −330	−301 −330	−293 −339	−310 −382	−376 −405	−368 −414	−385 −457	−461 −490	−453 −499	−470 −542	—	−558 −604	−575 −647
225	250	−267 −313	−284 −356	−331 −360	−323 −369	−340 −412	−416 −445	−408 −454	−425 −497	−511 −540	−503 −549	−520 −592	—	−623 −669	−640 −712
250	280	−295 −347	−315 −396	−376 −408	−365 −417	−385 −466	−466 −498	−455 −507	−475 −556	−571 −603	−560 −612	−580 −661	—	−690 −742	−710 −791
280	315	−330 −382	−350 −431	−416 −448	−405 −457	−425 −506	−516 −548	−505 −557	−525 −606	−641 −673	−630 −682	−650 −731	—	−770 −822	−790 −871
315	355	−369 −426	−390 −479	−464 −500	−454 −511	−475 −564	−579 −615	−560 −626	−590 −679	−719 −755	−709 −766	−730 −819	—	−879 −936	−900 −989
355	400	−414 −471	−435 −524	−519 −555	−509 −566	−530 −619	−649 −685	−639 −696	−660 −749	−809 −845	−799 −856	−820 −909	—	−979 −1 036	−1 000 −1 089
400	450	−467 −530	−490 −587	−582 −622	−572 −635	−595 −692	−727 −767	−717 −780	−740 −837	−907 −947	−879 −969	−920 −1 017	—	−1 077 −1 140	−1 100 −1 197
450	500	−517 −580	−540 −637	−647 −687	−637 −700	−660 −757	−807 −847	−797 −860	−820 −917	−987 −1 027	−977 −1040	−1 000 −1097	—	−1 227 −1 290	−1 250 −1 347

注：1. 当公称尺寸为 250～315 mm 时，M6 的 ES 等于 −9（不等于 −11）。
2. 当公称尺寸小于 1 mm 时，大于 IT8 的 N 不采用。

附录E 直线度和平面度公差值（单位：μm）

主参数 L/mm	公差等级											
	1	2	3	4	5	6	7	8	9	10	11	12
≤10	0.2	0.4	0.8	1.2	2	3	5	8	12	20	30	60
>10~16	0.25	0.5	1	1.5	2.5	4	6	10	15	25	40	80
>16~25	0.3	0.6	1.2	2	3	5	8	12	20	30	50	100
>25~40	0.4	0.8	1.5	2.5	4	6	10	15	25	40	60	120
>40~63	0.5	1	2	3	5	8	12	20	30	50	80	150
>63~100	0.6	1.2	2.5	4	6	10	15	25	40	60	100	200
>100~160	0.8	1.5	3	5	8	12	20	30	50	80	120	250
>160~250	1	2	4	6	10	15	25	40	60	100	150	300
>250~400	1.2	2.5	5	8	12	20	30	50	80	120	200	400

主参数 L 图例

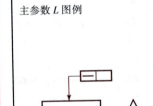
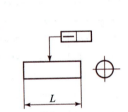
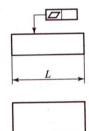
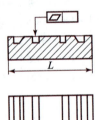

附录F 圆度和圆柱度公差值（单位：μm）

主参数 d、D/mm	公差等级												
	0	1	2	3	4	5	6	7	8	9	10	11	12
≤3	0.1	0.2	0.3	0.5	0.8	1.2	2	3	4	6	10	14	25
>3~6	0.1	0.2	0.4	0.6	1	1.5	2.5	4	5	8	12	18	30
>6~10	0.12	0.25	0.4	0.6	1	1.5	2.5	4	6	9	15	22	36
>10~18	0.15	0.25	0.5	0.8	1.2	2	3	5	8	11	18	27	43
>18~30	0.2	0.3	0.6	1	1.5	2.5	4	6	9	13	21	33	52
>30~50	0.25	0.4	0.6	1	1.5	2.5	4	7	11	16	25	39	62
>50~80	0.3	0.5	0.8	1.2	2	3	5	8	13	19	30	46	74
>80~120	0.4	0.6	1	1.5	2.5	4	6	10	15	22	35	54	87
>120~180	0.6	1	1.2	2	3.5	5	8	12	18	25	40	63	100
>180~250	0.8	1.2	2	3	4.5	7	10	14	20	29	46	72	115
>250~315	1	1.6	2.5	4	6	8	12	16	23	32	52	81	130

主参数 d、D 图例

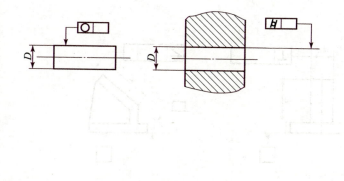

附录G 平行度、垂直度和倾斜度公差值（单位：μm）

主参数 L、d (D) /mm	公差等级											
	1	2	3	4	5	6	7	8	9	10	11	12
≤10	0.4	0.8	1.5	3	5	8	12	20	30	50	80	120
>10~16	0.5	1	2	4	6	10	15	25	40	60	100	150
>16~25	0.6	1.2	2.5	5	8	12	20	30	50	80	120	200
>25~40	0.8	1.5	3	6	10	15	25	40	60	100	150	250
>40~63	1	2	4	8	12	20	30	50	80	120	200	300
>63~100	1.2	2.5	5	10	15	25	40	60	100	150	250	400
>100~160	1.5	3	6	12	20	30	50	80	120	200	300	500
>160~250	2	4	8	15	25	40	60	100	150	250	400	600
>250~400	2.5	5	10	20	30	50	80	120	200	300	500	800

主参数 d (D)、L 图例

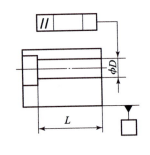
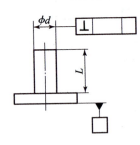
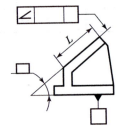

附录 H 同轴度、对称度、圆跳动和全跳动公差值（单位：μm）

主参数 $d(D)$、B、L/mm	公差等级											
	1	2	3	4	5	6	7	8	9	10	11	12
≤1	0.4	0.6	1.0	1.5	2.5	4	6	10	15	25	40	60
>1~3	0.4	0.6	1.0	1.5	2.5	4	6	10	20	40	60	120
>3~6	0.5	0.8	1.2	2	3	5	8	12	25	50	80	150
>6~10	0.6	1	1.5	2.5	4	6	10	15	30	60	100	200
>10~18	0.8	1.2	2	3	5	8	12	20	40	80	120	250
>18~30	1	1.5	2.5	4	6	10	15	25	50	100	150	300
>30~50	1.2	2	3	5	8	12	20	30	60	120	200	400
>50~120	1.5	2.5	4	6	10	15	25	40	80	150	250	500
>120~250	2	3	5	8	12	20	30	50	100	200	300	600
>250~500	2.5	4	6	10	15	25	40	60	120	250	400	800

主参数 $d(D)$、B、L 图例

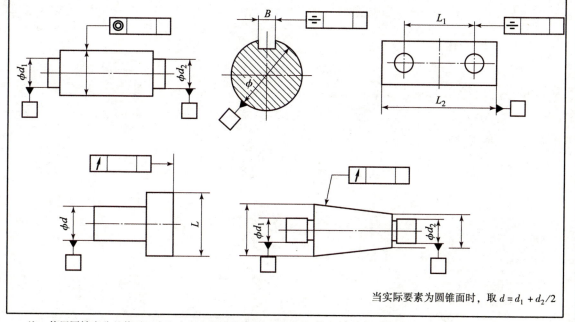

当实际要素为圆锥面时，取 $d = d_1 + d_2/2$

注：使用同轴度公差值时，应在表中查得的数值前加注"ϕ"。

附录 I 位置度数系（单位：μm）

1	1.2	1.5	2	2.5	3	4	5	6	8
1×10^n	1.2×10^n	1.5×10^n	2×10^n	2.5×10^n	3×10^n	4×10^n	5×10^n	6×10^n	8×10^n

注：n 为正整数

机械制图习题集

主编 李慧 李大宗 刘真

北京理工大学出版社
BEIJING INSTITUTE OF TECHNOLOGY PRESS

目 录

项目一　手柄零件图的识读和绘制 …… (1)

项目二　基本体三视图的识读和绘制 …… (19)

项目三　车床顶尖截切后三通管的识读和绘制 …… (32)

项目四　轴承座三视图的识读和绘制 …… (36)

项目五　轴承座轴测图的识读和绘制 …… (50)

项目六　机件的表达方法的选择 …… (58)

项目七　标准件、常用件的识读和绘制 …… (78)

项目八　从动轴零件图的识读和绘制 …… (90)

项目九　减速器箱盖零件草图的识读和绘制 …… (109)

项目十　减速器箱座零件图的识读和绘制 …… (111)

项目十一　叉架类零件图的识读和绘制 …… (113)

项目十二　减速器装配图的识读和绘制 …… (117)

项目一 手柄零件图的识读和绘制

一、单选题

1. 国标规定基本图纸幅面有（　　）种。
   A. 4   B. 5   C. 6   D. 7

2. 虚线的宽度约为粗实线的（　　）。
   A. 2   B. 1/2   C. 1/3   D. 1

3. 标题栏一般应于图纸的（　　）。
   A. 右上方   B. 右下方   C. 左上方   D. 左下方

4. 虚线一般用来表示（　　）。
   A. 可见轮廓线   B. 过渡线   C. 不可见轮廓线   D. 尺寸界限

5. 两线相交，交点处（　　）。
   A. 应有空隙   B. 不应有空隙   C. 可以有空隙   D. 可以不留空隙

6. 两平行线之间的最小距离不应小于（　　）mm。
   A. 0.7   B. 1   C. 1.5   D. 0.5

7. 国标规定机械图样中用的图线宽度为（　　）两种。
   A. 粗线、细线   B. 粗实线、细线   C. 粗线、虚线   D. 3:1

8. 机械制图中通常采用两种线宽，粗、细线的比例为（　　）。
   A. 1:2   B. 2:1   C. 1:3   D. 3:1

9. 比例是（　　）。
   A. 图样中图形与其实物相应要素的线性尺寸之比
   B. 实物与图样中图形相应要素的线性尺寸之比
   C. 实物与图样中图形相应要素的尺寸之比
   D. 图样中图形与实物相应要素的尺寸之比

10. 下列属于放大比例的是（　　）。
    A. 2:1   B. 1:2.5   C. 1:5   D. 1:1

11. 无论图形放大还是缩小，在标注尺寸时均应按（　　）来标注。
    A. 图形的实际尺寸   B. 机件的真实大小   C. 考虑绘图准确度加修正值   D. 都不对

二、填空题

1. 图纸基本幅面代有_____、_____、_____、_____和_____五种。

2. 绘图时，_____线表示可见轮廓线，_____线表示不可见轮廓线。

3. 机械制图中通常采用两种线宽，粗、细线的比例为_____。

4. 图纸的幅面分为_____幅面和_____幅面两类，基本幅面按尺寸大小可分为_____种，其代号分别为_____、_____、_____、_____和_____。

5. 图纸格式分为_____和_____两种。

6. 标题栏应位于图纸的_____方位，一般包含_____、_____、_____、_____四个区，标题栏中的文字方向为_____。

7. 图样中书写的汉字、数字和字母，必须做到_____、_____、_____。汉字应用_____体书写，数字和字母应书写为_____体或_____体。

8. 字号指字体的_____，图样中常用字号有_____、_____、_____、_____、_____、_____、_____和_____等八种。

9. 常用图线的种类有_____、_____、_____和_____四种。

10. 图样中，机件的可见轮廓线用_____画出，不可见轮廓线用_____画出，尺寸线和尺寸界线用_____画出，对称中心线和轴线用_____画出，细实线、虚线与点画线的图线宽度约为粗实线的_____。

11. 比例是指图样中_____与其_____相应要素的线性尺寸之比。

12. 图样上标注的尺寸应是机件的_____尺寸，与所采用的_____关。

13. 常用比例有_____和_____三种。比例1∶2是指_____是_____的2倍，属于_____比例；比例2∶1是指_____是_____的2倍，属于_____比例。

14. 绘图时应尽量采用_____比例，如需要时也可采用_____或_____的比例。无论采用何种比例，图样中所注的尺寸均为机件的_____尺寸。

15. 图样中书写的汉字、数字和字母，必须做到_____。汉字应用_____体书写，数字和字母应书写为_____体或_____体。

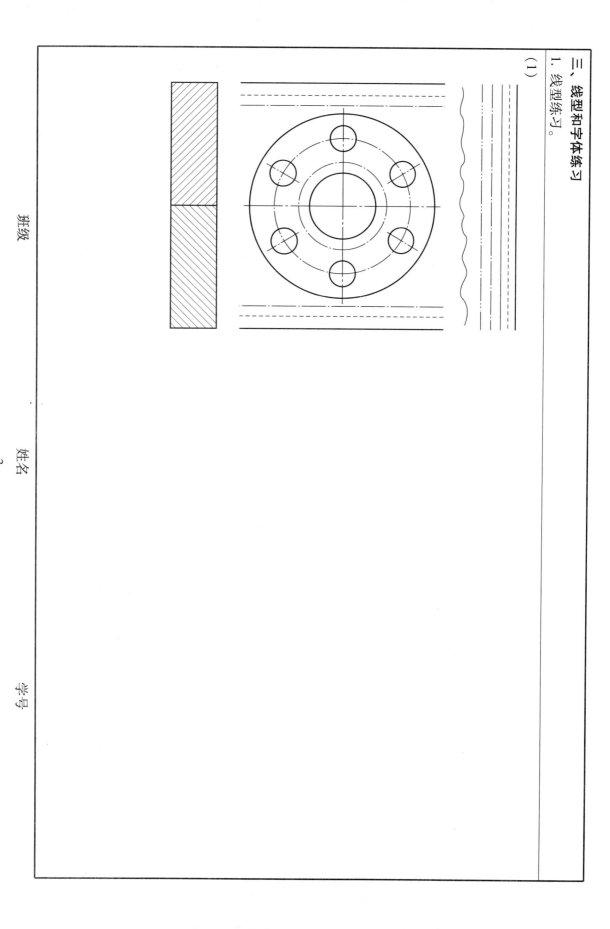

1. 线型练习。

(2)

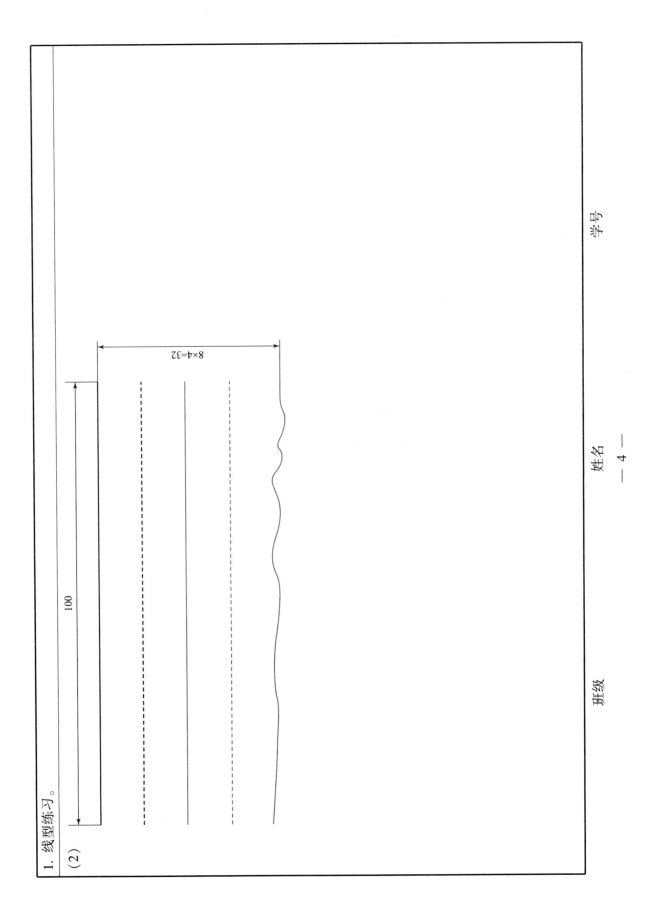

2. 字体练习。

机械工程制图基本知识视图投影

尺寸标注形体分析零图班级结构件

箱 体 为 支 架 泵 台 学 校 轴 承 漏 油 螺 纹 钉 齿 轮 花 键
☐ ☐ ☐ ☐ ☐ ☐ ☐ ☐ ☐ ☐ ☐ ☐ ☐ ☐ ☐ ☐ ☐ ☐
☐ ☐ ☐ ☐ ☐ ☐ ☐ ☐ ☐ ☐ ☐ ☐ ☐ ☐ ☐ ☐ ☐ ☐
☐ ☐ ☐ ☐ ☐ ☐ ☐ ☐ ☐ ☐ ☐ ☐ ☐ ☐ ☐ ☐ ☐ ☐

0 1 2 3 4 5 6 7 8 9 R 0 1 2 3 4 5
☐ ☐ ☐ ☐ ☐ ☐ ☐ ☐ ☐ ☐ ☐ ☐ ☐ ☐ ☐ ☐ ☐
☐ ☐ ☐ ☐ ☐ ☐ ☐ ☐ ☐ ☐ ☐ ☐ ☐ ☐ ☐ ☐ ☐
☐ ☐ ☐ ☐ ☐ ☐ ☐ ☐ ☐ ☐ ☐ ☐ ☐ ☐ ☐ ☐ ☐

班级　　　　　姓名　　　　　学号

四、尺寸标注

1. 注写尺寸：在给定的尺寸线上画出箭头，填写尺寸数字（尺寸数字按1:1从图上量取，取整数）。

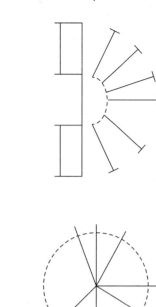
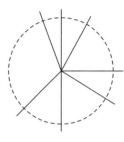

2. 尺寸注法改错：查出尺寸标注的错误，并在右边空白图上正确标注。

3. 分析平面图形并标注尺寸。
(1)

(2)

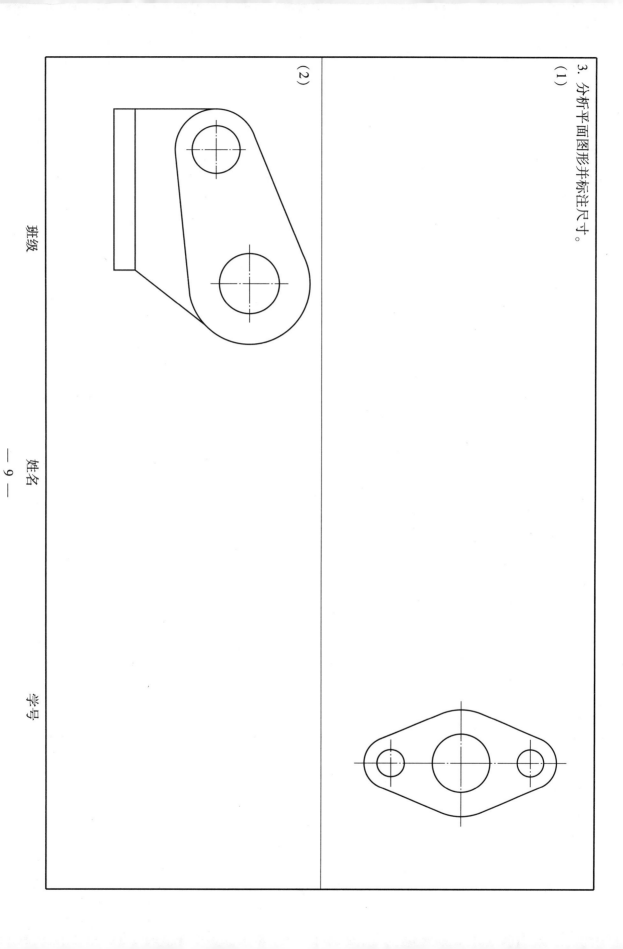

4. 尺寸标注改错，并将改正后的尺寸标注在右边图上。

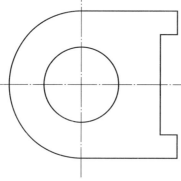

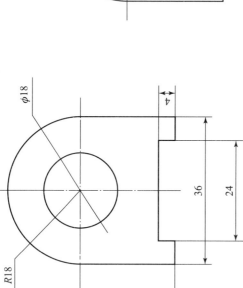

5. 按图中所示尺寸及图形，在指定位置绘制图形，并标注尺寸。

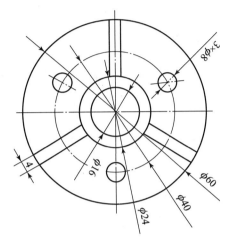

五、圆弧练习

1. 根据小图尺寸按比例要求完成大图。

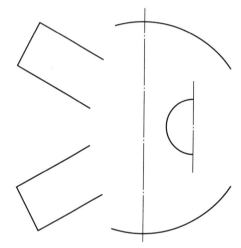

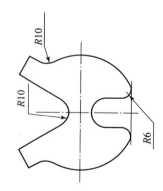

2. 根据小图尺寸按比例要求完成大图。

3. 绘制图形
(1) 绘制练习图形 1。

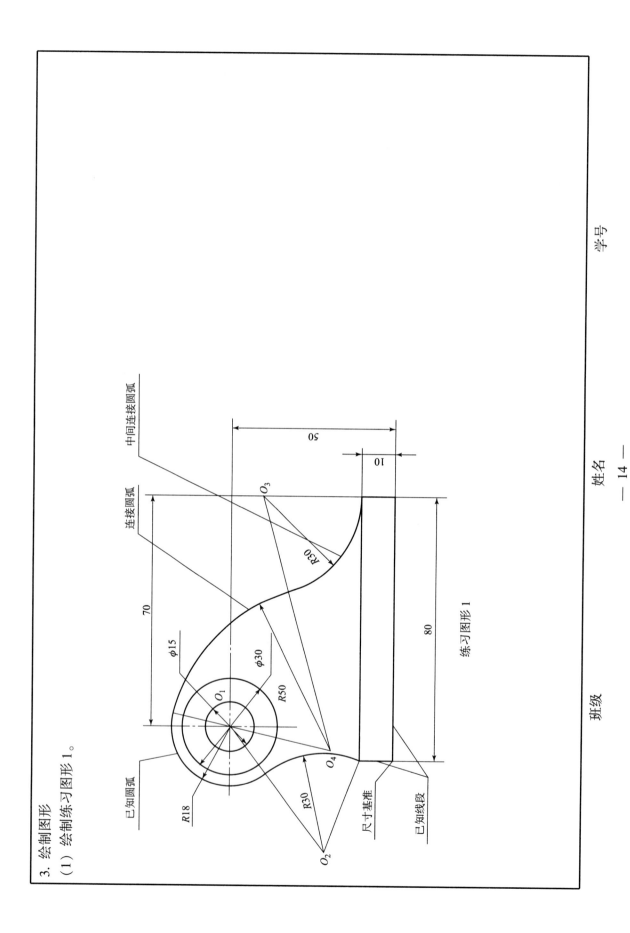

练习图形 1

在这空白页面绘制练习图形1：

班级　　　　　　姓名　　　　　　学号

(2) 绘制练习图形 2。

练习图形 2

在该空白页面绘制练习图形2：

六、选择合适的图幅和比列，不留装订边，绘制吊钩和扳手的零件图

吊钩

扳手

项目二 基本体三视图的识读和绘制

一、填空题

1. 投影法分为_____投影法和_____投影法。

2. 正投影法的基本性质：_____性、_____性、_____性。

3. 将楔块由前向后正立投影面投射，在正面上得到一个视图，称为_____视图；由上向下投射，在水平面上得到第二个视图，称为_____视图；由左向右投射，在侧面上得到第三个视图，称为_____视图。

4. 物体有长、宽、高三个方向的大小。通常规定：物体左、右之间的距离为_____，前、后之间的距离为_____，上、下之间的宽度_____。

5. 主视图与俯视图反映物体的长度————长_____；主视图与左视图反映物体的高度————高_____；俯视图与左视图反映物体的宽度————宽_____。

6. 三个互相垂直的投影面构成三投影面体系，投影面的 OX、OY、OZ 轴称为_____，三投影轴交于一点 O 称为_____。

二、选择题

1. 已知物体的主、俯视图，则正确的左视图是_____。

(A)　　　(B)　　　(C)

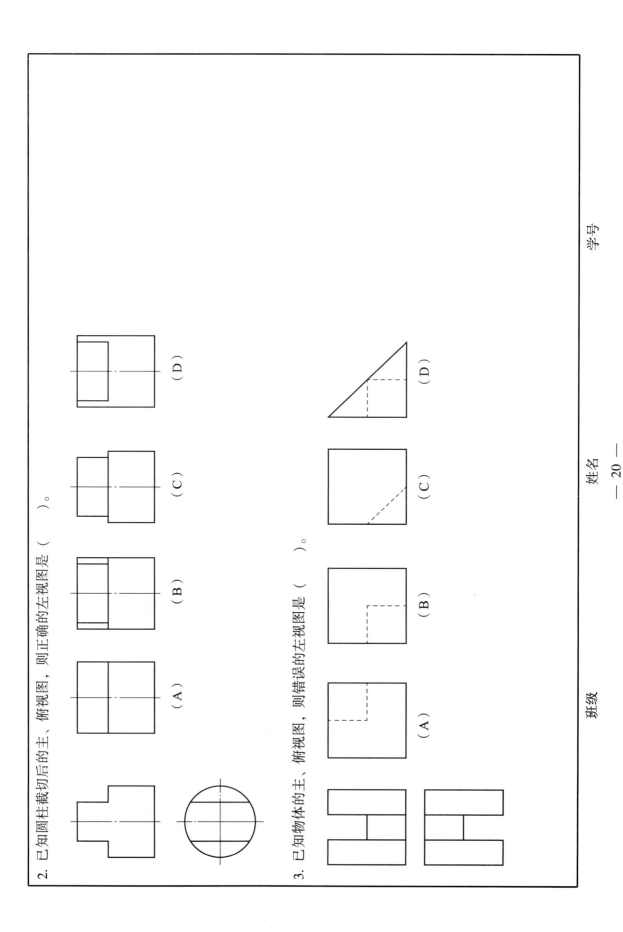

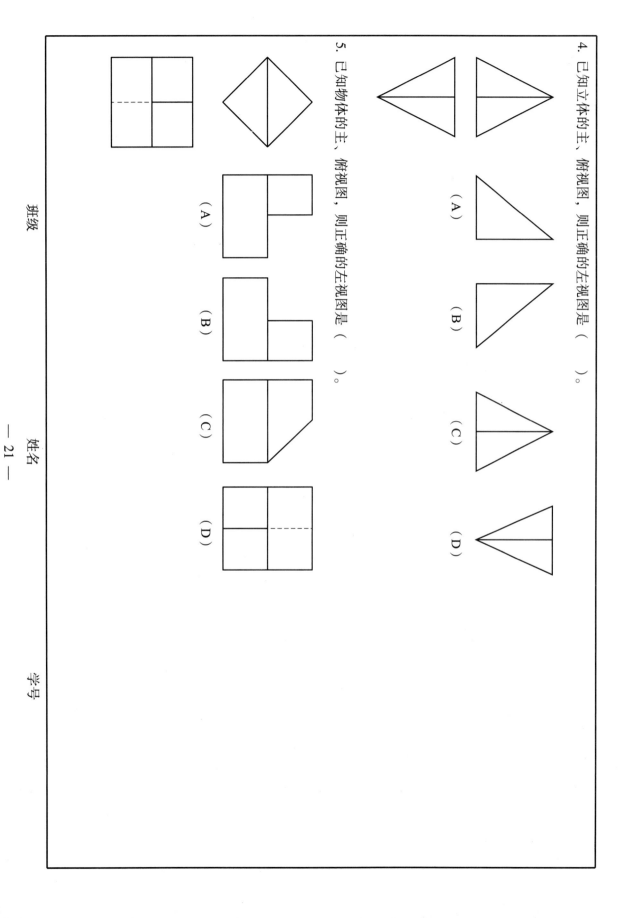

三、点线面的投影的练习

1. 已知各点的空间位置,试作投影图(单位: mm)。

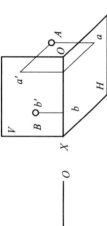

点	距H面	距V面
A		
B		

2. 已知各点的空间位置,试作投影图,并填写出各点距投影面的位置(单位: mm)。

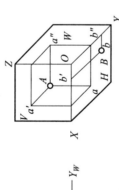

点	距H面	距V面	距W面
A			
B			

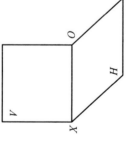

3. 画出各点的空间位置。

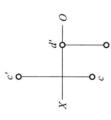

4. 求下列各点的第三面投影，并填写出各点距投影面的距离。

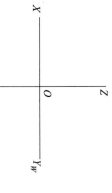

点	距 H 面	距 V 面	距 W 面
A			
B			
C			

5. 已知各点的坐标值，求作三面投影图。

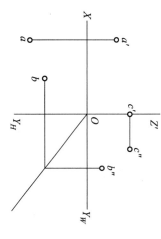

点	x	y	z
A	10	15	5
B	20	10	20

班级　　　　　　　　姓名　　　　　　　　学号

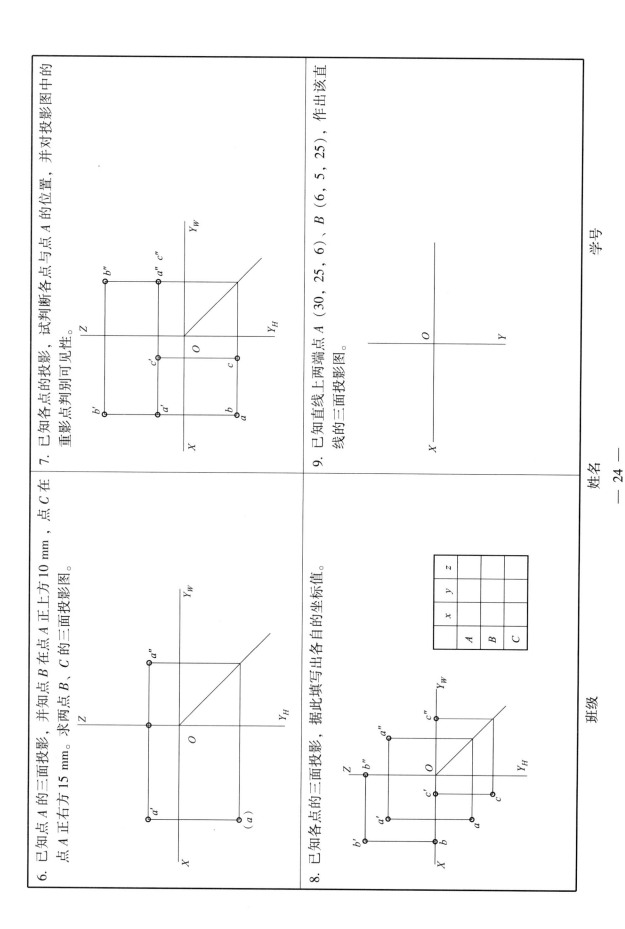

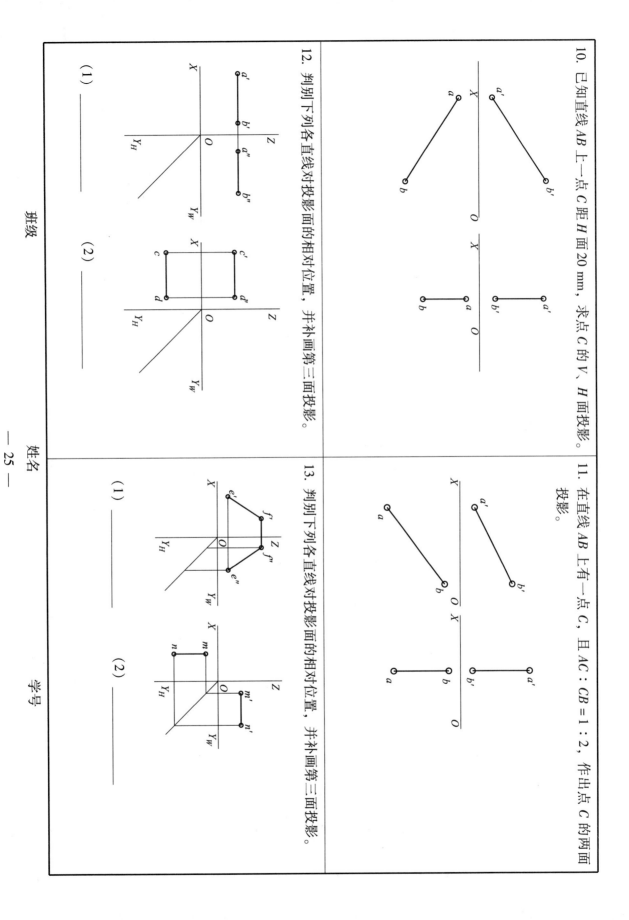

15. 在线段 AB 上取一点 C，令 AC = 20 mm，确定点 C 的投影。

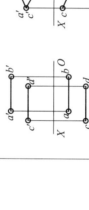

17. 判断两直线的相对位置。

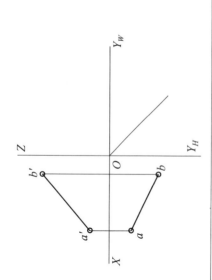

14. 求线段 AB 的实长及对 3 个投影面的夹角 α、β、γ。

16. 已知 B 点距 H 面 30 mm，求 AB 的正投影。

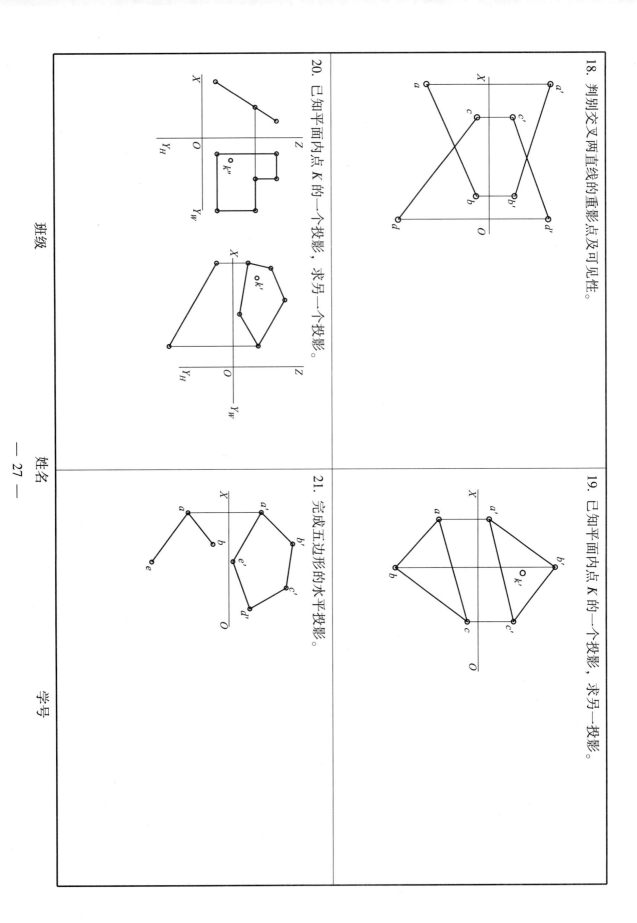

22. 判别点 A、B、C、D 是否在同一平面内。

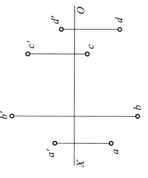

23. 在△ABC 内过点 A 作一条水平线，过点 C 作一条正平线。

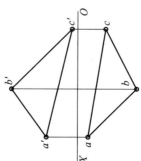

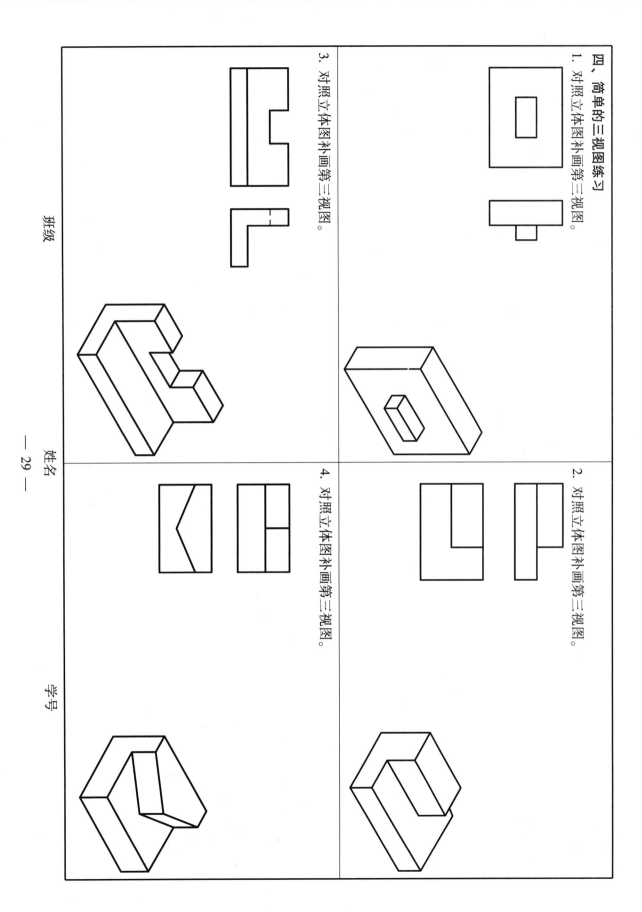

任务 3 习题
1. 求出平面立体表面点的另两个投影。

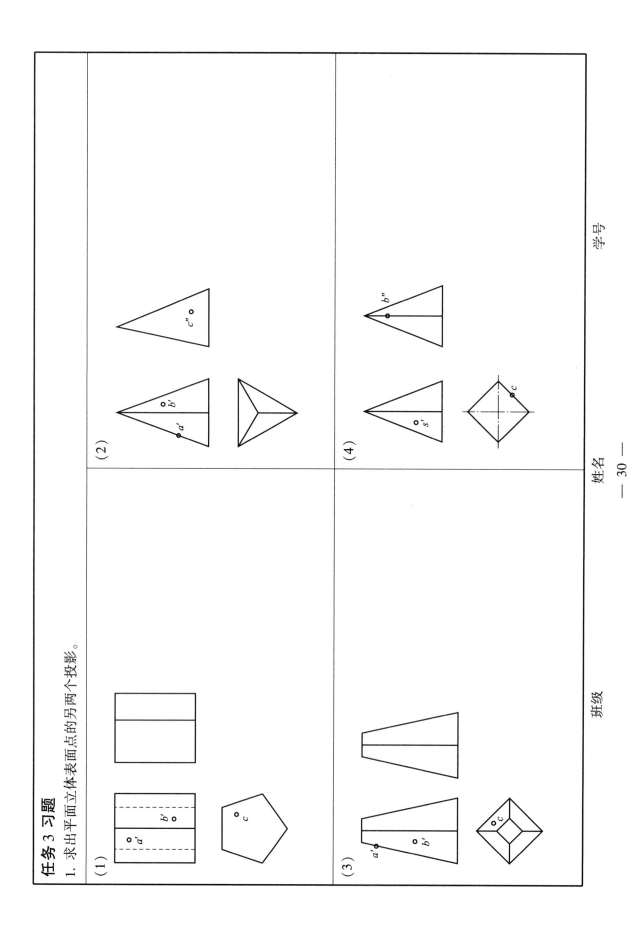

2. 求出曲面立体表面点的另两个投影。

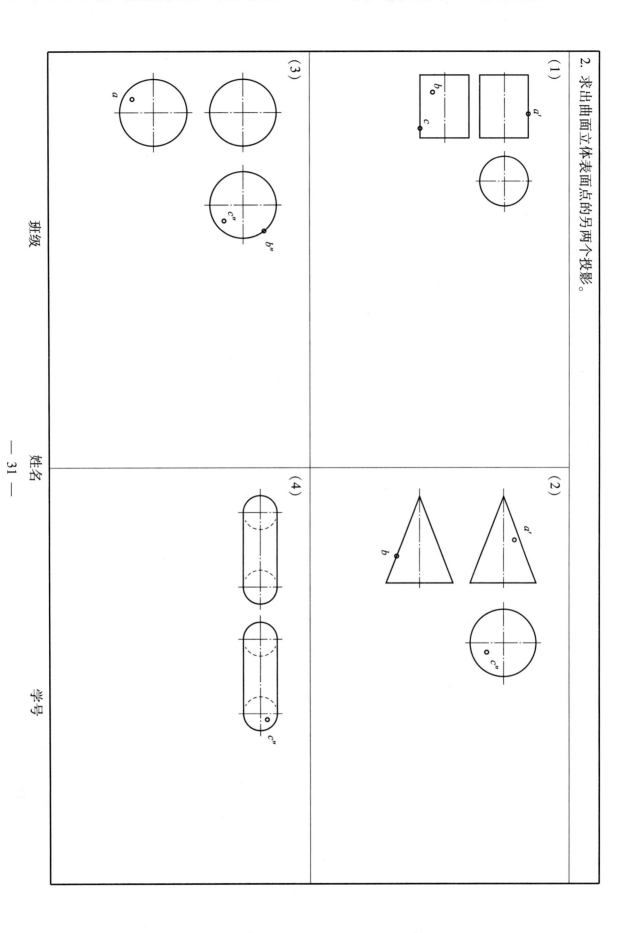

项目三 车床顶尖截切后三通管的识读和绘制

1. 已知平面截切几何体，求作截切后的三面投影。

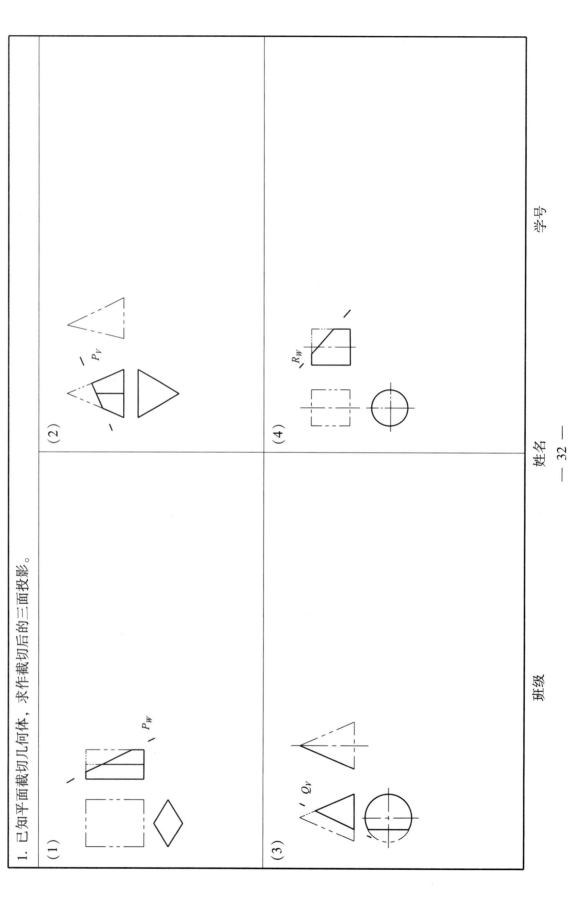

2. 已知平面截切几何体,求作截切后的三面投影。

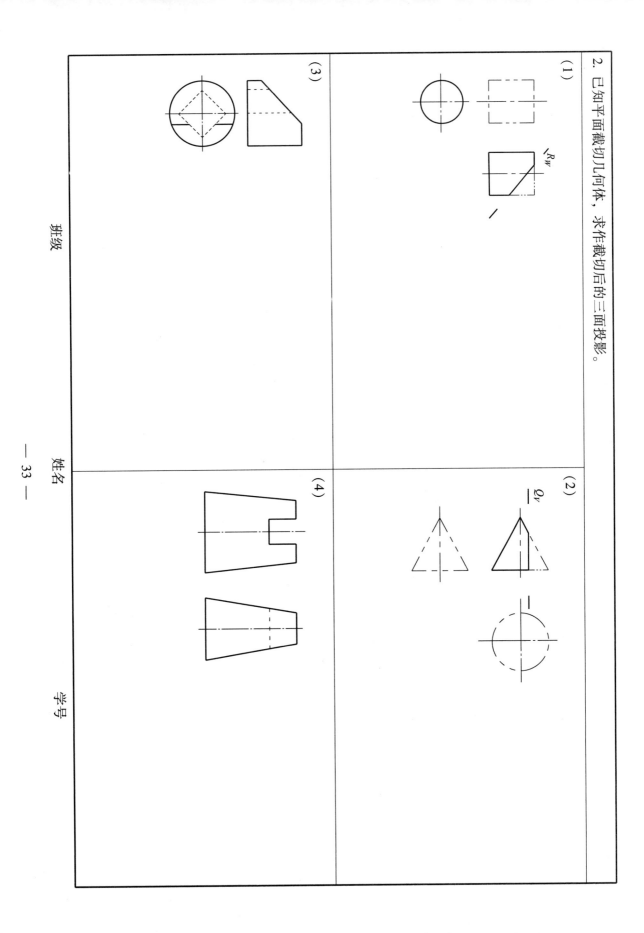

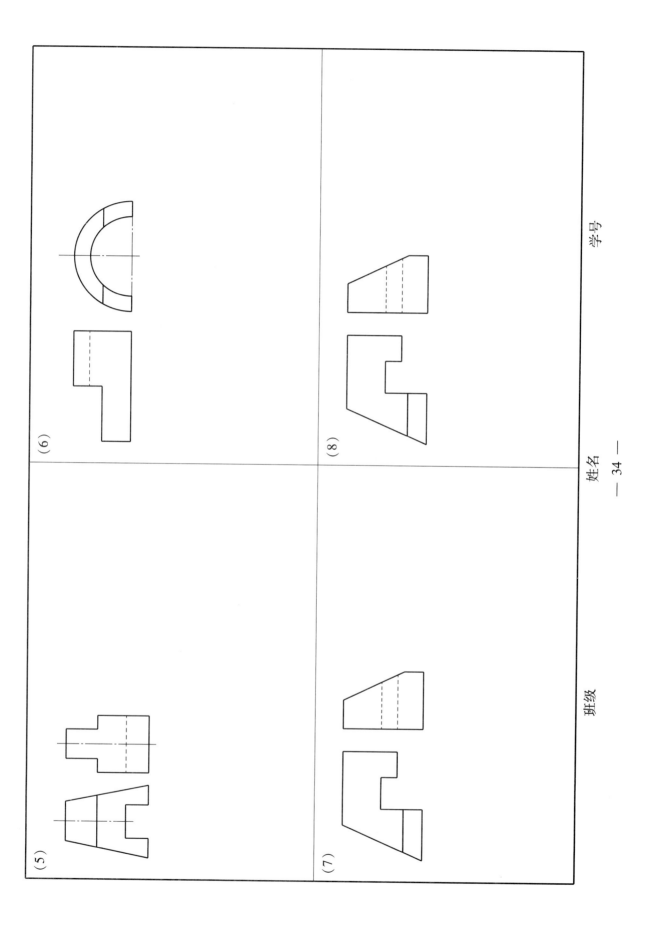

3. 补画三视图及两回转体间的相贯线,并将已知的两面投影加深。

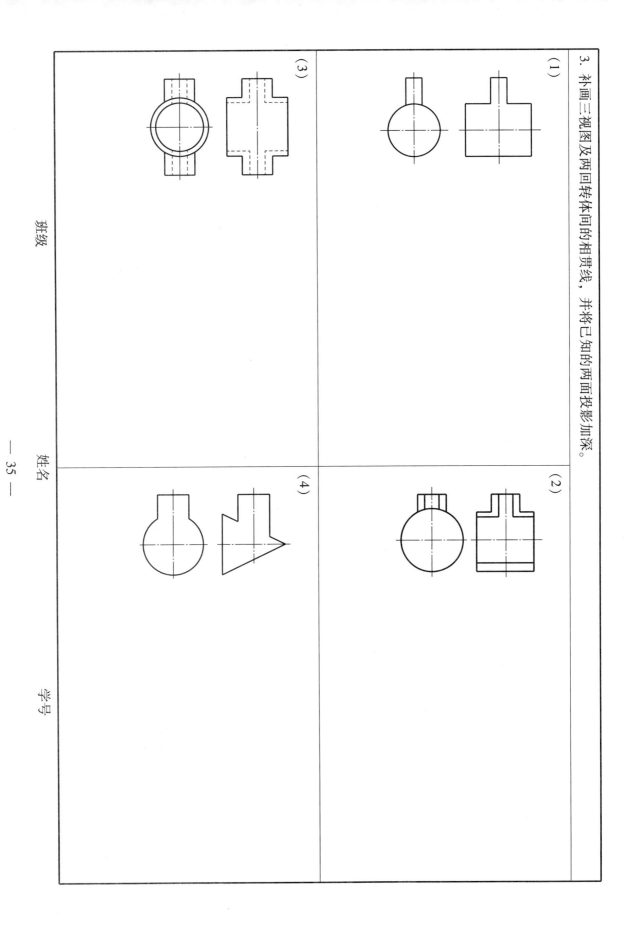

项目四 轴承座三视图的识读和绘制

1. 补画三视图的缺线。

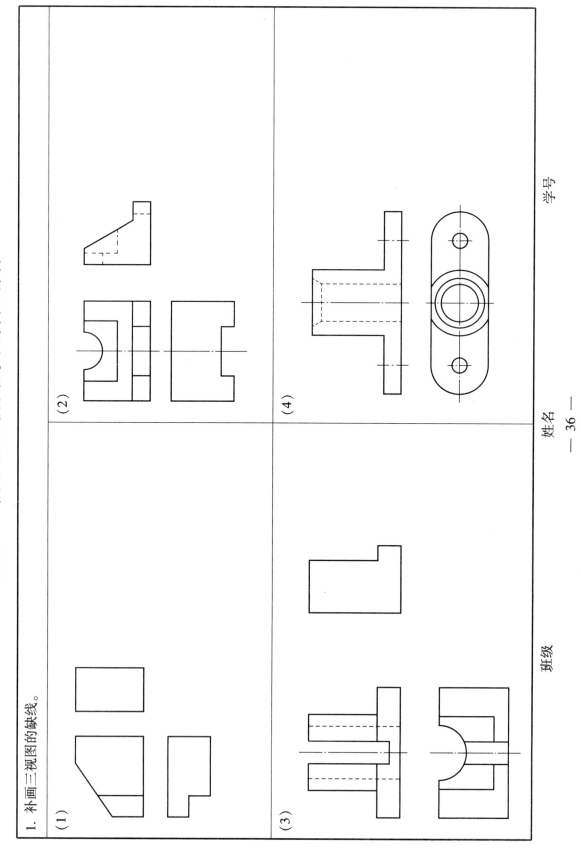

2. 组合体练习

(1) 根据两视图选择正确的第三视图。

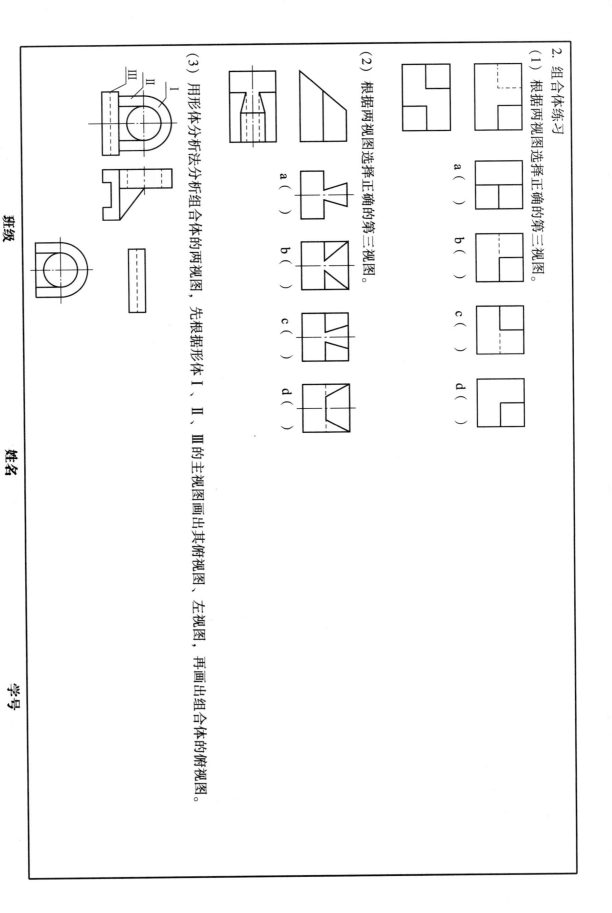

a (　) b (　) c (　) d (　)

(2) 根据两视图选择正确的第三视图。

a (　) b (　) c (　) d (　)

(3) 用形体分析法分析组合体的两视图，先根据形体Ⅰ、Ⅱ、Ⅲ的主视图画出其俯视图、左视图，再画出组合体的俯视图。

3. 补画三视图。

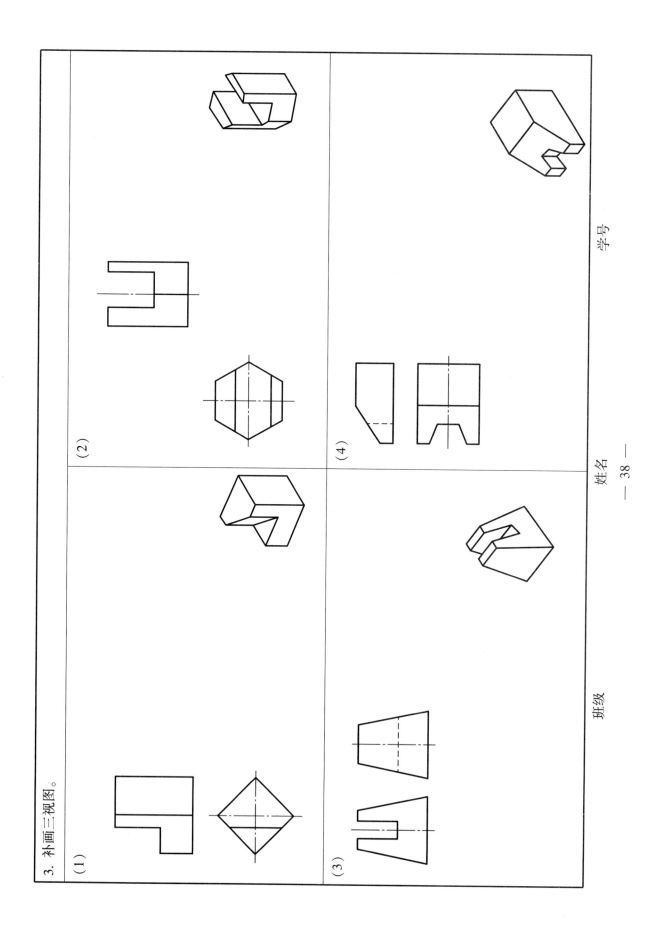

3. 补画三视图。

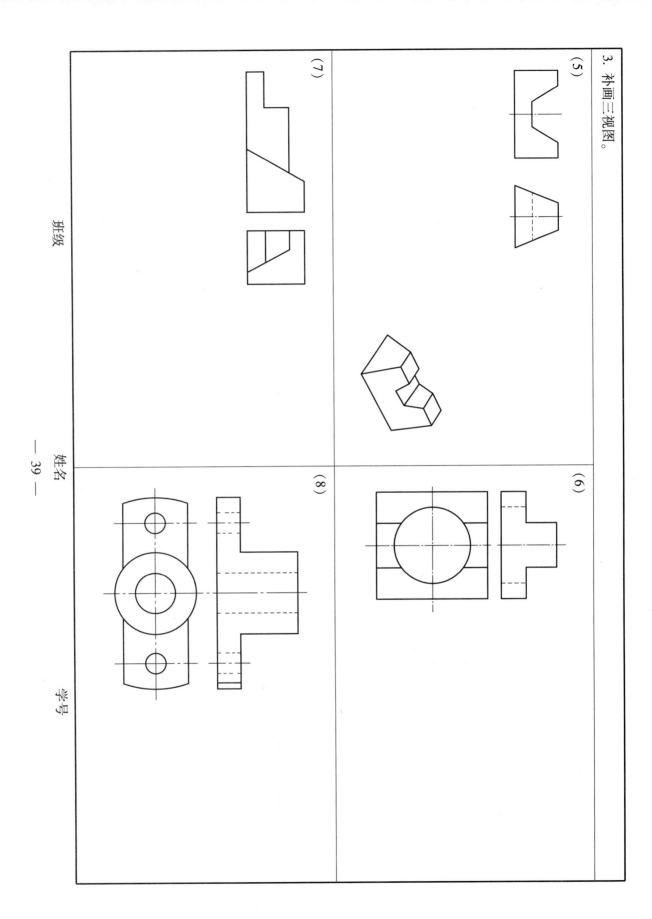

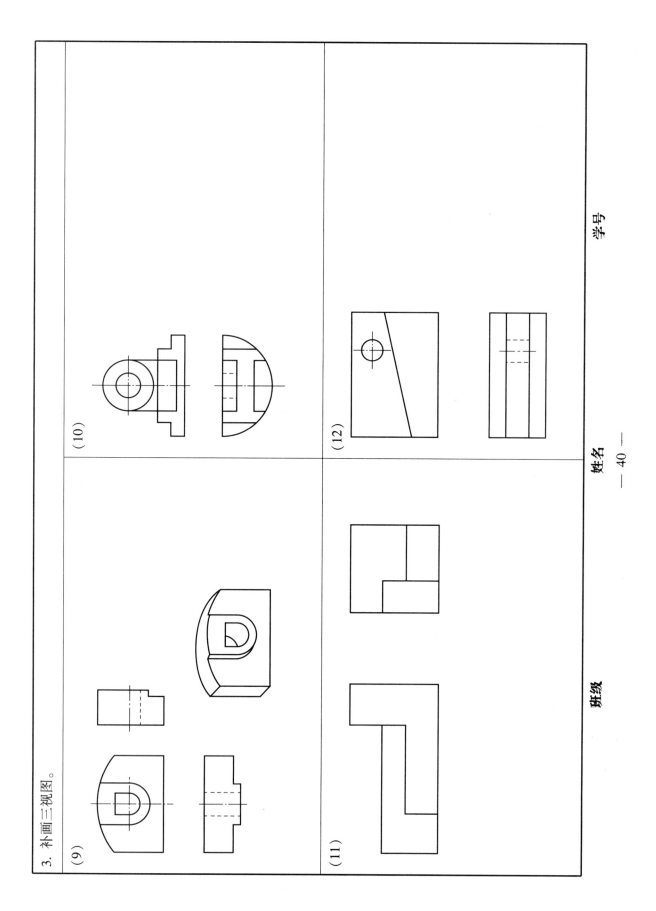

3. 补画三视图。

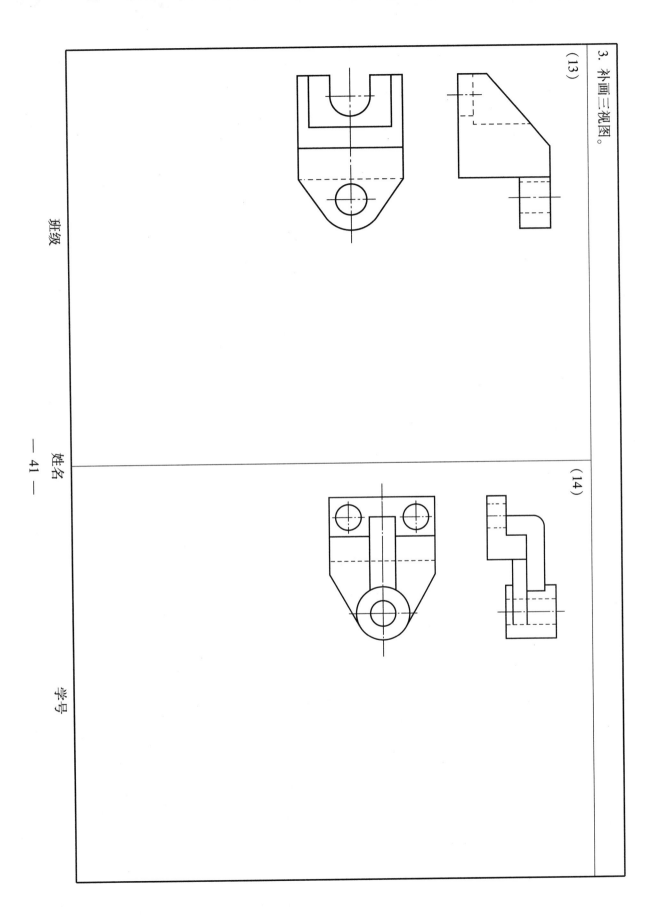

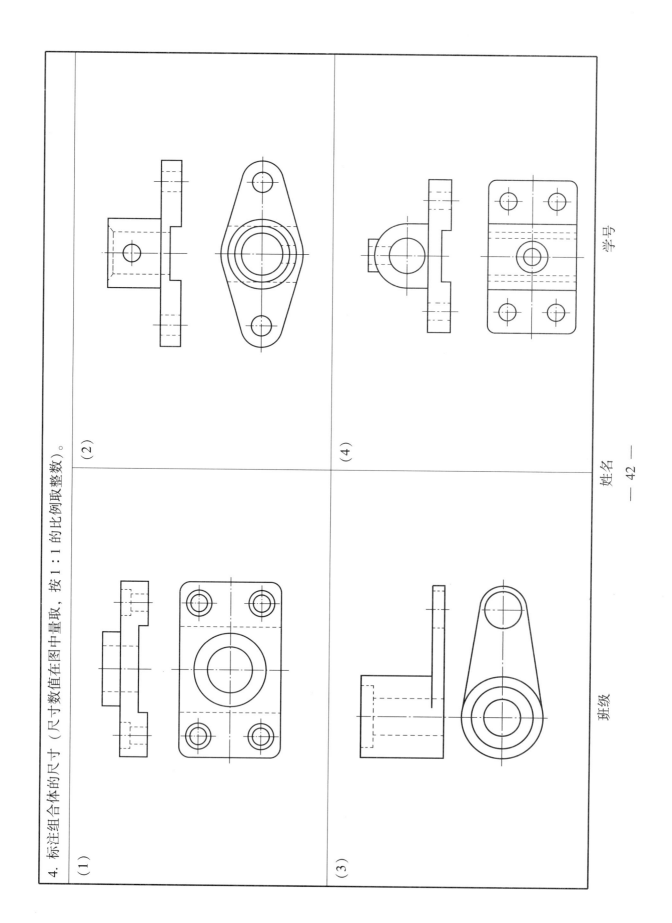

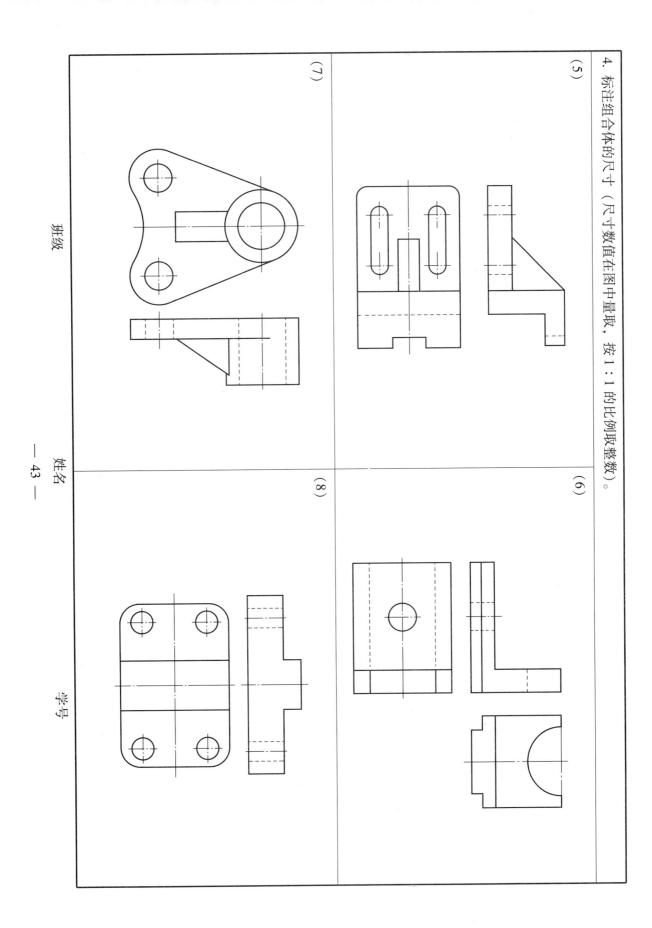

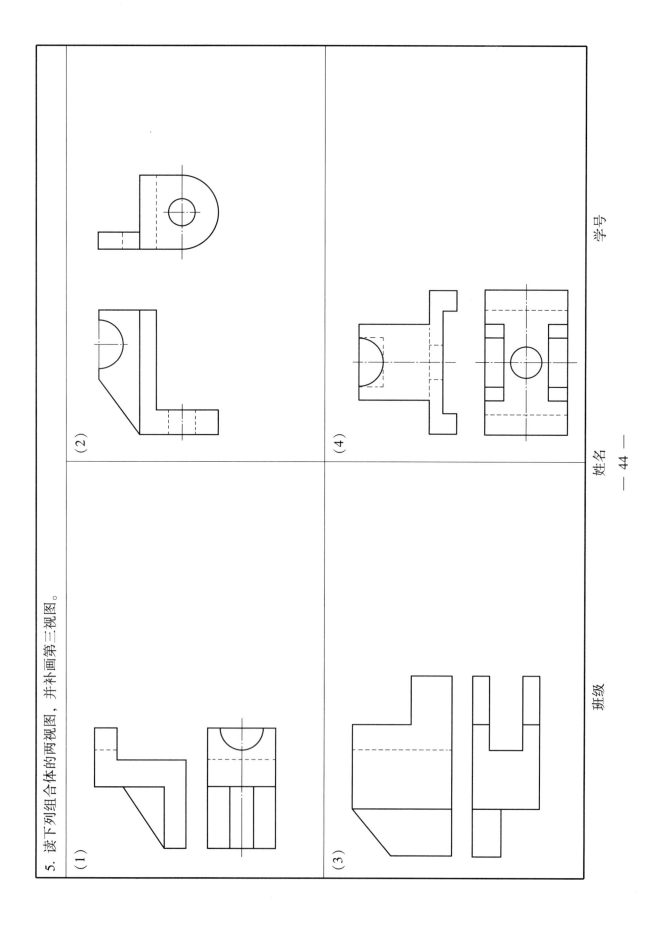

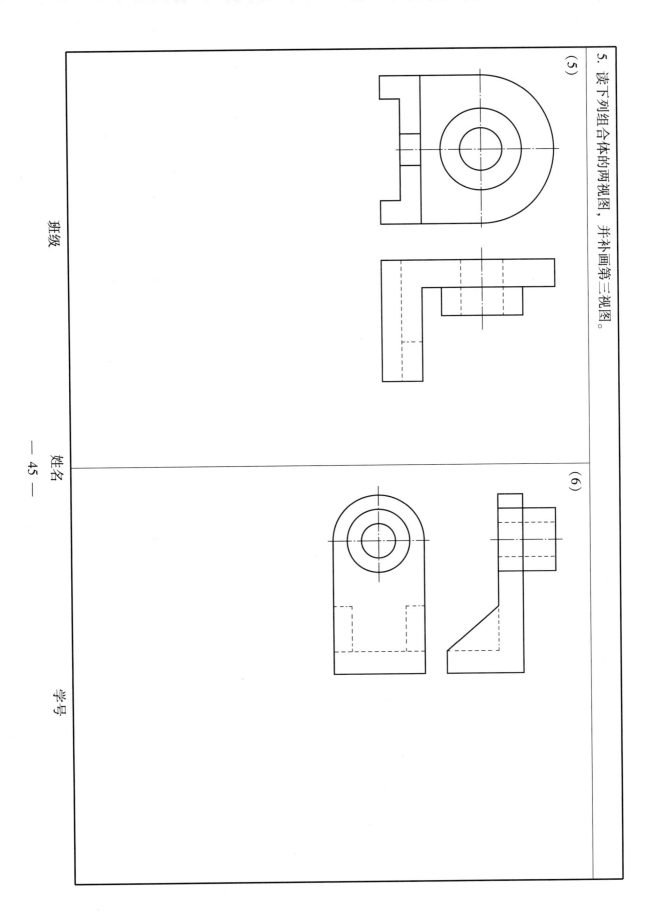

5. 读下列组合体的两视图，并补画第三视图。

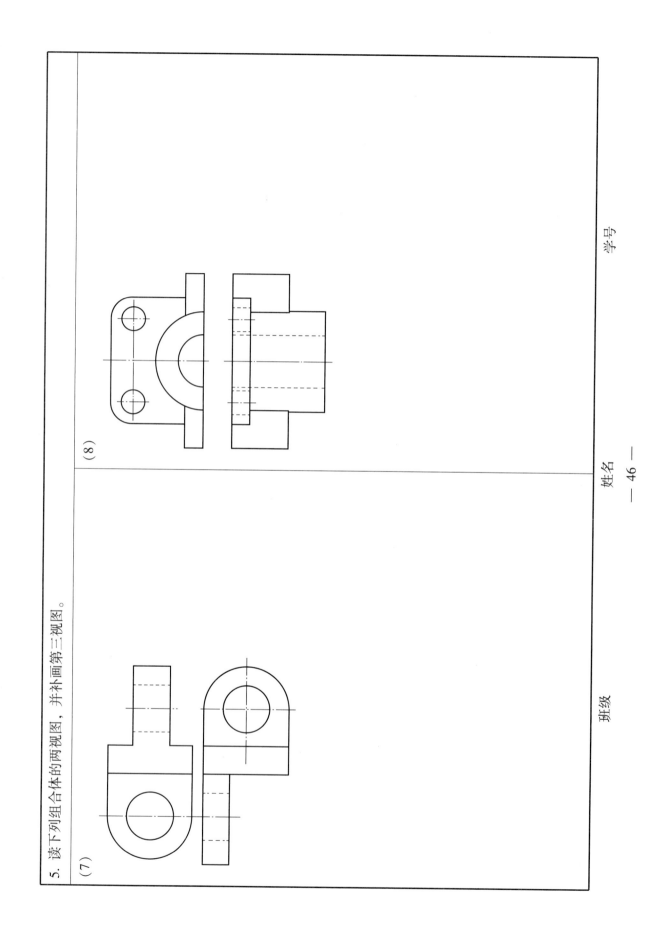

(7)

(8)

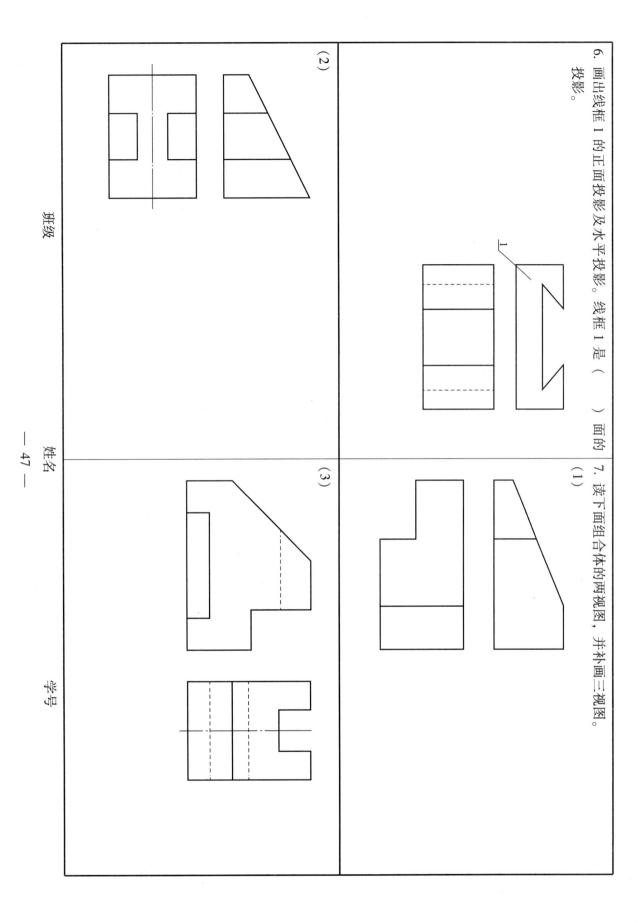

7. 读下面组合体的两视图，并补画三视图。

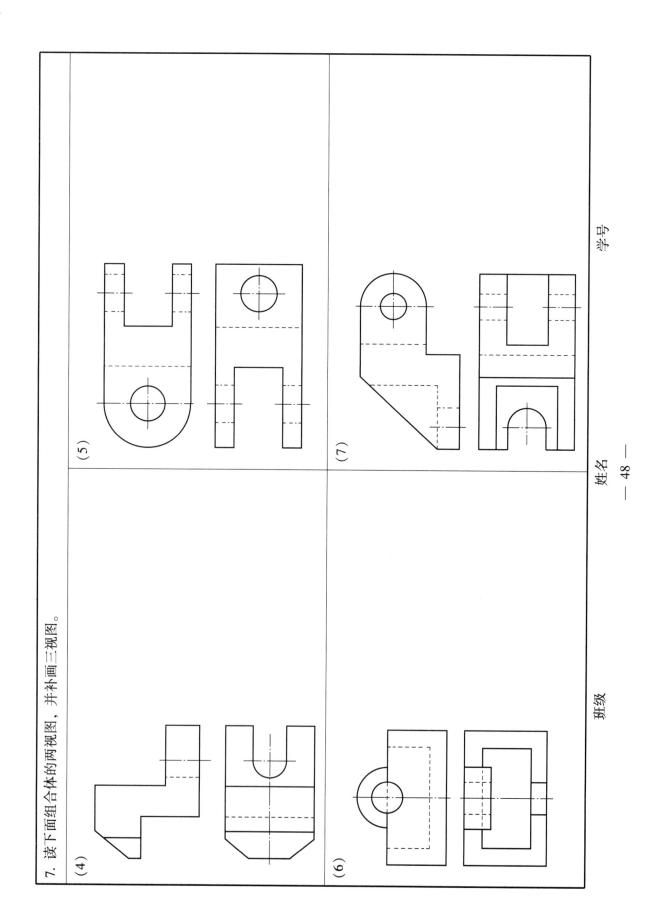

7. 按形体分析法画出下面两个组合体的三视图。

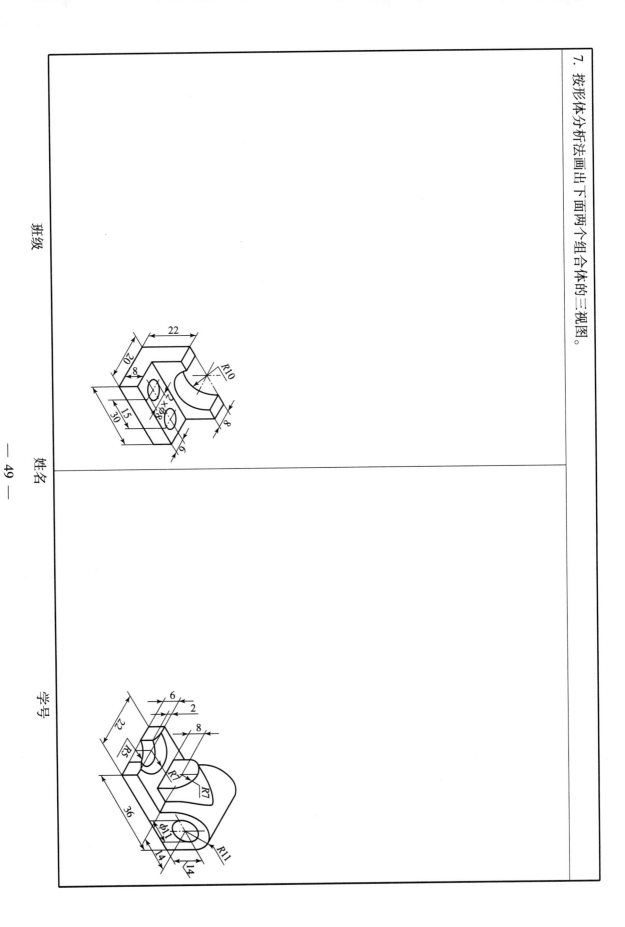

项目五 轴承座轴测图的识读和绘制

1. 根据立体的三面投影，画出立体的正等轴测图。

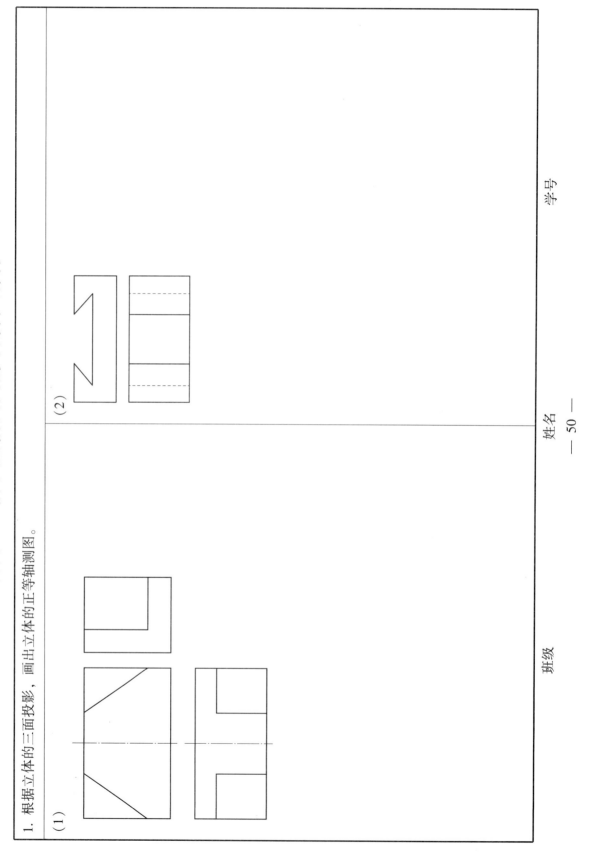

2. 根据所给投影,画出立体的正等轴测图。

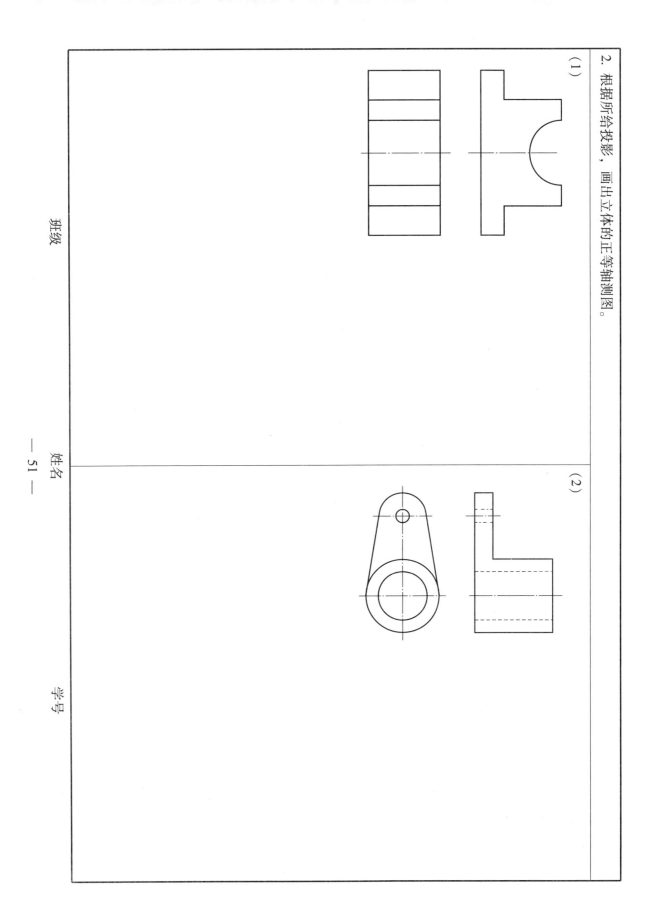

3. 根据两个投影的尺寸，补画出第三面投影，并画出立体的正等轴测图。

4. 根据所给投影,画出立体的斜二等轴测图(尺寸直接从图中量取)。

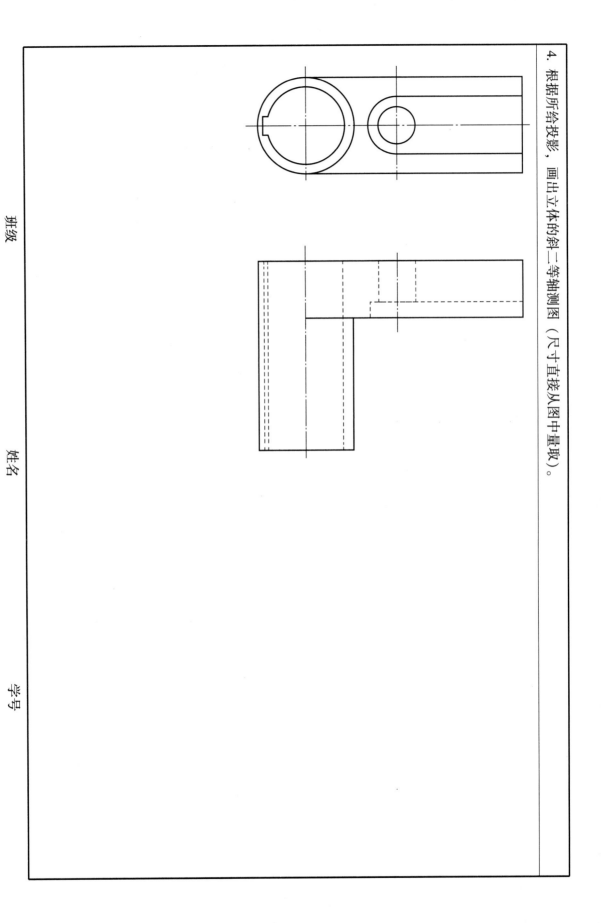

5. 根据已知视图，绘制物体的正等轴测图。

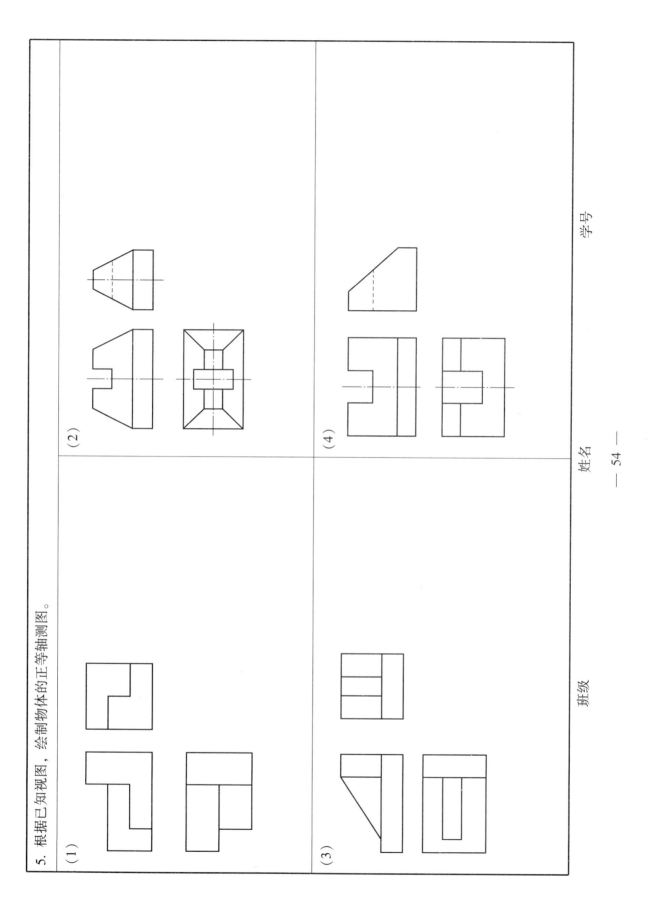

5. 根据已知视图，绘制物体的正等轴测图。

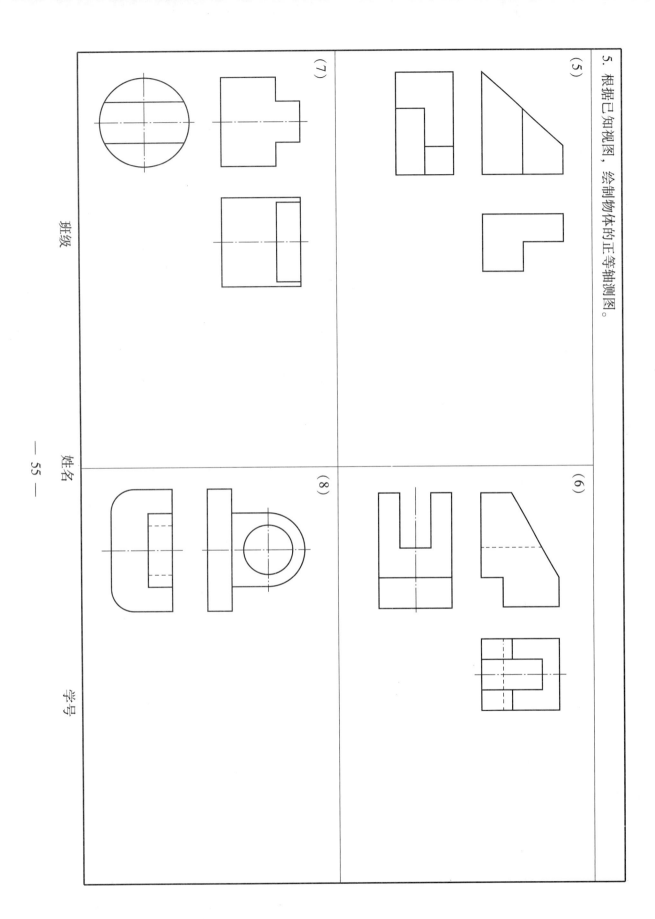

6. 根据已知视图，绘制物体的斜二等轴测图

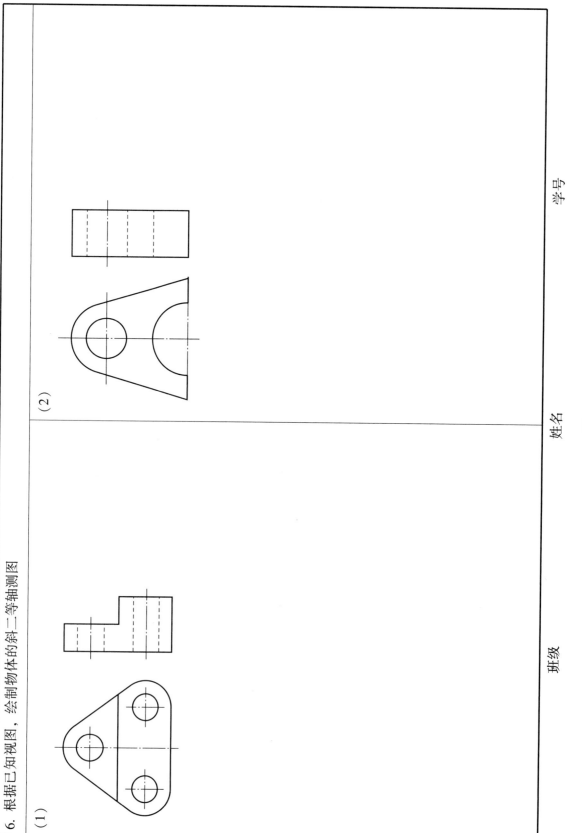

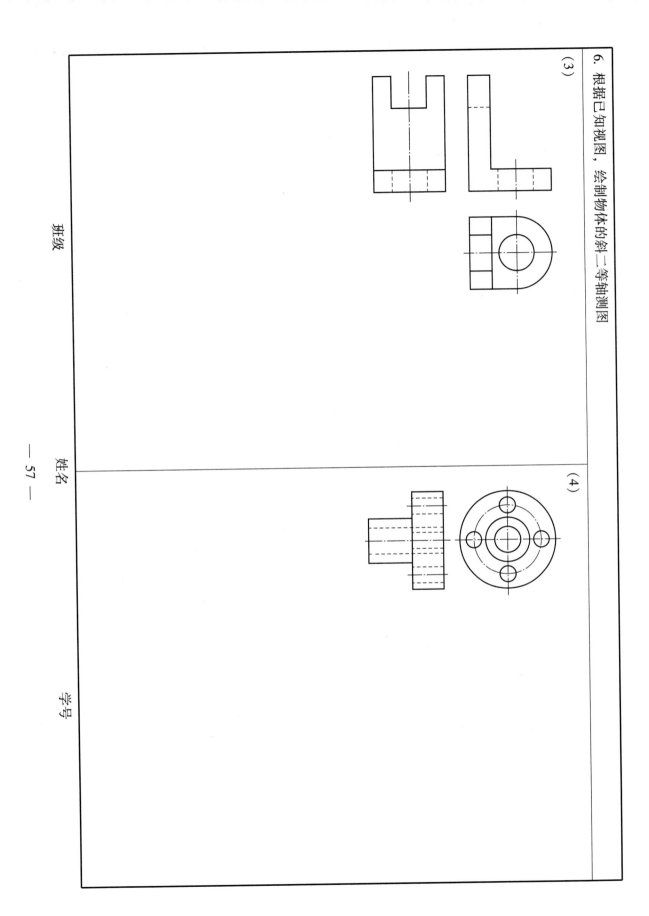

项目六 机件的表达方法的选择

任务 1 绘制摇杆零件的视图

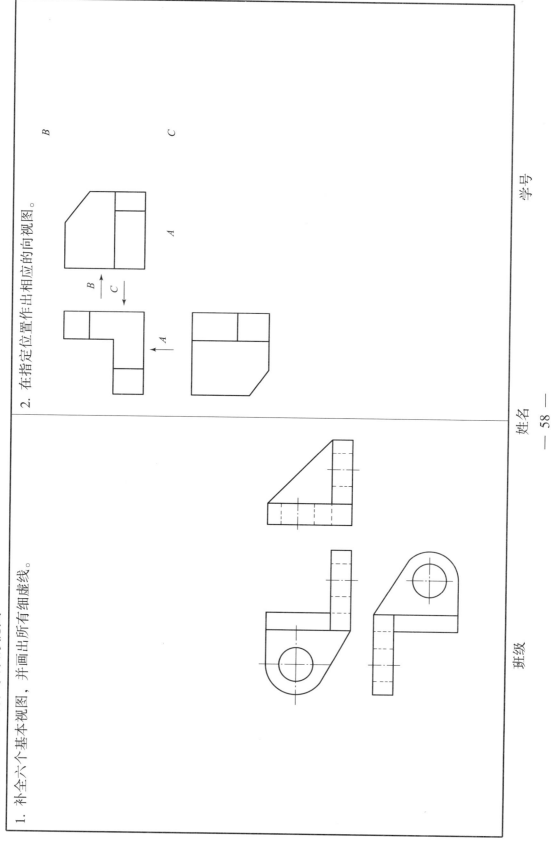

1. 补全六个基本视图，并画出所有细虚线。

2. 在指定位置作出相应的向视图。

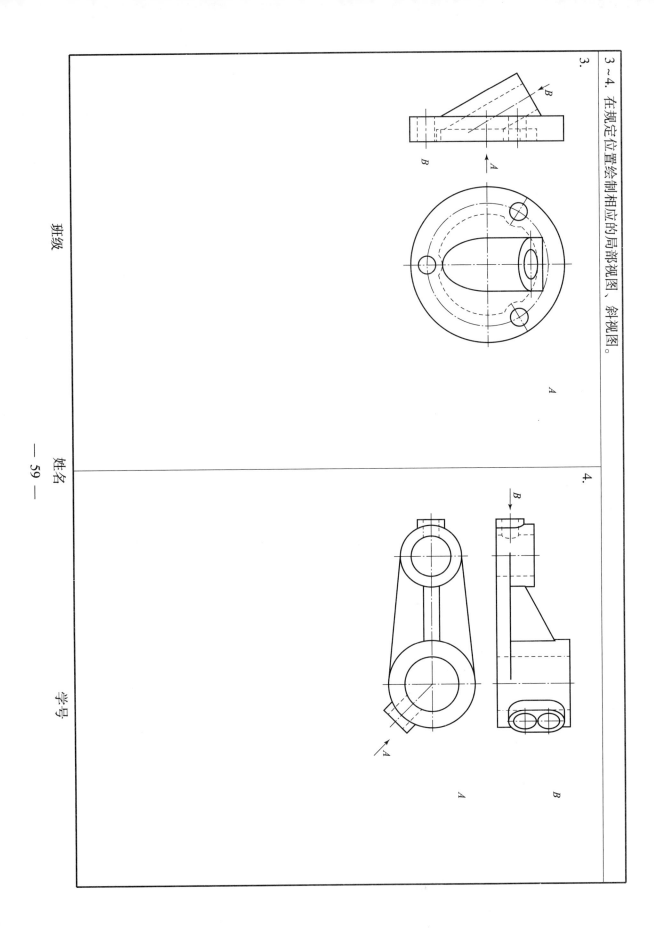

5. 在正确的斜视图下方打"√"，在错误的下方打"×"，并说明错误原因。

任务 2 绘制四通管的剖视图

1. 将下列剖视图中的错误改正过来(补画漏线或将多余图线打 "×")。

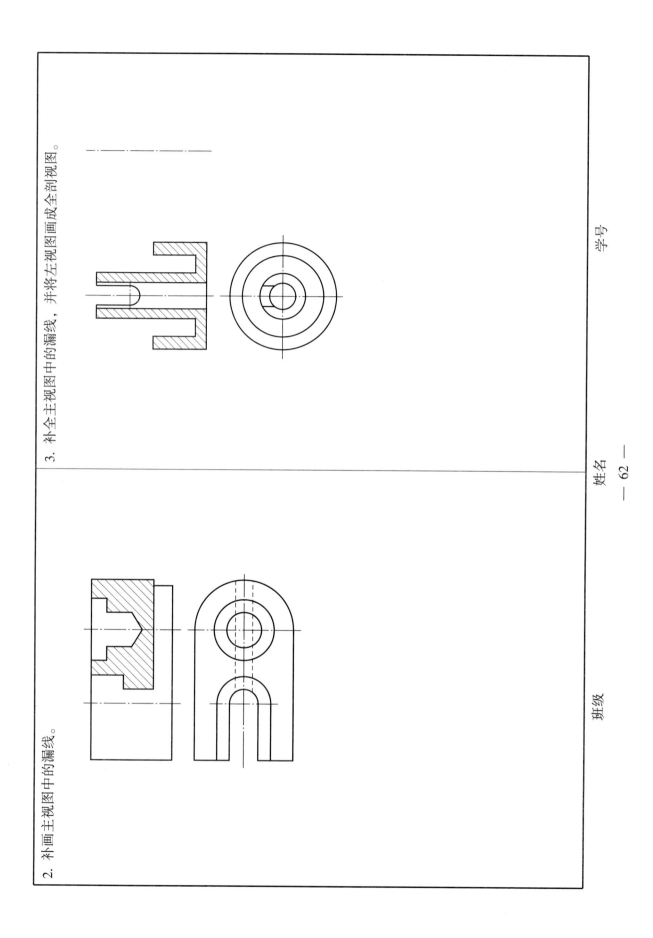

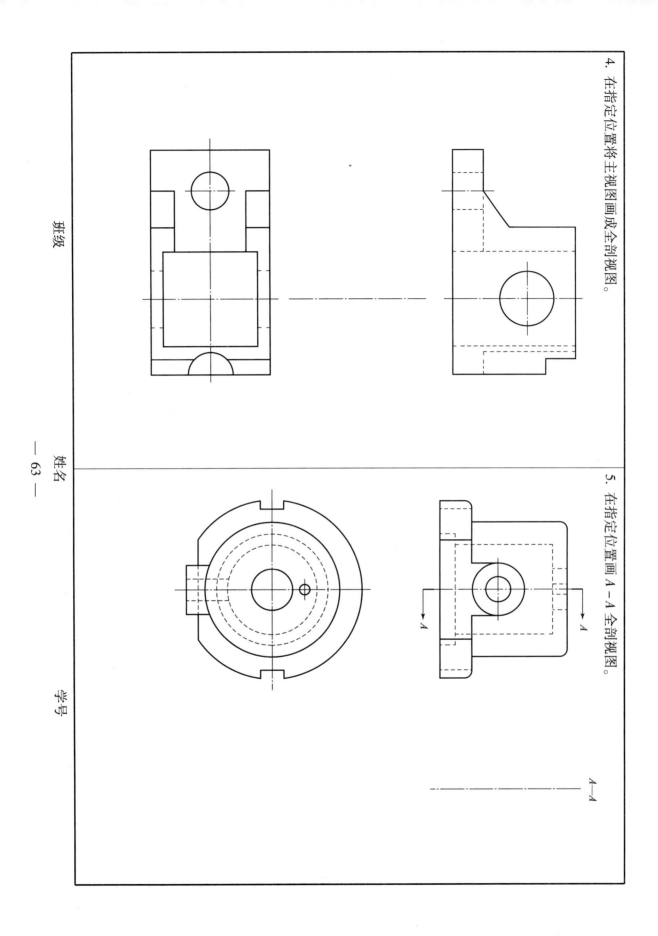

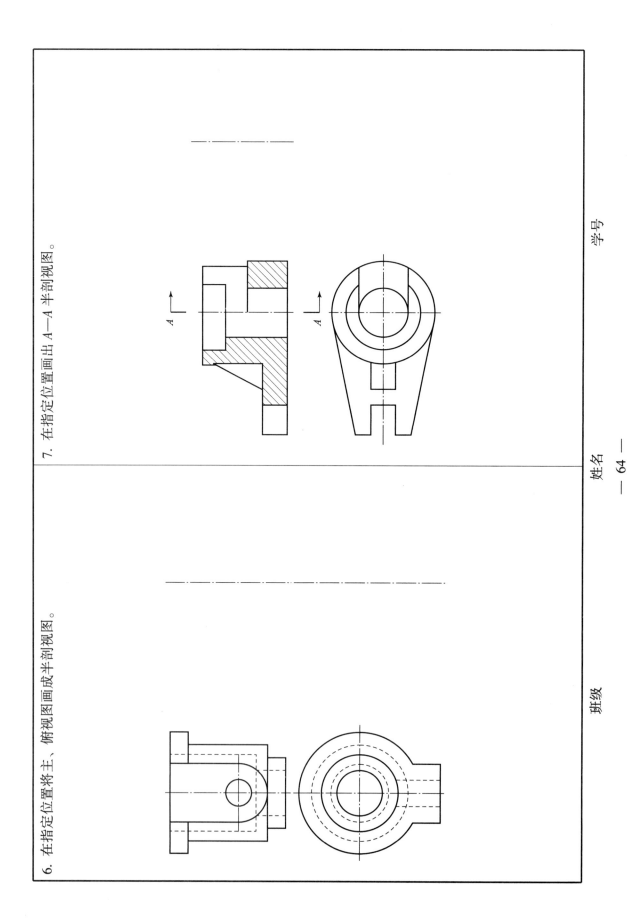

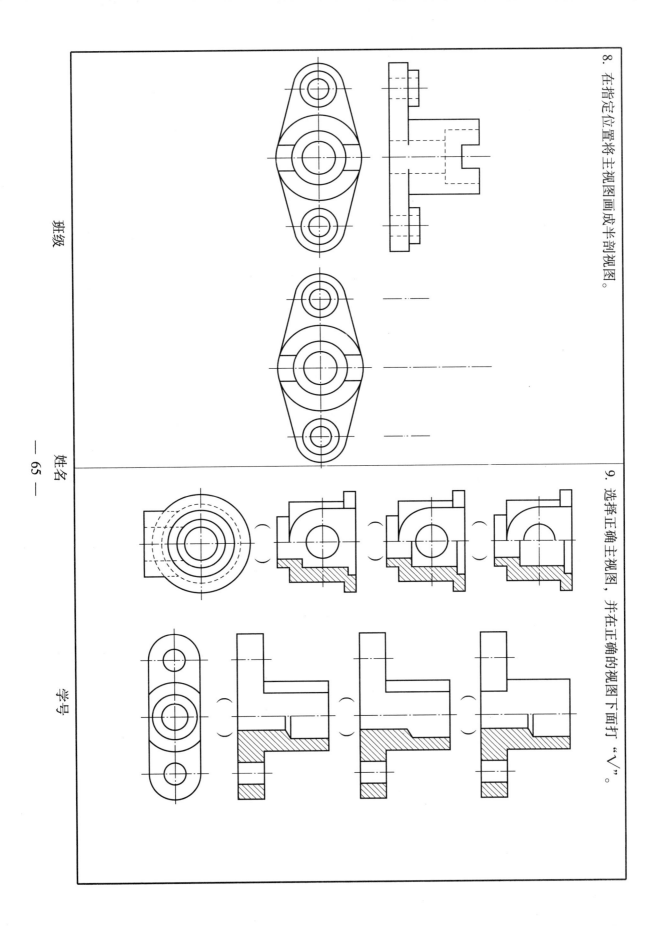

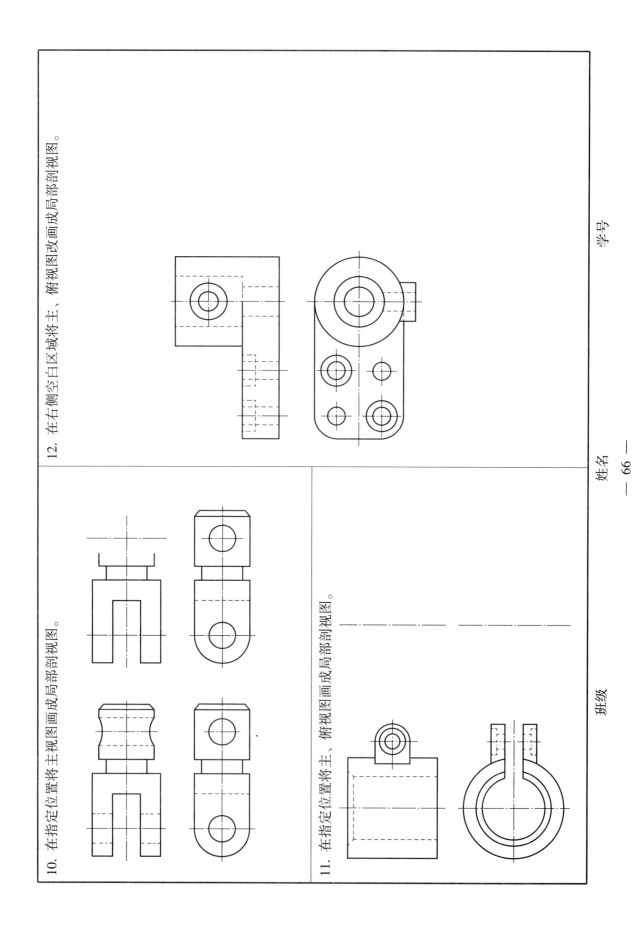

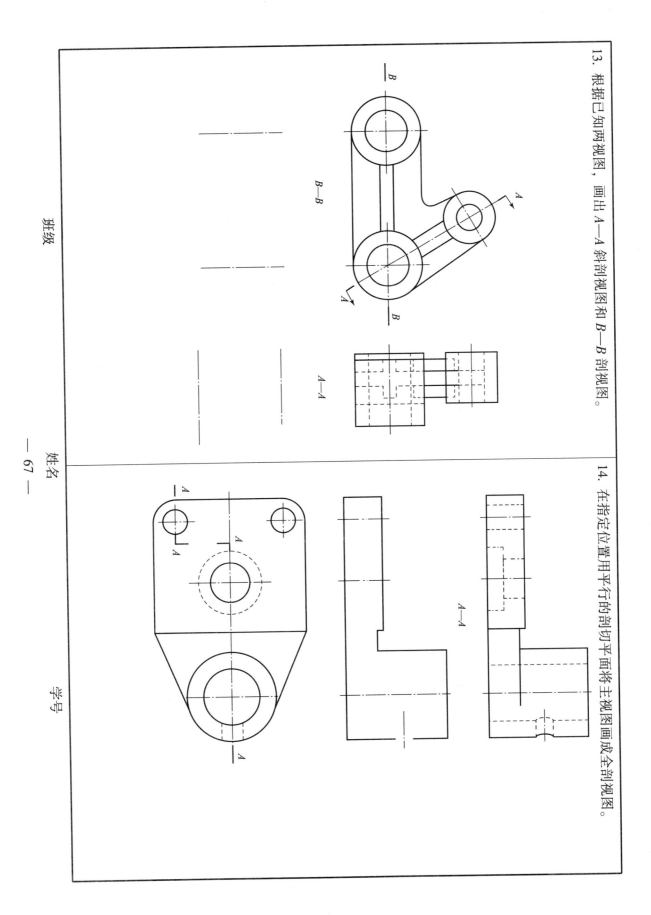

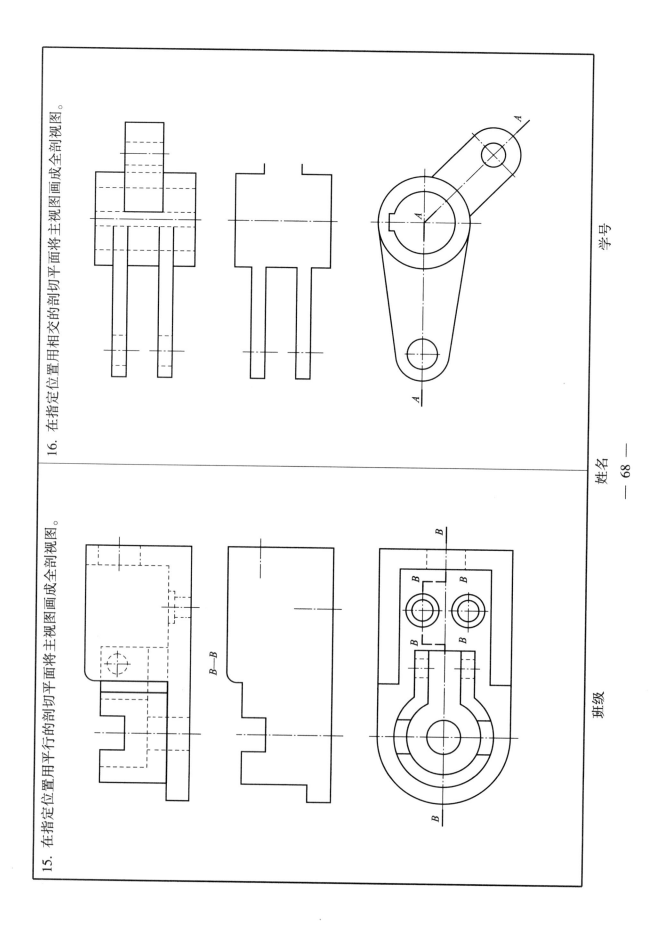

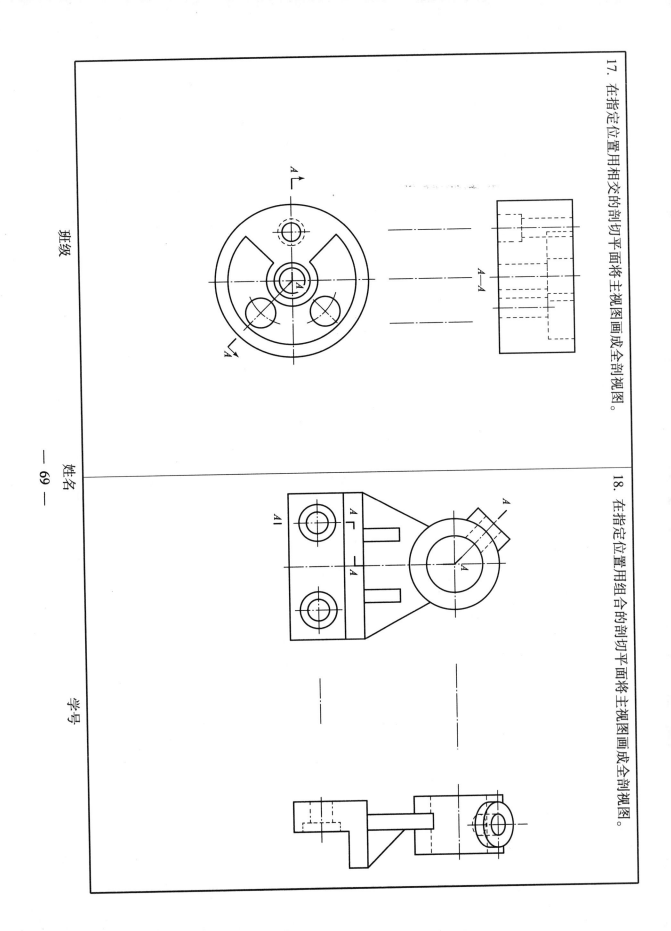

任务 3 绘制传动轴的断面图

1. 选择正确的移出断面图，并在（ ）内划"√"。

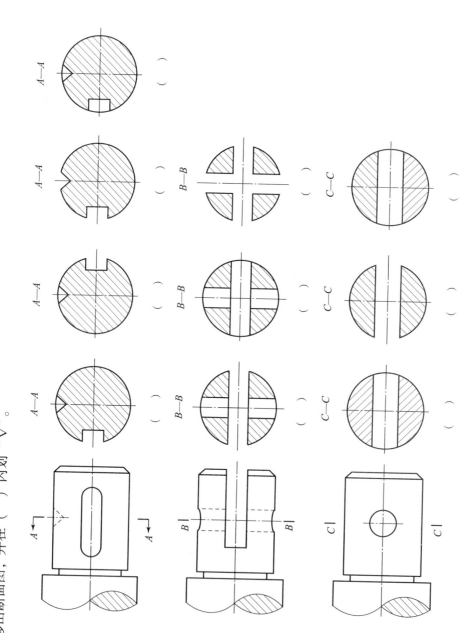

2. 在指定位置画出相应断面的断面图。

A—A

3. 在指定位置绘制断面图和局部放大图（按 2:1 的比例，圆角 R0.5 mm），并按规定进行标注（左边键槽深度为 4 mm，半圆键槽宽度为 5 mm）。

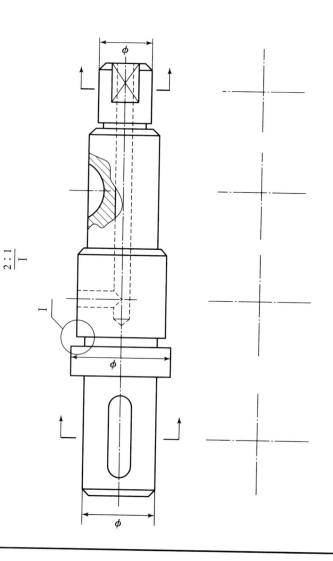

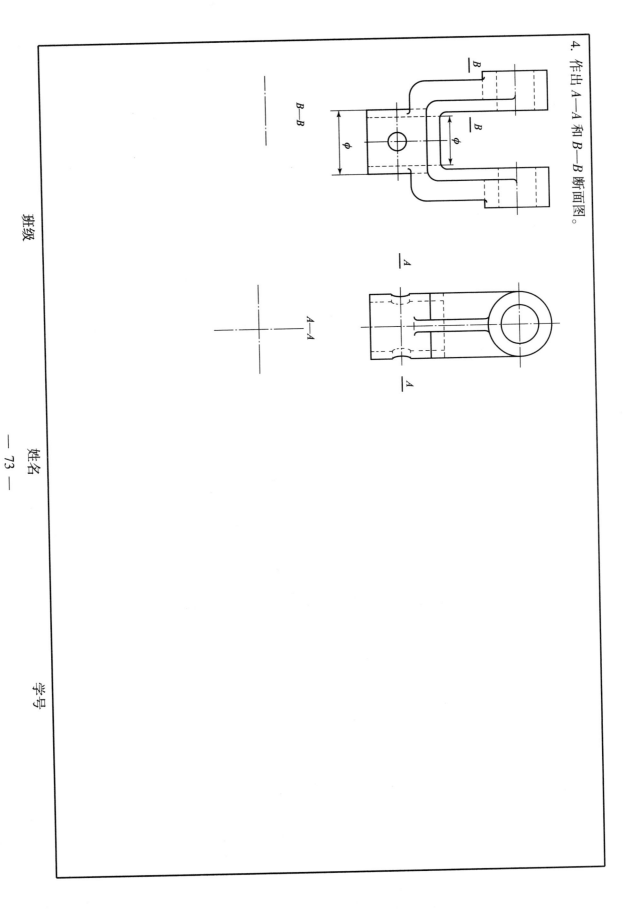

5. 在指定位置作出移出断面图。

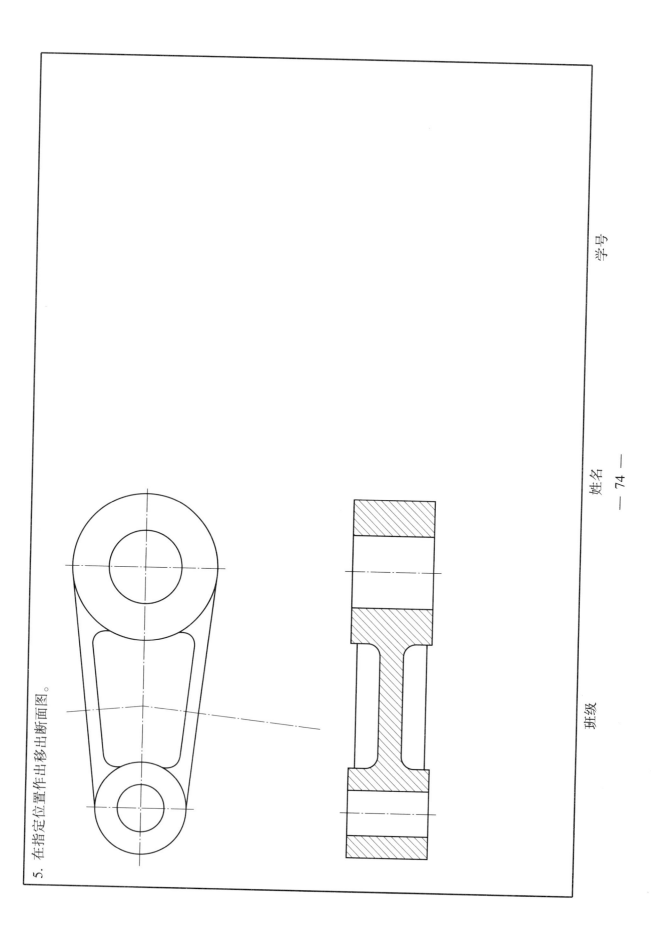

6. 在指定位置作出重合断面图。

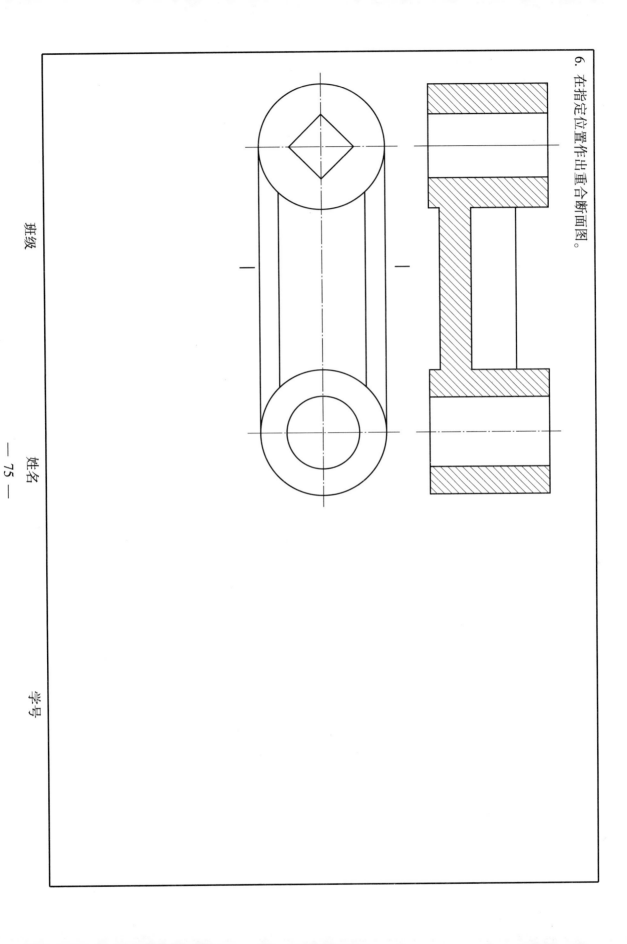

任务 4 机件其他表达方法

1. 补画第三角画法中所缺的右视图。

2. 补画第三角画法中所缺的俯视图。

3. 根据轴测图及所标注尺寸，用第三角画法画出物体的六面视图（按第三角画法配置）。

项目七 标准件、常用件的识读和绘制

任务 1 绘制螺纹紧固件的视图

一、分析找出螺纹画法中的错误,并在指定位置画出正确的图形。

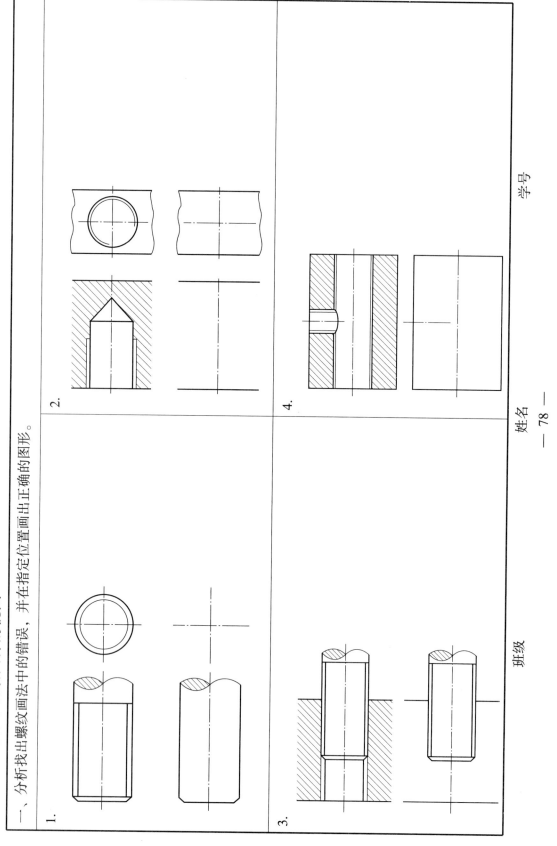

二、尺寸标注

1. 标注螺纹尺寸：普通螺纹，大径为 20mm，螺距为 2.5mm，单线，中径和大径公差带均为 6g，右旋。

2. 标注螺纹尺寸：普通螺纹，大径为 20mm，螺距为 1.5mm，单线，中径和大径公差带均为 6e，左旋。

3. 普通螺纹，大径为 24mm，螺距为 3mm，单线，中径和小径公差带均为 6H，右旋。

4. 普通螺纹，大径为 20mm，螺距为 2mm，单线，中径和小径公差带均为 6H，右旋。

5. 55°非密封管螺纹，尺寸代号为 3/4，公差带等级为 A 级，右旋。

6. 55°密封管螺纹（圆锥内螺纹），尺寸代号为 3/4，右旋。

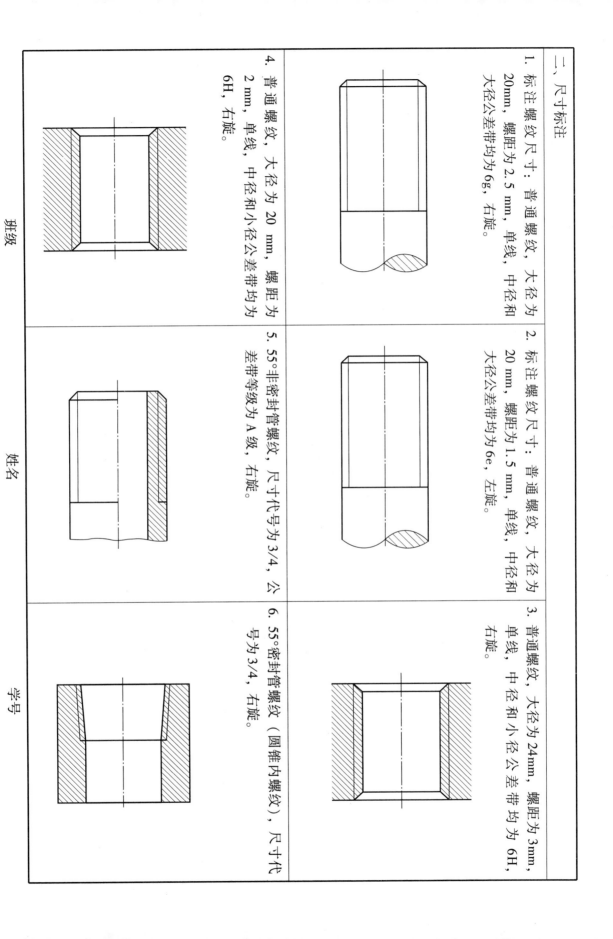

三、绘图练习

1. 完成螺栓连接的装配图（采用简化画法）。

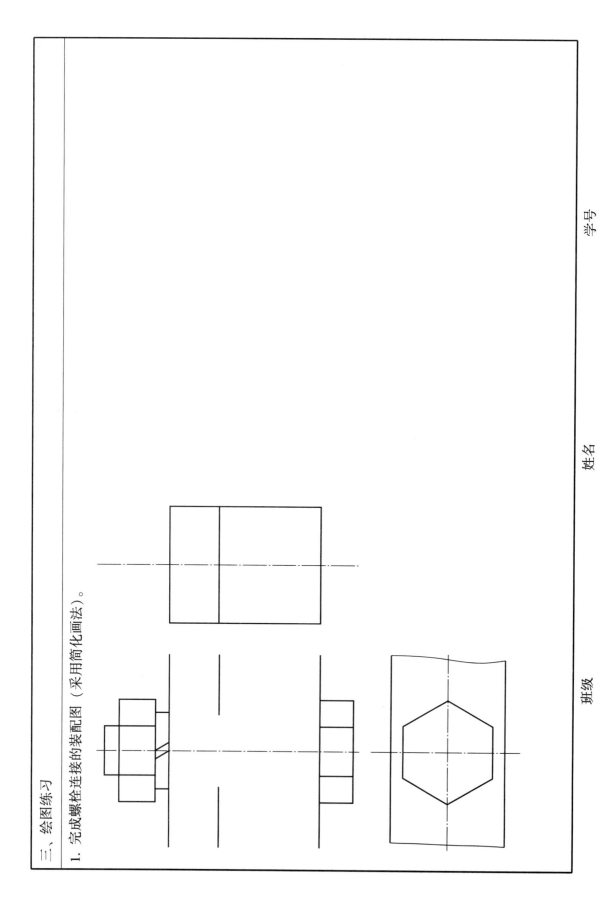

2. 完成螺钉连接的装配图（采用简化画法）。

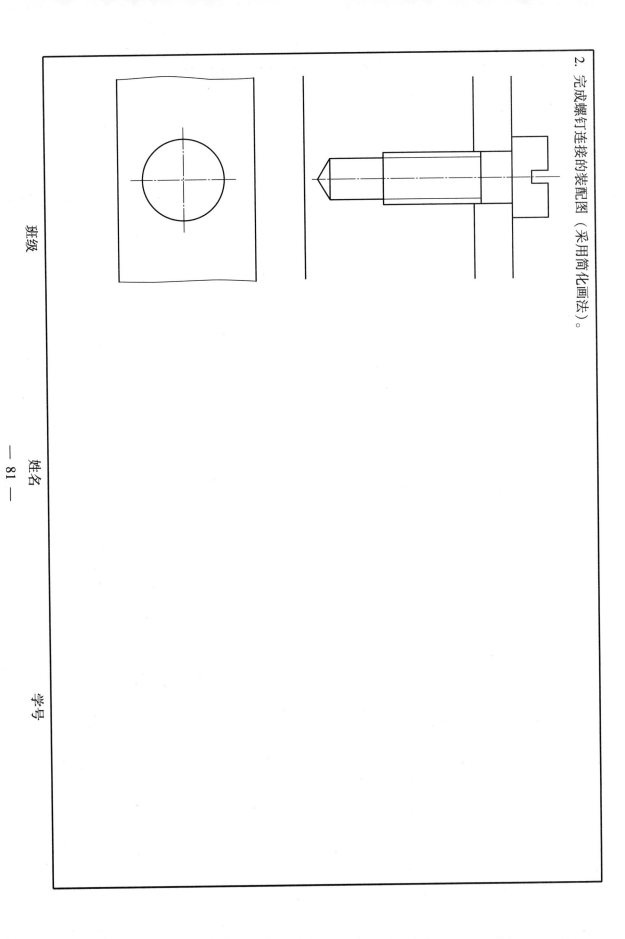

3. 完成螺柱连接的装配图（自行选择零件）。

任务 2 绘制齿轮零件的视图

1. 补全直齿圆柱齿轮的主视图和左视图，并标注尺寸（比例 1:1，轮齿部分根据计算确定，其他尺寸由图中量取取整，轮齿端部倒角 C1.5，未注圆角 R3（模数 $m=3$，齿数 $z=34$））。

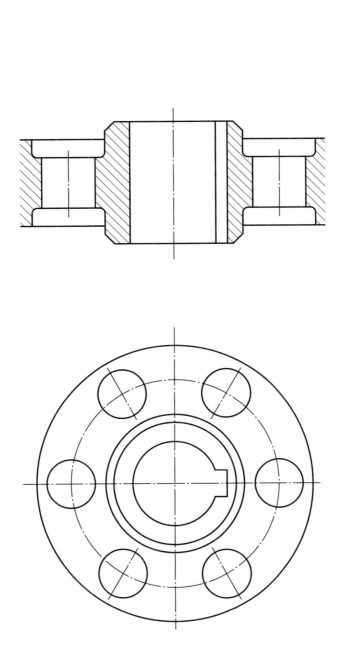

2. 补全直齿圆柱齿轮啮合的主视图和左视图（模数 $m=2$，齿数 $z_1=34$，z_2 根据 1:1 测得中心距计算取整）。

任务 3　绘制键连接和销连接图

已知：轴、孔直径为 25 mm，键的尺寸为 8 mm × 7 mm。用 A 型普通平键连接轴和齿轮。查表确定键和键槽的尺寸，按 1∶1 的比例分别完成轴和齿轮的图形，并标注键槽尺寸。

1.

2.

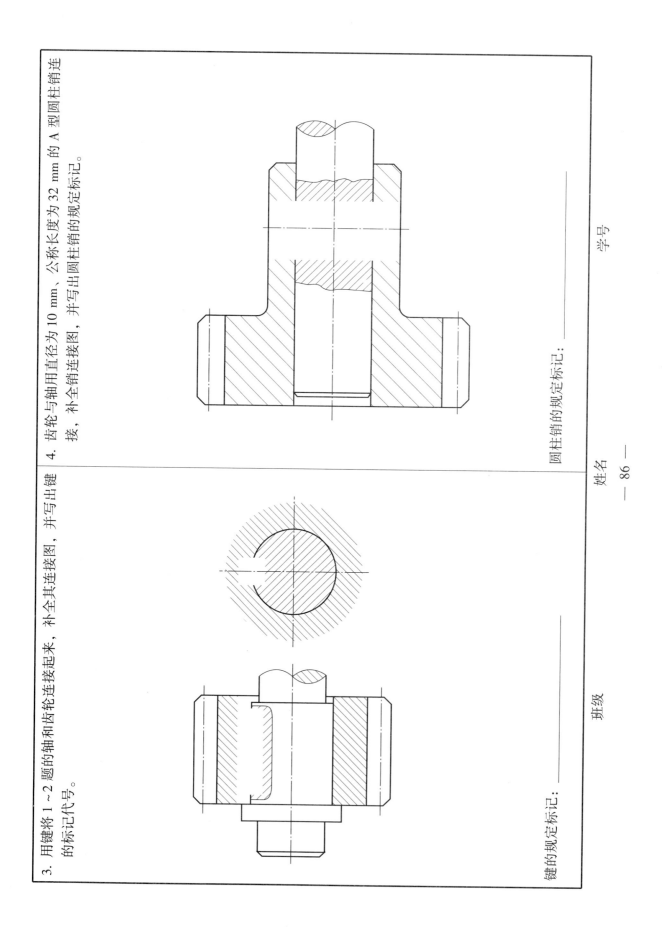

3. 用键将 1~2 题的轴和齿轮连接起来，补全其连接图，并写出键的标记代号。

键的规定标记：_____

4. 齿轮与轴用直径为 10 mm，公称长度为 32 mm 的 A 型圆柱销连接，补全销连接图，并写出圆柱销的规定标记。

圆柱销的规定标记：_____

任务 4　绘制滚动轴承的视图

1. 采用通用画法绘制。

2. 采用特征画法绘制。

3. 采用规定画法绘制。

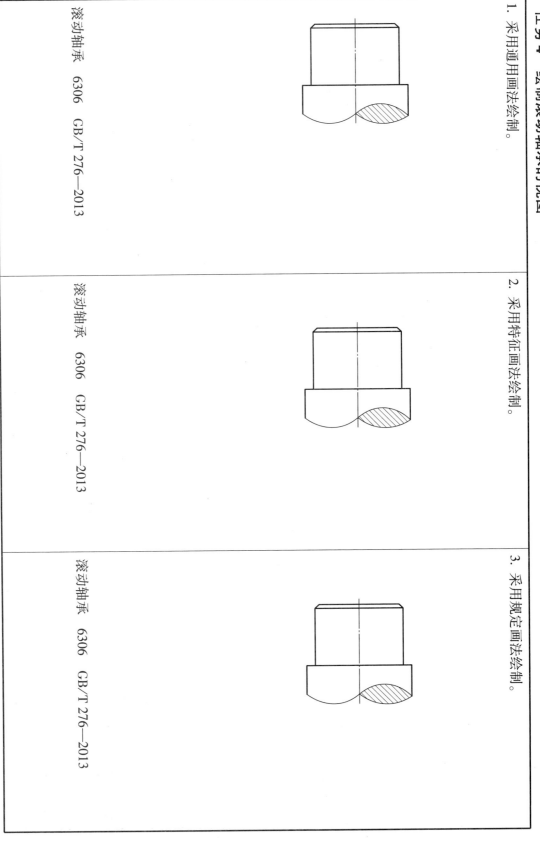

滚动轴承　6306　GB/T 276—2013

滚动轴承　6306　GB/T 276—2013

滚动轴承　6306　GB/T 276—2013

4. 采用通用画法绘制。

滚动轴承 30307 GB/T 297—2015

5. 采用特征画法绘制。

滚动轴承 30307 GB/T 297—2015

6. 采用规定画法绘制。

滚动轴承 30307 GB/T 297—2015

班级　　　　　　　　　姓名　　　　　　　　　学号

任务 5　绘制圆柱螺旋压缩弹簧的视图

画出圆柱螺旋压缩弹簧的剖视图，并标注尺寸。其主要参数为：外径 $D_2=60$ mm，线径 $d=8$ mm，节距 $t=15$ mm，有效圈数 $n=7.5$，总圈数 $n_1=10$，右旋。

项目八 从动轴零件图的识读和绘制

1. 分析（a）图表面粗糙度标注方法的错误，将正确注法标注在（b）图中。

(a)

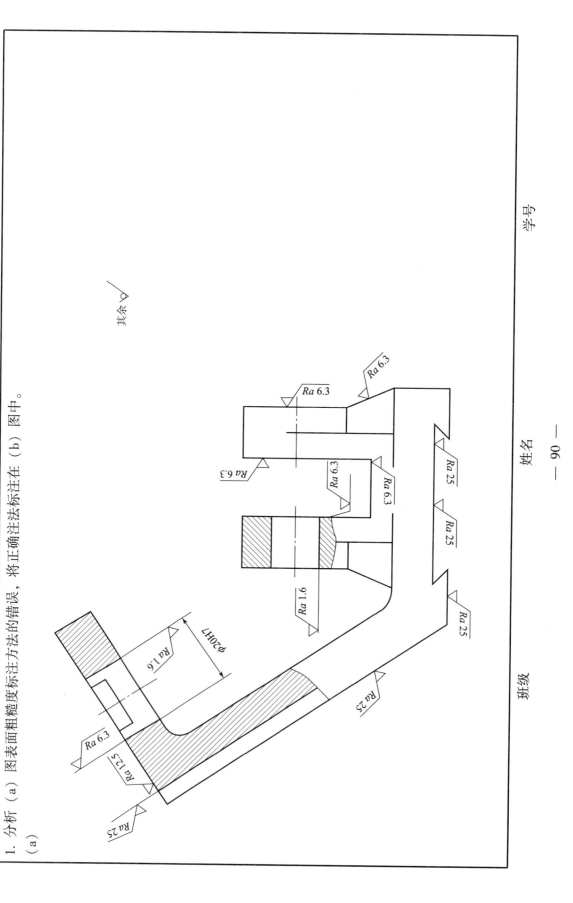

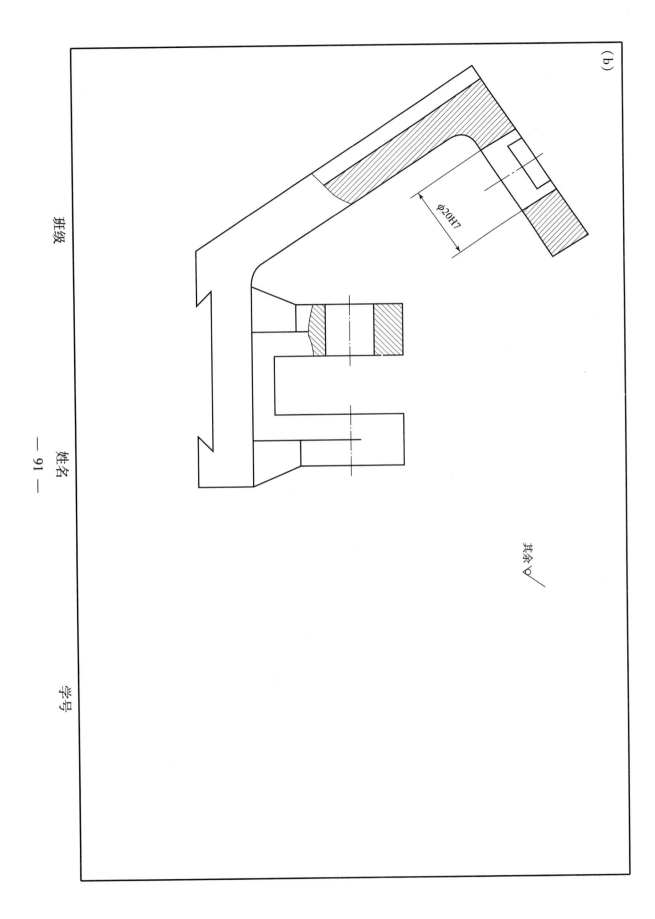

2. 在零件指定表面注写表面粗糙度代号

(1)

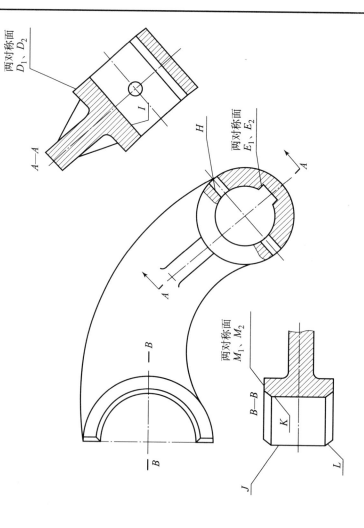

表面	Ra 值/μm
I	3.2
J	12.5
K	6.3
H	1.6
L	12.5
M_1、M_2	25
D_1、D_2	25
E_1、E_2	3.2
其余	毛坯面

名称：拨叉

材料：HT150

(2) 找出轴承套（该零件为旋转体的组合）图中表面粗糙度代号标注方面的错误，在图中作正确标注，并说明符号的含义。

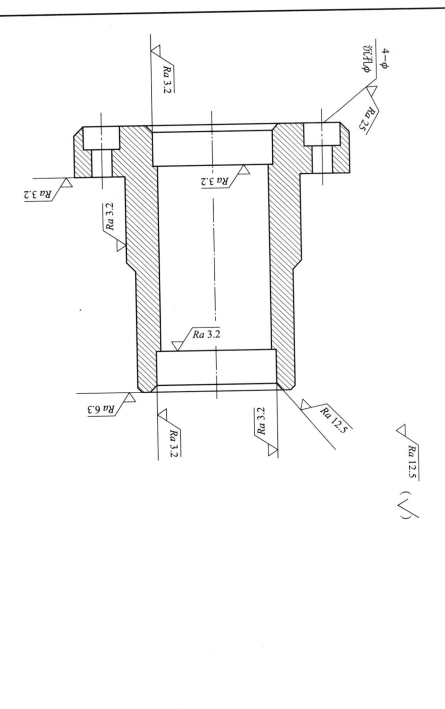

(3) 根据装配图，在相应的零件图上分别注出基本尺寸和极限偏差（查表），并说明配合代号的意义。

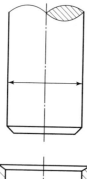

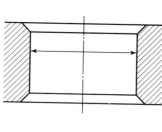

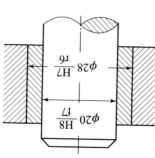

3. 公差与配合

（1）根据图中的标注，将有关数值填入表中。

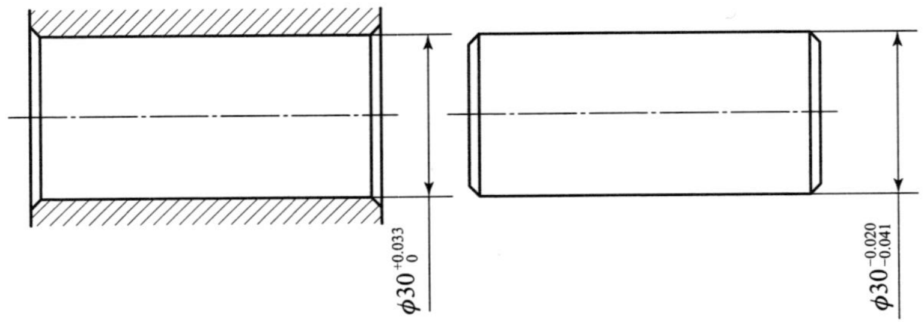

$\phi30^{+0.033}_{0}$
$\phi30^{-0.020}_{-0.041}$

尺寸名称	数值/mm	
	孔	轴
基本尺寸		
最大极限尺寸		
最小尺寸		
上偏差		
下偏差		
公差		

班级　　　　姓名　　　　学号

(2) 根据代号查出孔、轴的上、下偏差值，计算间隙或过盈，说明代号意义，画出公差带图并标出间隙或过盈（单位：mm）。

序号	代号	孔、轴的上、下偏差值		间隙或过盈	代号意义	画出公差带图并标出间隙或过盈
1	$\phi 50 \frac{H8}{f7}$	孔				
		轴				
2	$\phi 50 \frac{H7}{s6}$	孔				
		轴				
3	$\phi 50 \frac{H7}{k6}$	孔				
		轴				
4	$\phi 50 \frac{M7}{h6}$	孔				
		轴				
5	$\phi 50 \frac{G7}{h6}$	孔				
		轴				

(3) 根据以下选定的基本偏差和公差等级在图①、④中进行标注，查表确定相应的上、下偏差数值并注在图②、③、⑤、⑥中。

① 减速器箱孔和透盖配合处的基本尺寸为 φ72 mm，选用公差等级为 8 级的基准孔与基本偏差代号和公差带代号 f7 的透盖组成间隙配合，注出公差带代号及上、下偏差数值。

② 减速器甩油环孔和轴径配合处的基本尺寸为 φ35 mm，选用公差等级为 d9 的轴组成间隙配合，注出公差带代号及上、下偏差数值。

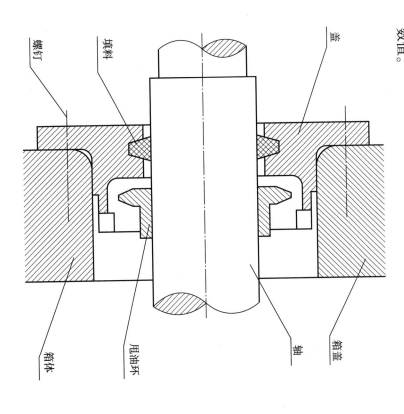

盖
填料
螺钉
箱盖
轴
甩油环
箱体

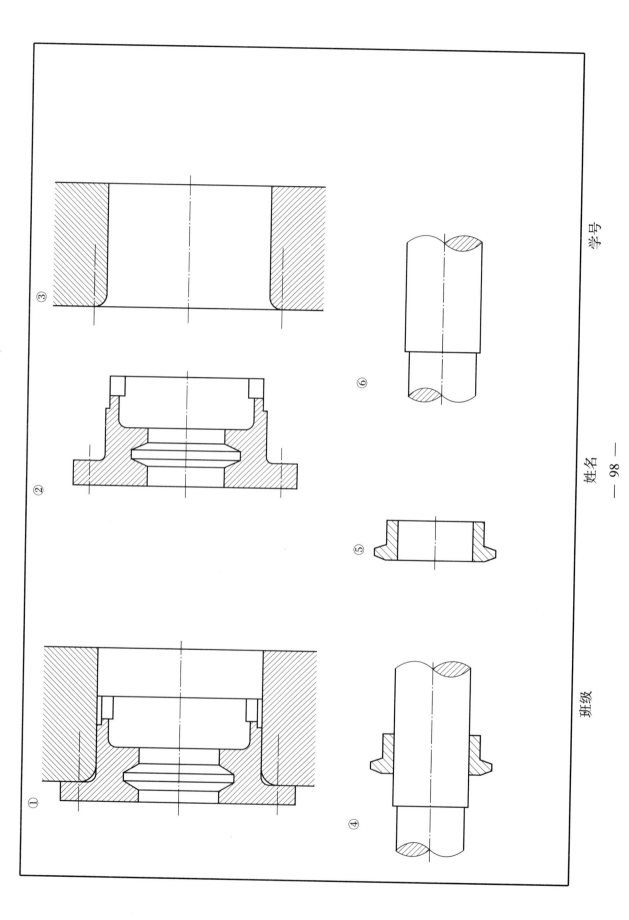

（4）根据装配图中的配合代号，在零件图上分别标出孔和轴的尺寸及公差带代号，查出偏差数值并填空。

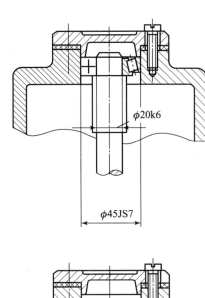

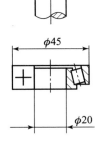

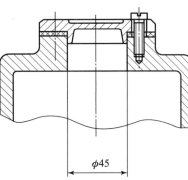

轴承内孔与轴的配合制度是_____制，轴的基本偏差代号为_____，是_____配合。轴承外圈与孔的配合制度是_____制，孔的基本偏差代号为_____，公差等级是_____。

4. 用文字说明图中形位公差的含义。

(1)

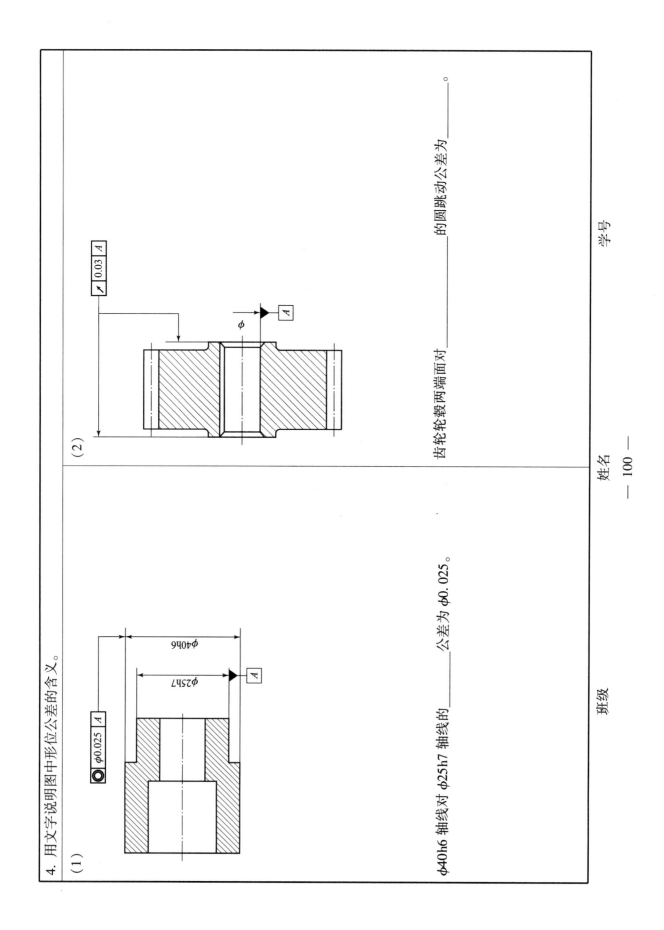

φ40h6 轴线对 φ25h7 轴线的_____公差为 φ0.025。

(2)

齿轮轮毂两端面对_____的圆跳动公差为_____。

5. 在图中标注形位公差。

(1) φ20H7 轴线对底面的平行度公差为 0.02 mm。

(2) 顶面对底面的平行度公差为 0.02 mm。

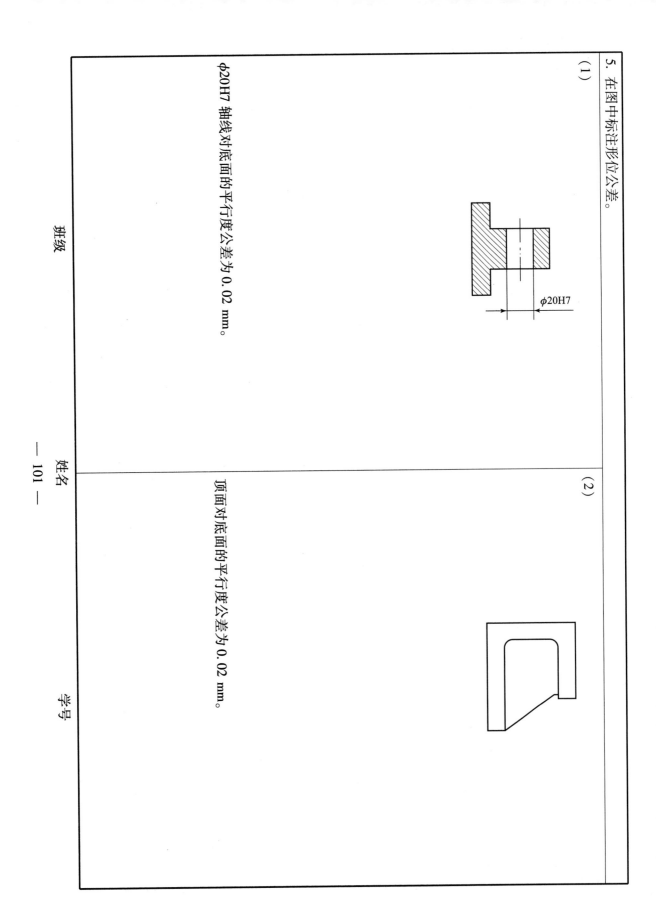

5. 在图中标注形位公差。

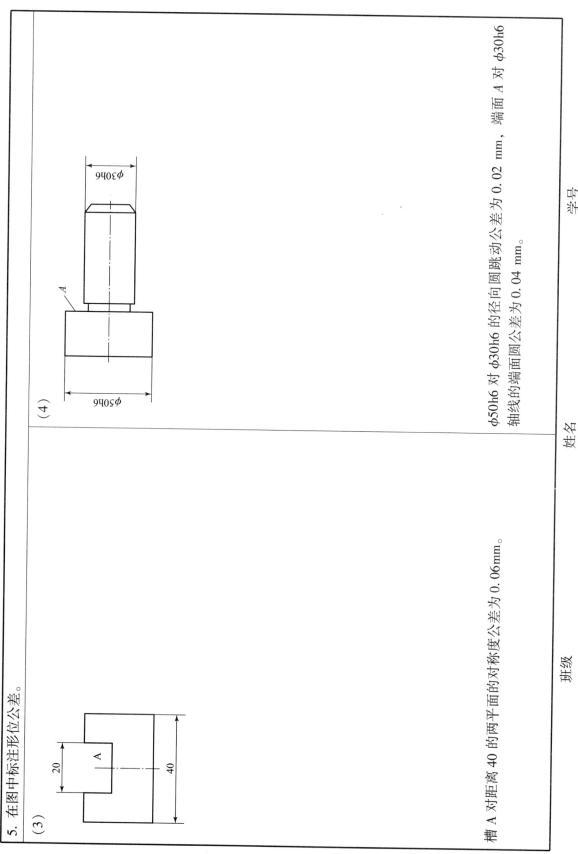

(3)

槽 A 对距离 40 的两平面的对称度公差为 0.06mm。

(4)

ϕ50h6 对 ϕ30h6 的径向圆跳动公差为 0.02 mm，端面 A 对 ϕ30h6 轴线的端面圆圆公差为 0.04 mm。

5. 在图中标注形位公差。

(5)

φ25k6 对 φ20k6 与 φ17k6 的径向圆跳动公差为 0.025 mm。
平面 A 对 φ25k6 轴线的垂直度公差为 0.04 mm, 端面 B, C 对 φ20k6 和 φ17k6 轴线的垂直度公差为 0.04 mm。
键槽对 φ25k6 轴线的对称度公差为 0.01 mm。

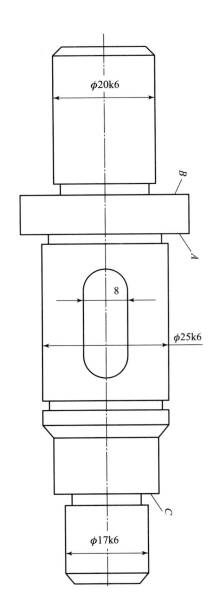

6. 读零件图回答问题。

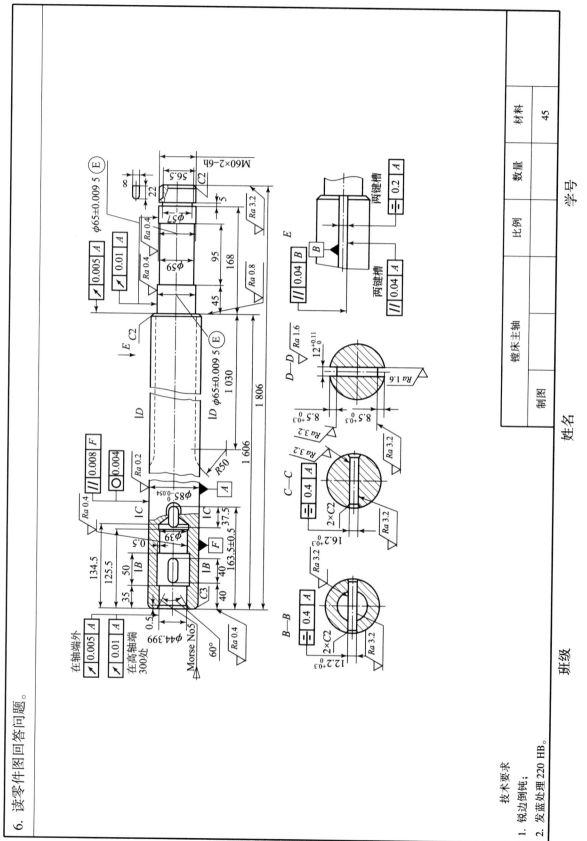

技术要求
1. 锐边倒钝;
2. 发蓝处理 220 HB。

（1）主轴零件图采用了哪些表达方法？各视图的表达重点是什么？

（2）*B—B*、*C—C*、*D—D* 移出断面的切剖符号为什么不用箭头？

（3）主视图和 *D—D* 断面图是否已表达了键槽的结构形状？采用 *E* 视图的目的何在？

（4）在图中指出主轴长度方向主要尺寸基准。

（5）解释 M60 ×2 －6h 的意义。

（6）主视图中的下列尺寸属于哪种尺寸（定形、定位）：

163.5 ±0.5 ________________；

37.5 ________________；

45 ________________；

168 ________________。

（7）说明图中两个形位公差的意义。

↗	0.005	*A*

：

//	0.008	*F*

：

（8）将图中所注粗糙度从高到低按次序排列：

班级　　　　　　　　姓名　　　　　　　　学号

7. 绘制下列零件的零件图，比例自定，图幅自定，不留装订边。

8. 读轴套的零件图，并填空。

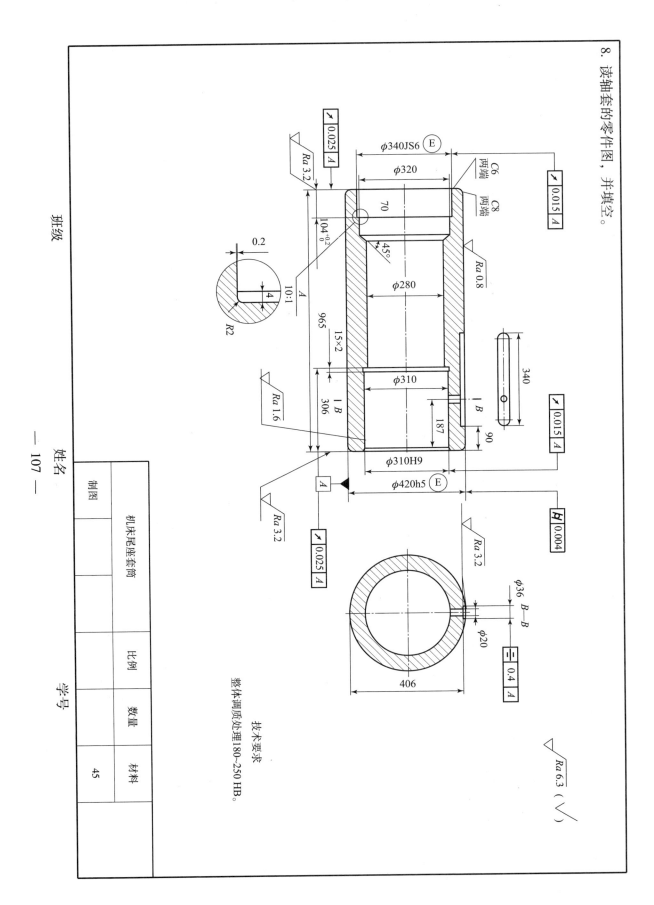

(1) 视图。
主视图用_____剖，显示外形尺寸为_____，中空尺寸为_____，B—B断面图显示上壁有_____孔和宽_____的键槽。A局部放大_____的比例，有内倒圆角和槽。
(2) 技术要求
①粗糙度要求外表面为_____，其他为_____。
②尺寸公差：外圆表面为_____，左端内孔为_____。
③左右断面径向跳动以A为基准，数值是_____；内孔径向跳动以A为基准，数值是_____。
④整体采用_____处理，硬度为_____。

项目九 从动轴承闷盖零件草图的识读和绘制

识读尾架端盖零件图,并回答下列问题。

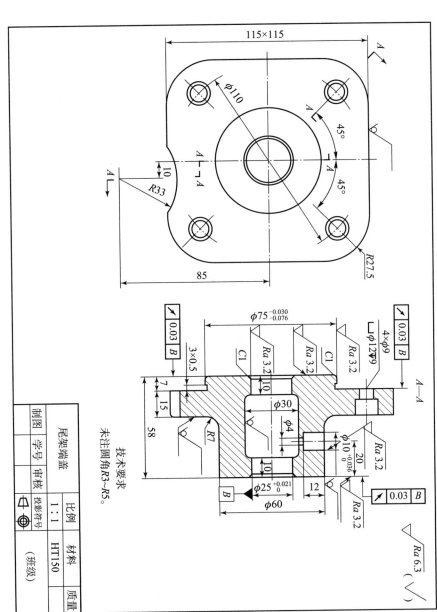

1. 读标题栏

通过标题栏可知，零件名称为_____，材料为_____，说明毛坯是_____而成，有_____等结构，主要加工工序是_____加工。浏览零件的各视图及有关技术要求可知，该零件属于_____，绘图比例为_____。

2. 分析视图表达方案

该零件视图采用了_____和_____两个基本视图。主视图采用_____，右视图主要表达零件的端面轮廓、四个圆柱沉孔的分布情况和下方圆弧形状与位置。主视图采用_____视图，表达了零件轴向的内部结构。

3. 读视图

根据主视图、右视图的各个特征形状线框和相互对应关系，可以想象出该零件的主要结构由圆筒和带圆角的方形凸缘组成。由右视图可知，圆筒正上方开有小油孔，可装油杯用来润滑；圆筒内部有_____，孔两端与螺杆配合。右视图显示出端盖左端是带圆角的方形凸缘，凸缘上开有四个圆柱沉孔，用以安装螺纹紧固件，将端盖与尾架机座连接。综合想象该零件结构。

4. 读尺寸标注

零件的径向基准是回转体轴线，以此为基准的径向尺寸有_____等定形尺寸；轴向主要基准是端盖的左侧台阶面，以此为基准的尺寸有_____等定位尺寸_____。

沉孔为_____表示_____个柱形沉孔，小孔直径为_____，大孔直径为_____，沉孔深为_____。115×115表示宽和高都为_____，极限偏差值为_____。

5. 读技术要求

图中对 φ60、端盖 φ75 端面和左侧台阶面分别提出了_____的圆跳动公差值为_____，表明这三个表面是重要安装面，被测表面对_____的配合要求，故表面粗糙度 Ra 的上限值为_____ μm，其余表面粗糙度Ra 值为_____ μm，从而得知该零件的整体质量要求较高。

此外，端盖 φ25、φ10 内孔和 φ75 外圆表面有配合要求，故表面粗糙度 Ra 的上限值为_____ μm，其余表面粗糙度 Ra 值为_____ μm。

项目十 减速器箱座零件图的识读和绘制

读缸体零件图,并回答下列问题。

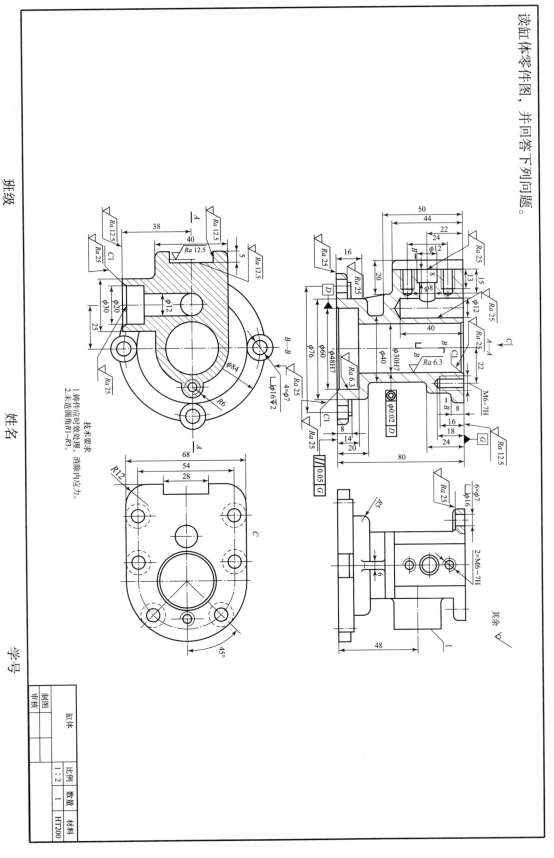

(1) 该零件主要采用了_____剖的表达方法；俯视图采用了_____剖；左视图采用了_____剖。
(2) 该零件共有 M6 的螺钉孔_____个，其定位尺寸分别是_____、_____。
(3) 零件的外表面是_____面，其粗糙度代号为"◊"，含义是_____。
(4) 主视图中 ⌀ 0.05 G 的含义是_____。
(5) 左视图中右凸台"Ⅰ"的形体是_____。
(6) 画出主视图的外形图。

项目十一 叉架类零件图的识读和绘制

一、读扳手零件图，并回答下列问题。

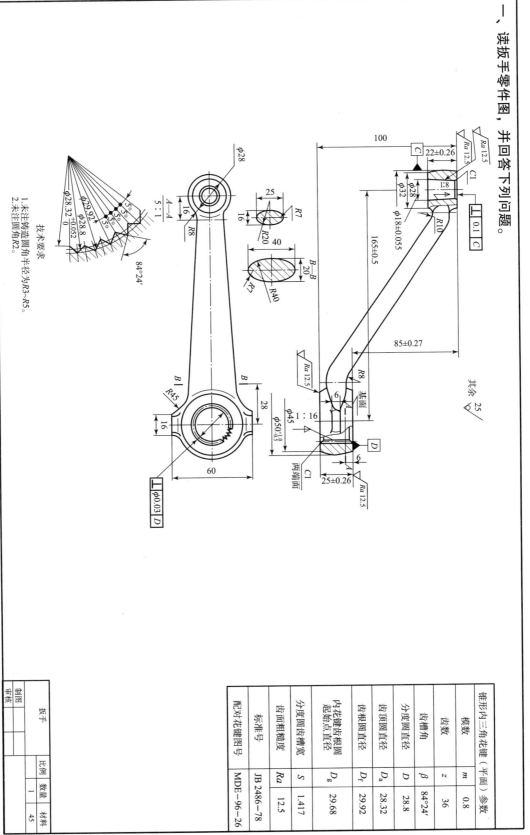

(1) 该零件属于哪一种类型零件？

(2) 在图上注出长、宽、高三个方向的主要尺寸基准。

(3) 该零件共采用_____个基本视图；在表示方案中，主视图采用了_____处_____剖视；俯视图中三角形花键孔的画法是采用_____表示的；零件臂杆部分的横断面形状为_____，采用 $\dfrac{A-A}{5:1}$ 表达_____，"5 : 1" 指的是_____与_____之比。

(4) 该零件表面粗糙度等级最高代号是_____，最低代号是_____，臂杆的表面粗糙度代号为_____。

(5) 框格 |⊥|Φ0.03|D| 含义_____，基准要素是_____，公差项目是_____，公差值是_____。

(6) 用 AutoCAD 绘制扳手的零件图。

二、看懂滑动轴承的装配图并填空。

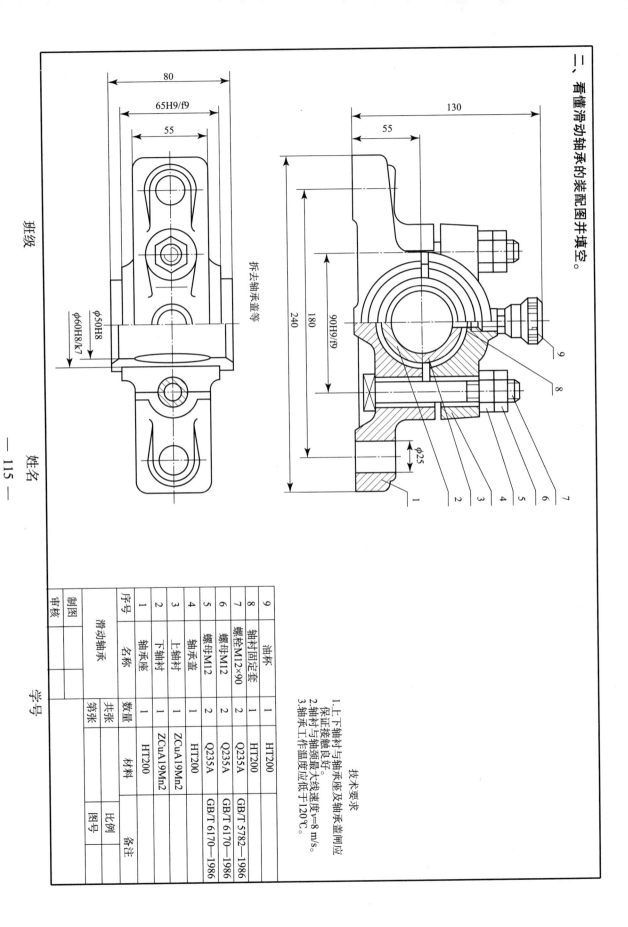

(1) 滑动轴承主视图采用的是_____视图,俯视图采用的是_____画法。
(2) 滑动轴承的外形尺寸分别为_____、_____和_____。
(3) 主视图中的90H9/f9的公称尺寸是_____,组成的配合为_____配合。
(4) 螺栓连接采用双螺母的目的是_____。
(5) 俯视图中标注为 φ50H8 的孔,其基本偏差代号为_____,基本偏差数值为_____。

项目十二 减速器装配图的识读和绘制

一、读柱塞泵的装配图，回答问题。

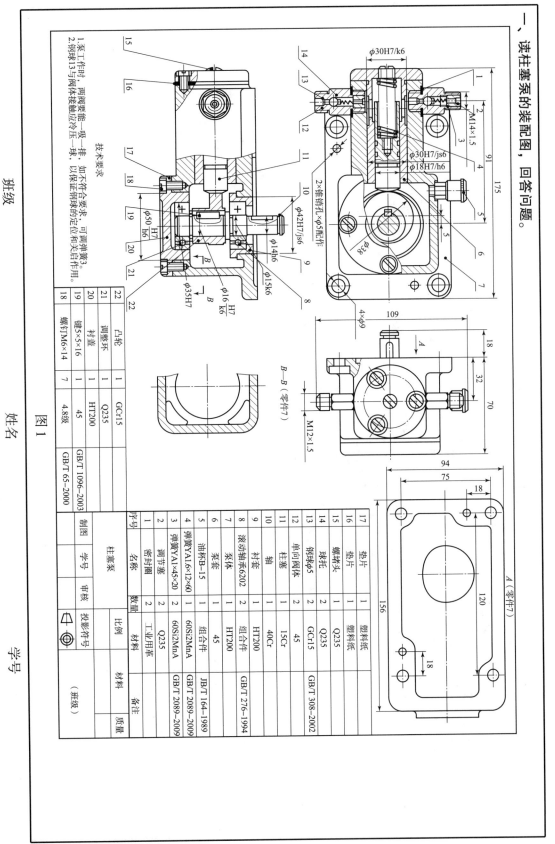

图1

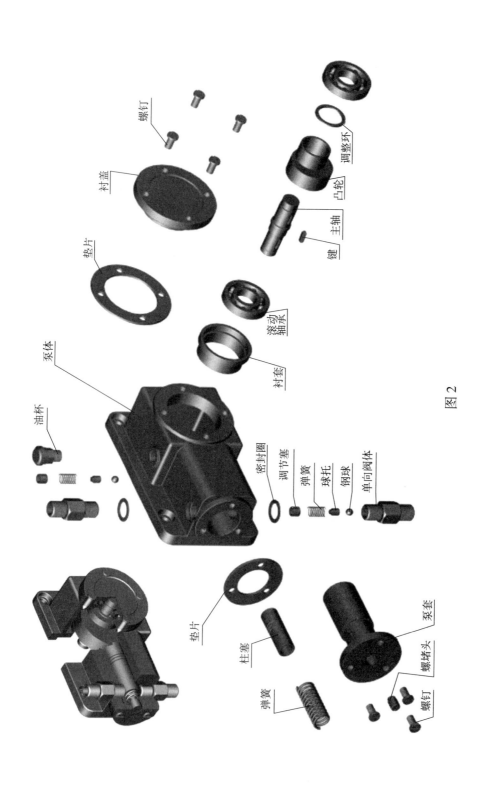

图 2

1. 概括了解

如图1柱塞泵装配图所示，从标题栏得知该部件是柱塞泵，是液压系统中的一种供油装置，常用于机器的润滑系统中。

2. 分析工作原理

柱塞泵工作时，动力由轴10传入，带动凸轮22旋转，柱塞11靠弹簧4的作用使其与凸轮保持接触。凸轮旋转时，柱塞做往复运动，使泵腔容积变化，从而产生吸油和压油过程，实现输送油流的工作，并使用由单向阀体12、钢球13和球托14构成的单向阀控制油流的方向。

3. 分析装配体与连接关系

柱塞泵主要由泵体、主轴轴系、柱塞轴系等组成。

4. 回答问题

(1) 该装配体的用途是_____，其工作原理为_____。

(2) 该装配体的名称是_____，由_____种零件图组成，零件总数是_____，其中标准件有_____，另外两个图形为_____。

(3) 该装配图共用了_____个图形表达，主视图采用_____剖视图，主要表达_____。

(4) 该装配图的规格（性能）尺寸为_____，装配图尺寸为_____，总体尺寸为_____，安装尺寸为_____。

(5) 明细栏中的材料45表示_____，GCr15表示_____，Q235表示_____，HT200表示_____。

5. 拆画泵体零件图

(1) 读懂装配图，了解设计意图。
(2) 确定零件的形状。
(3) 根据装配图中的序号和剖面线的区别，按照投影关系分离出对应零件的线框，确定零件的形状，如图2所示。

二、识读油泵装配图
(1) 如图3所示，齿轮油泵有_____个视图，_____种零部件，主要零件有_____、齿轮轴，泵体，泵盖。
(2) 主视图选_____特征图符合_____特征原则，选_____剖视，_____表达齿轮油泵一对齿轮_____关系；_____关系和油路结构。左视图从接合部B-B_____剖开，表达齿轮形状和关系。俯视图选_____局部剖视，除表达外形外，还反映_____螺栓位置。

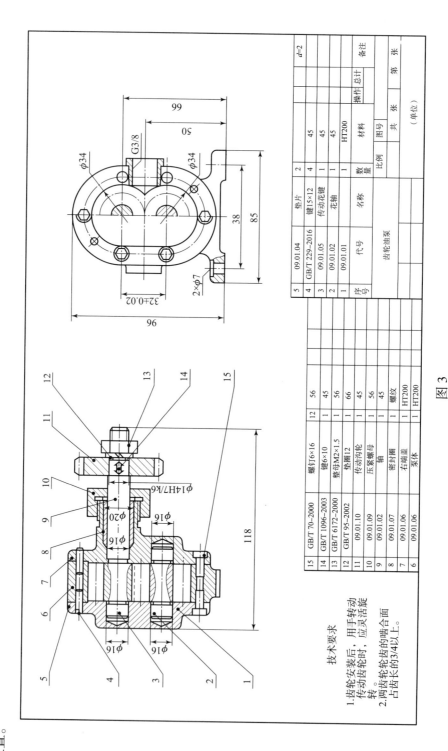

图3

（3）读后感觉（与图4所示实体分解图对比）

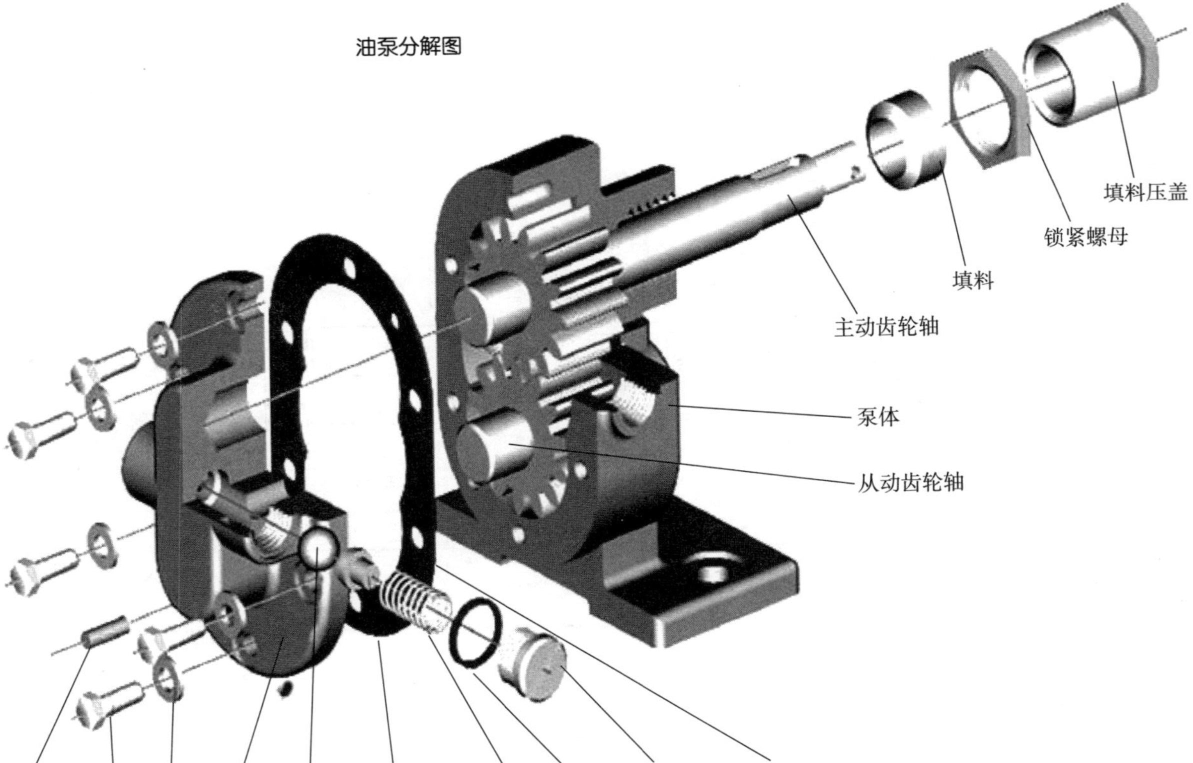

油泵分解图

图4 齿轮油泵零部件立体分解图

标注：圆柱销、螺栓、垫圈、泵盖、钢珠、钢珠定位圈、弹簧、小垫片、螺塞、垫片、从动齿轮轴、泵体、主动齿轮轴、填料、锁紧螺母、填料压盖

三、根据零件图组及装配示意图和零件图绘制装配图，图纸幅面和比例自选。

工作原理：千斤顶是顶起重物的部件，使用时只需逆时针方向转动旋转杆，起重螺杆就向上移动，并将物体顶起。

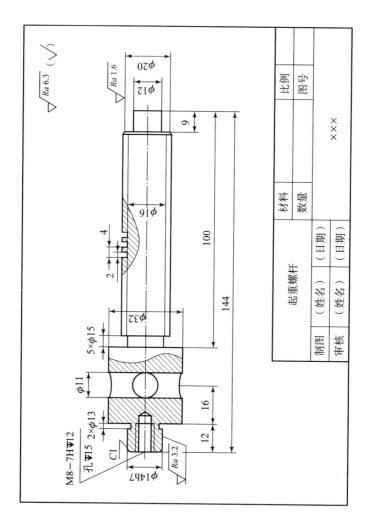

底座

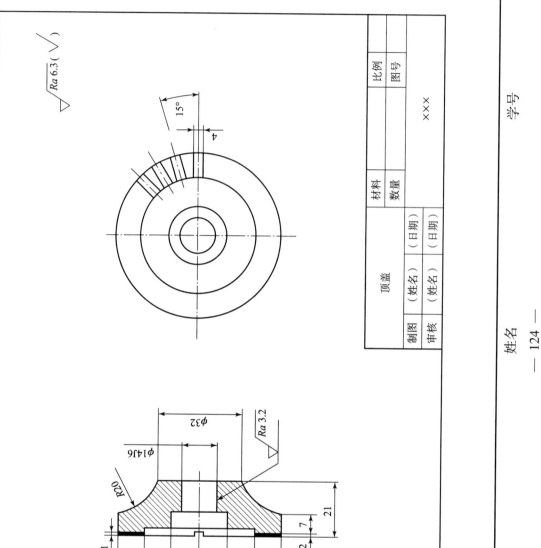

螺钉

φ20
2
5
15
3
2×φ5
C1
M8−6h

$\sqrt{Ra\,3.2}$ (√)

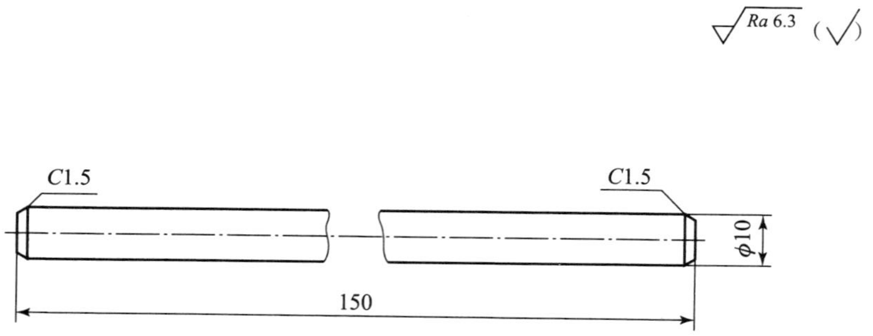

$\sqrt{Ra\,6.3}$ ($\sqrt{}$)

C1.5

$\phi 10$

C1.5

150

旋转杆

		材料		比例	
		数量		图号	
制图	(姓名)	(日期)	×××		
审核	(姓名)	(日期)			